高等院校网络空间安全专业实战化人才培养系列教材

郭启全　丛书主编

网络空间安全技术

连一峰　郭启全　张海霞　石拓　编著

电子工业出版社

Publishing House of Electronics Industry

北京·BEIJING

内 容 简 介

本书共11章，围绕"网络空间安全技术"这一主题，第1章为概述，第2章为安全防护技术，第3章为监测感知技术，第4章为攻防对抗技术，第5章为安全检测评估技术，第6章为网络安全等级保护制度中的关键技术，第7章为关键信息基础设施安全保护制度中的关键技术，第8章为数据安全保护制度中的关键技术，第9章为新技术领域安全保护中的关键技术，第10章为人工智能与大数据技术在网络安全中的应用，第11章为大模型研究在网络安全中的应用。

本书是高等院校网络空间安全专业实战化人才培养系列教材之一，可作为网络空间安全专业的专业课教材，适合网络空间安全专业、信息安全专业以及相关专业的大学生、研究生系统学习，也适合各单位各部门从事网络安全工作者、科研机构和网络安全企业的研究人员阅读。

图书在版编目（CIP）数据

网络空间安全技术 / 连一峰等编著. -- 北京 : 电子工业出版社, 2025. 7. -- ISBN 978-7-121-50116-6

Ⅰ. TP393.08

中国国家版本馆CIP数据核字第2025YQ4122号

责任编辑：刘御廷　　文字编辑：张萌萌

印　　刷：涿州市京南印刷厂

装　　订：涿州市京南印刷厂

出版发行：电子工业出版社

　　　　　北京市海淀区万寿路173信箱　　邮编：100036

开　　本：787×1 092　1/16　印张：15　　字数：346千字

版　　次：2025年7月第1版

印　　次：2025年7月第1次印刷

定　　价：69.00元

凡所购买电子工业出版社图书有缺损问题，请向购买书店调换。若书店售缺，请与本社发行部联系，联系及邮购电话：（010）88254888，88258888。

质量投诉请发邮件至zlts@phei.com.cn，盗版侵权举报请发邮件至dbqq@phei.com.cn。

本书咨询联系方式：（010）88254059，lyt@phei.com.cn。

高等院校网络空间安全专业
实战化人才培养系列教材

编委会

在数字化智慧化高速发展的今天，网络和数据安全的重要性愈发凸显，直接关系到国家政治、经济、国防、文化、社会等各个领域的安全和发展。网络空间技术对抗能力是国家整体实力的重要方面，面对日益复杂的网络安全威胁和挑战，按照"打造一支攻防兼备的队伍，开展一组实战行动，建设一批网络与数据安全基地"的思路，培养具有实战化能力的网络安全人才队伍，已成为国家重大战略需求。

一、培养网络安全实战化人才的根本目的

在网络安全"三化六防"（实战化、体系化、常态化；动态防御、主动防御、纵深防御、精准防护、整体防控、联防联控）理念的指引下，网络安全业务越来越贴近实战。实战行动和实战措施都离不开实战化人才队伍的支撑。培养网络安全实战化人才的根本目的，在于培养一批既具备扎实的理论基础，又掌握高新技术和前沿技术、具备攻防技术对抗能力，还能灵活运用各种技术措施和手段，应对各种网络安全威胁的高素质实战化人才，打造"攻防兼备"和具有网络安全新质战斗力的队伍，支撑国家网络安全整体实战能力的提升。

二、培养网络安全实战化人才的重大意义

习近平总书记强调："网络空间的竞争，归根结底是人才竞争"，"网络安全的本质在对抗，对抗的本质在攻防两端能力较量"。要建设网络强国，必须打造一支高素质的网络安全实战化人才队伍。我国网络安全人才特别是实战化人才严重缺乏，因此，破解难题，从网络安全保卫、保护、保障三个方面加强实战化人才教育训练，已成为国家重大战略需求。

当前，国家在加快推进数字化智慧化建设，本质是打造数字化生态，而数字化建设面临的最大威胁是网络攻击。与此同时，国家网络安全进入新时代，新时代网络安全最显著的特征是技术对抗。因此，新时代要求我们要树立新理念、采取新举措，从网络安全、数据安全、人工智能安全等方面，大力培养实战化人才队伍，加强"网络备战"，提升队伍的技术对抗和应急处突能力，有效应对新威胁和新技术带来的新挑战，为国家经济发展保驾护航。

三、构建新型网络安全实战化人才教育训练体系

为全面提升我国网络安全领域的实战化人才培养能力和水平，按照"理论支撑技术、技术支撑实战"的理念，创新高等院校及社会差异化实战人才培养的思路和方法，建立新型实战化人才教育训练体系。遵循"问题导向、实战引领、体系化设计、督办落实"四项原则，认真落实"制定实战型教育训练体系规划、建设实战型课程体系、建设实战型师资队伍、建设实战型系列教材、建设实战型实训环境、以实战行动提升实战能力、创新实战

型教育训练模式、加强指导和督办落实"八项重大措施，形成实战化人才培养的"四梁八柱"，有力提升网络安全人才队伍的新质战斗力。

四、精心打造高等院校网络空间安全专业实战化人才培养系列教材

在有关部门的大力支持下，具有 20 多年网络安全实战经验的资深专家统筹规划和整体设计，会同 20 多位部委、高等院校、科研机构、大型企业具有丰富实战经验和教学经验的专家学者，共同打造了 14 部技术先进、案例鲜活、贴近实战的高等院校网络空间安全专业实战化人才培养系列教材，由电子工业出版社出版，以期贡献给读者最高水平、最强实战的网络安全重要知识、核心技术和能力，满足高等院校和社会培养实战化人才的迫切需要。

网络安全实战化人才队伍培养是一项长期而艰巨的任务，按照教、训、战一体化原则，以国家战略为引领，以法规政策标准为遵循，以系统化措施为抓手，政府、高校、企业和社会各界应共同努力，加快推进我国网络安全实战化人才培养，为筑梦网络强国、护航中国式现代化贡献我们的智慧和力量！

郭启全

网络安全关键技术包括安全防护技术、监测感知技术、攻防对抗技术、安全检测评估技术等。掌握网络安全关键技术极为重要，能否在网络空间领域有效维护国家安全、促进经济社会健康发展、保障人民群众的根本利益，关键看是否具备网络安全实战能力。

进入新时代，网络安全最显著的特征是技术对抗，因此应树立新理念，采取新举措，立足有效应对大规模网络攻击，认真落实"实战化、体系化、常态化"和"动态防御、主动防御、纵深防御、精准防护、整体防控、联防联控"的"三化六防"措施，按照"打造一只攻防兼备的队伍，开展一组实战演习行动，建设一批网络与数据安全基地"这条主线，加强战略谋划和战术设计，建立完善的网络安全综合防御体系，大力提高综合防御能力和技术对抗能力。从创新角度出发，按照"理论支撑技术、技术支撑实战"的理念，加强理论创新和技术突破，实施"挂图作战"；从"打造一支攻防兼备的队伍"出发，创新高等院校和企业差异化网络安全人才培养思路与方法，建立实战型人才教育训练体系，加强教育训练体系规划，强化课程体系、师资队伍、系列教材、实训环境建设和培养模式创新，培养网络安全实战型人才。

为了满足培养网络安全实战型人才的需要，郭启全组织成立编委会，共同编写高等院校网络空间安全专业实战化人才培养系列教材，包括《网络安全保护制度与实施》《网络安全建设与运营》《网络空间安全技术》《商用密码应用技术》《数据安全管理与技术》《人工智能安全治理与技术》《网络安全事件处置与追踪溯源技术》《网络安全检测评估技术与方法》《网络安全威胁情报分析与挖掘技术》《数字勘查与取证技术》《恶意代码分析与检测技术》《恶意代码分析与检测技术实验指导书》《漏洞挖掘与渗透测试技术》《网络空间安全导论》。全套教材由郭启全统筹规划和整体设计，并组织具有丰富的网络安全实战经验和教学经验的专家、学者撰写这套高等院校网络空间安全专业教材，且对内容严格把关，以期贡献给读者较高水平、较强实战的网络安全、数据安全、人工智能安全等方面的重要内容。

《网络空间安全技术》全面系统地介绍了安全防护技术、监测感知技术、攻防对抗技术、安全检测评估技术四类技术，以及云计算、大数据、物联网、工业互联网、移动互联网、卫星互联网、人工智能等新技术、新应用，并围绕网络安全制度建设的体系化要求，包括网络安全等级保护、关键信息基础设施安全保护、数据安全保护三项重要制度，以及新技术领域安全保护工作等，分别对其技术要求进行阐述，介绍如何利用网络空间安全技术达到相应的体系化安全要求。

本书由连一峰、郭启全、张海霞、石拓编著，第1、2、4、6、8、9章由连一峰撰写，第3、5、7章由张海霞撰写，第10、11章由石拓撰写。全书由郭启全设计、组织和统稿。

本书得到了国家重点研发计划（课题编号：2023YFB3107203）的支持，展现了作者长期从事网络安全领域管理、科研和教学的工作成果。本书的撰写工作得到了网络空间地理学实验室和中国科学院软件研究所相关科研、教学人员及研究生的帮助，在此一并表示感谢。

　　由于作者水平有限，书中不当之处在所难免，恳请读者批评指正！

作者

目录 CONTENTS

第 1 章

概　述

本章讲述网络空间安全技术的总体概况，分析网络安全问题产生的历史背景，定义网络安全的基本属性，介绍网络空间安全技术发展的重要阶段，描述各个阶段典型的安全模型，并给出通用的网络空间安全技术体系框架，为本书后续章节的学习奠定基础。本章重点内容：网络安全的六项基本属性、网络安全模型和网络安全技术体系。

1.1　技术背景

信息安全问题在人类社会几千年的发展过程中始终以不同的形式存在。在政治活动、军事战争、社会生产、商业贸易、科学研究、技术竞争，以及个人活动中，出于保护个人、家庭、家族、群体、机构、单位、组织、地区、行业、国家利益的目的，常常希望其他人或其他群体不能获取、知悉、掌握、篡改某些重要信息，或希望保证信息内容在知悉范围内真实可信。

自古以来，信息的保密问题一直受到重视。公元前 431 年至公元前 404 年，雅典和斯巴达之间发生了历史上著名的伯罗奔尼撒战争。战争过程中，斯巴达军队抓获了一名雅典信使，从他身上搜出一条写满了希腊字母的腰带。这些看似杂乱无章的希腊字母引起了斯巴达军队统帅的注意。当他把腰带呈螺旋形缠绕在剑鞘上时，那些字母竟然在特定位置组成了文字，原来这是雅典间谍送回的军事情报。斯巴达军队根据情报迅速调整了作战计划，从而获得了这场战争的最终胜利，这就是斯巴达密码棒的典故。斯巴达密码棒如图 1-1 所示，它属于典型的移位加密方法，通过改变文本中字母的阅读顺序来达到对信息文本加密的目的。

图 1-1　斯巴达密码棒

另一个经典的密码是恺撒密码，如图 1-2 所示，它来源于古罗马时期著名的统治者——恺撒大帝。据说为了在战争中秘密传递情报和命令，恺撒大帝自行设计了一种密码机制，将情报和命令中的每个字母都用顺序推后 3 位的字母来替换，例如，将字母 A 替换为字母 D，将字母 E 替换为字母 H，这就形成了加密的情报和命令。解密时只需要将接收到的加密信息反过来替换就可以获知原文信息。恺撒密码属于典型的替换密码方法，通过将原文中的字母用其他字母替换来达到加密的目的。

图 1-2　恺撒密码

太平洋战争期间，情报信息的保密和破译工作同样至关重要。1942 年 6 月 4 日，日美两国海军主力舰队在中途岛周边海域展开激烈搏杀。踌躇满志的日军对此战志在必得，结果战役结束时，日军 4 艘航母被毁，太平洋战争的战略局势顿时逆转。中途岛战役真正激烈的战斗过程仅十余个小时，却留下很多传奇故事。在这场扭转局势的战役中，有一个默默无闻的群体，虽然不上战场奋勇拼杀，却在幕后做出了特别贡献，那就是以约瑟夫·罗彻福特为代表的美军太平洋舰队情报部密码破译组，他们成功破译了日本海军的密码，在战前准确掌握日军动向，使情报工作成为美军赢得此战的关键因素之一。

我国古代著名的军事家孙武在《孙子兵法》中写道："能而示之不能，用而示之不用，近而示之远，远而示之近。"这显示了孙武对军事信息保密的重视，也代表了我国古代对于信息安全这一领域的初步认知。随着人类存储、处理和传输信息方式的变化和进步，网络安全的内涵和实践不断深化、延拓。从政府、军队专享的通信保密，发展到后来的数据保护、系统安全、信息保障，网络安全的概念已经不局限于信息内容的保密和保护，而是对支撑国家和社会发展运行的网络、信息系统、数据、平台及基础设施等的全方位安全保护，包含了防护、监测、感知、评估、处置、对抗等各个环节。

1.2 基本属性

网络安全可被理解为网络和信息系统抵御意外事件或恶意行为的能力，这些意外事件或恶意行为将危及所存储、处理或传输的数据，或者将危及经由这些网络和信息系统所提供的服务的机密性、完整性、可用性、非否认性、真实性和可控性。以上六项属性被普遍认为是网络安全的基本属性[1-2]，其具体含义如下。

1. 机密性（Confidentiality）

机密性能够确保敏感或机密数据的传输和存储不出现未授权的浏览或访问，甚至可以做到不暴露保密通信的事实。

2. 完整性（Integrity）

完整性能够保证被传输、接收或存储的数据，以及网络和信息系统内的软件、程序等内容是完整的和未被篡改的，且在被篡改的情况下能够发现被篡改的事实或被篡改的位置。

3. 可用性（Availability）

可用性是指即使在突发事件下，依然能够保障数据和服务的正常使用，例如，面对网络攻击、计算机病毒感染、系统崩溃、战争破坏、自然灾害等突发事件时。

4. 非否认性（Non-repudiation）

非否认性能够保证网络和信息系统的操作者或信息的处理者不能否认其行为或处理结果，这可以防止参与某次操作或通信的一方事后否认该事件曾发生过。

5. 真实性（Authenticity）

真实性也称为可认证性，能够确保实体（如人、进程或系统）身份或信息、信息来源的真实性。

6. 可控性（Controllability）

可控性能够掌握和控制网络系统的基本情况，可对网络系统的使用实施可靠的授权、审计、责任认定、传播源追踪和监管等控制措施。

从工程角度而言，一个安全的网络和信息系统是指"一个按预期运作方式进行的可靠系统"。这意味着系统不会出现超预期的运作方式，也意味着系统的所有状态和运行数据都是可预期的。在这种情况下，这个系统是可以受到信赖的。那么，这种信赖程度可以计量吗？所谓的预期运作方式是如何确定的？如何检验和判断系统是否出现了超出预期的运作方式？这些都是在工程实践中需要解决的问题。

网络安全是理论与实践紧密结合的学科领域。网络安全首先应建立在理论基础之上。研究人员创造或设计了针对网络和信息系统的安全模型，并用数学方法描述其安全属性，且证明了模型的安全性。此外，网络安全也注重解决实际问题。研究人员围绕安全漏洞、网络攻击、攻击检测、技术对抗等领域开展了大量工作，极大地拓展和丰富了网络安全领域的技术体系与应用范围。

网络安全是典型的交叉学科，数学、物理学、电子学、计算机科学是其学科发展的基础，数论、微积分、数理统计、信息论、图论、操作系统、网络协议、计算方法、软件工程、电子工程、通信技术等各领域的基础理论和专业技术都会在网络安全中得到应用。随着各类新型信息技术的不断涌现，网络安全更进一步拓展出了云计算/云服务安全、物联网安全、工业控制系统安全、移动互联网安全、卫星互联网安全等各类新型的细分领域。

1.3 发展历程

网络安全包括针对数据的保护、鉴别、验证、审计、修复，以及针对产生、处理、存储、传输、使用、修改、更新、删除数据的网络和信息系统的保护、鉴别、验证、审计、修复。同时，识别针对网络和信息系统的攻击、渗透、入侵、篡改、破坏等行为，以及用于应对上述攻击等行为所需要的监测、感知、还原、刻画、处置、阻断、预警、反制等技术，也都属于网络安全的范畴。另外，由于网络安全工作依赖人员和组织机构的密切参与，因此网络安全领域也包含管理、运营等非技术因素。

1. 网络安全发展阶段

网络安全是一个古老而又年轻的学科领域。网络安全之前的发展主要围绕信息保密的问题。在全球政治、军事、经济、科技等多领域的驱动下，网络安全的发展步入了快车道，其内涵不断延伸。网络安全已经由原先依靠经验和灵感的一门"技艺"发展成为依靠理论体系和关键技术的"科学"。纵观网络安全的发展，可以将其划分为以下五个阶段[3]。

第一阶段：通信安全

20世纪60年代之前，网络安全领域关心的是通信过程中数据的机密性。最初，人们仅以实物或特殊符号传递机密，后来出现了一些朴素的信息伪装方法。

北宋年间，曾公亮与丁度合著的《武经总要》反映了北宋军队对军令的伪装方法。按现在的观点，它综合了基于密码本的加密和基于文本的信息隐藏：先将全部40条军令编号合并成密码本，以40字诗对应位置上的文字代表相应编号。在通信中，代表某编号的文字被隐藏在一个普通文件中，但接收方知道该文字在40字诗中的位置，这样可以通过查找它该位置获得编号，再通过密码本获得军令。

在古代欧洲，代换密码和隐写术得到了较多的研究和应用[4]。德国学者Trithemius于1499年完成了《隐写术》的撰写。该书于1606年才得以正式出版，它记载了古代欧洲人在文本中进行信息隐藏的方法。

自19世纪40年代发明电报后，安全通信主要面向保护电文的机密性，且密码技术成为保护机密性的核心技术[4]。在两次世界大战中，各发达国家均研制了自己的密码算法和密码机，例如，第二次世界大战中德国的ENIGMA密码机、日本的PURPLE密码机，但当时的密码技术本身并未摆脱主要依靠经验的设计方法，且在技术上缺乏安全可靠的密钥（密码本）分发方法，因此在两次世界大战中对战双方均有大量的密码通信被破解。以上密码技术缺乏完整的理论基础，因此被统称为古典密码。

1949 年，著名的信息论创始人香农发表论文《保密系统的通信理论》[5]，提出了著名的香农保密通信模型，明确了密码设计者需要考虑的问题，并用信息论阐述了保密通信的原则，这为对称密码学奠定了理论基础，从此密码学发展成为一门科学。

第二阶段：计算机安全

计算机的出现是 20 世纪的重大事件，它深刻改变了人类处理和使用信息的方法，网络安全的内涵也逐步扩展到了计算机和信息系统安全。

20 世纪 60 年代出现了多用户操作系统，由于需要解决多用户间的安全共享问题，人们对网络安全的关注点在数据机密性的基础上扩展到了用户的访问控制与认证，并开始关注系统的可用性。1965 年至 1969 年间，美国军方和科研机构组织开展了有关操作系统安全的研究。1972 年，Anderson 提出了计算机安全涉及的主要问题与模型[6]。

进入 20 世纪 80 年代后，随着密码技术和其他类型安全技术的不断发展，人们在计算机安全方面开始了标准化和商业应用的进程。1985 年，美国国防部发布了可信计算机系统评估准则（Trusted Computer System Evaluation Criteria，TCSEC），推进了计算机安全的标准化和测试评估工作。人们逐渐认识到保护计算机系统（不仅限于保护单台计算机）的重要性。Anderson 最早提出了入侵检测系统（Intrusion Detection System，IDS）的概念[6]，详细阐述了主机入侵检测的概念和架构，这标志着网络安全领域诞生了一项新的技术类型——入侵检测。

在密码学方面，Diffie 和 Hellman 于 1976 年发表了论文《密码编码学新方向》[7]，指出通信双方不直接传输加密密钥的保密通信是可能的，并提出了非对称公钥加密的设想；美国国家标准技术研究所（National Institute of Standardization and Technology，NIST）于 1977 年首次通过公开征集的方法制定了当时应用上急需的"数据加密标准"（Data Encryption Standard，DES），推动了分组密码的发展。这两个事件标志着现代密码学的诞生。1978 年，Rivest、Shamir 与 Adleman 设计了著名的 RSA 公钥密码算法[8]，实现了 Diffie 和 Hellman 提出的公钥思想，使数字签名和基于公钥的认证成为可能。

第三阶段：信息安全

随着信息技术越来越广泛的应用，20 世纪 80 年代中期至 20 世纪 90 年代中期，政府机关、军事部门、学术界、产业界对信息和信息系统的安全越来越重视。人们所关注的安全问题逐渐扩大到 1.2 节描述的网络安全六个基本属性。在这一时期，密码学、安全协议、计算机安全、安全评估等理论和技术得到了较大发展，尤其是互联网的普及大大促进了安全技术的发展与应用。这一时期不但学术界提出了很多新观点和新方法，如椭圆曲线密码（Ellipse Curve Cryptography，ECC）、密钥托管和盲签名等，标准化组织与产业界也制定了大量的算法标准和实用协议，如数字签名标准（Digital Signature Standard，DSS）、因特网安全协议（Internet Protocol Security，IPSec）、安全套接字层（Secure Socket Layer，简称 SSL）协议等。此外，安全多方计算、形式化分析、零知识证明等均取得了进展，一些理论成果也逐渐得到应用。

自美国国防部发布 TCSEC 起，世界各国根据自己的实际情况相继发布了一系列安全评估准则和标准：英国、法国、德国、荷兰于 20 世纪 90 年代初发布了信息技术安全评估准则（Information Technology Security Evaluation Criteria，ITSEC）；加拿大于 1993 年发布了可信计算机产品评价准则（Canadian Trusted Computer Product Evaluation Criteria，CTCPEC）；加拿大、法国、德国、荷兰、英国和美国的 NIST 与美国国家安全局（National Security Agency，NSA）于 20 世纪 90 年代中期提出了信息技术安全性评估通用准则（Common Criteria，CC）。

随着计算机网络的发展，这一时期的网络攻击行为逐渐增多，传统的安全保密措施难以抵御黑客入侵及有组织的网络攻击。学术界和产业界先后提出了基于网络的 IDS（NIDS）、分布式 IDS（DIDS）、防火墙等网络系统防护技术。1989 年美国国防部资助卡内基梅隆大学建立了世界上第一个计算机应急小组及协调中心（Computer Emergency Response Team/Coordination Center，CERT/CC），标志着网络安全从静态防护阶段过渡到主动防护阶段。

第四阶段：信息保障

20 世纪 90 年代中期以来，随着信息安全越来越受到各国的高度重视及信息技术本身的发展，人们更加关注信息安全的整体发展及在新型应用下的安全问题。人们也开始深刻认识到安全是建立在完整过程的基础上的，这包括"预警、保护、检测、响应、恢复、反制"整个过程。信息安全的发展也越来越多地与国家战略结合在一起。欧洲委员会从信息社会技术（Information Society Technology，IST）规划中出资 33 亿欧元，启动了"新欧洲签名、完整性与加密计划（New European Schemes for Signature, Integrity, and Encryption，NESSIE）"项目，对分组密码、流密码、杂凑函数、消息认证码、非对称加密、数字签名等算法进行了广泛征集。日本、韩国等国家也先后启动了类似的计划。美国的 NIST 先后组织制定、颁布了一系列的网络安全标准，并用高级加密标准（Advanced Encryption Standard，AES）取代 DES 成为新的分组密码标准。我国也先后颁布了一系列与安全相关的标准，并于 2004 年 8 月颁布了《电子签名法》。

在电子商务和电子政务等应用的推动下，公钥基础设施（Public Key Infrastructure，PKI）逐渐成为国民经济的基础，它为需要密码技术的应用提供基础支撑。在这一时期，新型网络、新型计算和新型应用环境下的算法和协议设计也逐渐成为热点问题，主要包括移动网络、传感器网络或 Ad-Hoc 网络下的算法和安全协议、量子密码及其协议，信息隐藏、数字版权保护和电子选举等。

为了保护日益庞大和重要的网络系统，信息保障的重要性被提到空前的高度。1995 年美国国防部提出了"保护—监测—响应"的动态模型，即 PDR 模型，后来增加了恢复环节，成为 PDRR（Protection, Detection, Reaction, Restore）模型。1998 年 10 月，NSA 颁布了信息保障技术框架（Information Assurance Technical Framework，IATF），以后又分别于 1999 年、2000 年和 2002 年颁布了改进的版本。自 2001 年 9 月发生"9.11"事件以来，美国政府以"国土安全战略"为指导，出台了一系列信息保障策略，将信息保障体系纳入国家战略中，如 2003 年 2 月通过了"保护网络安全的国家战略"。一些具有国际影响力的国家也高度重视信息安全战略，如欧盟于 2007 年 3 月颁布了"信息社会安全战略"，以期全面建立信息保障机制。日本提出了"防卫力量配备计划"，以防止遭受信息武器的突袭和对国内信息网络的突发事件保持警惕。俄罗斯发表了《国家信息安全学说》，成立了国家信息安全与信息对抗领导机构，组建了特种信息战部队。在我国，国家信息化领导小组于 2003 年出台了"国家信息化领导小组关于加强信息安全保障工作的意见"（中办发〔2003〕27 号文），是我国信息安全领域的指导性和纲领性文件。

第五阶段：网络空间安全

网络安全最新的发展阶段被称为"网络空间安全"。空间是与时间相对的一种物质的客观存在形式，两者密不可分。时间是物质的延续性、间隔性和顺序性的表现，空间是物质的广延性和伸张性的表现。按照宇宙大爆炸理论，宇宙从奇点爆炸之后，由初始状态分裂开来，从而有了存在形式、运动状态等方面的差异。物与物的位置差异度量称为"空间"。空间由长度、宽度、高度、大小等参量表现出来。空间是一个相对概念，既包含宇宙空间、物理空间、地理空间、建筑空间等实体空间的范畴，也包含思维空间、逻辑空间、数字空间、社会空间、网络空间等虚拟空间的范畴。

网络空间是一种依托于实体空间存在的新型空间形态，是在计算技术、网络技术、虚拟化技术等信息技术的支撑下，物理空间和社会空间在虚拟世界的投影。网络空间关系到政治、经济、文化、军事、科技、教育等社会生产生活的方方面面。国内外学者对网络空间概念进行了研究和阐述。基于不同应用需求及研究领域，网络空间被赋予了不同的内涵和外延：有些概念强调网络空间的物质属性，认为网络空间依附于软硬件设备等物质基础，是互联网与万维网的近似概念；有些概念强调网络空间的社会属性，认为网络空间是人基于互联网技术与社交行为结合产生的"空间感"，并将网络空间视为人在再现的空间中对社会的感知，认为社会性的交互行为比技术内容更能体现网络空间的本质内涵；还有一些概念则强调网络空间中的操作和活动，认为网络空间是创造、存储、调整、交换、共享、提取、使用和消除信息与分散的物质资源的全球动态领域[9]。

2. 网络空间基本含义

从上述描述中可以看出，网络空间具有物质属性（软硬件等基础设施）和社会属性（人的交互行为及其操作）。早期的定义从不同角度强调了网络空间中的某种组成要素，但是均未全面、系统地对网络空间的要素进行概括和描述。不同的国家或机构从不同的角度对网络空间进行了定义。

（1）2003 年美国总统国家安全令给出的定义："网络空间是一个关联信息技术基础设施的网络，包括互联网、电信网、计算机系统及关键产业中的嵌入式处理器和控制器。通常该术语在使用时，也代表信息虚拟环境及人们之间的相互影响。"

（2）2006 年美军参谋长联席会议出台的《网络空间国家军事战略》给出的定义："网络空间是一个作战领域，其特征是通过互联的信息系统和相关的基础设施，利用电子技术和电磁频谱产生、存储、修改、交换和利用数据。通俗地说，网络空间与陆、海、空、天一样，是由电磁频谱、电子系统及网络基础设施组成的一个作战领域。"

（3）2014 年俄罗斯公布的《俄罗斯联邦网络安全战略构想（草案）》给出的定义："信息空间是指与形成、创建、转换、传递、使用、保存信息活动相关的，能够对个人和社会认知、信息基础设施和信息本身产生影响的领域。网络空间是指信息空间中基于互联网和其他电子通信网络沟通渠道，包括保障这些渠道运行的技术基础设施，以及在这些渠道和设施上进行活动的任何形式的领域（包括个人、组织、国家）。"

（4）2009 年英国《网络安全战略》给出的定义："网络空间包括各种形式的网络化和数字化活动，其中，包括数字化内容或通过数字网络进行的活动。网络空间的物理基础是计算机和通信系统，因此，以前在纯物理世界中不可以采取的行动，如今在这里都可以实现。"

（5）2011 年法国《信息系统防御和安全战略》给出的定义："网络空间是由数字资料自动化处理设备在全世界范围内相互连接构成的交流空间。网络空间是分享世界文化的新场所，是传播思想和实时资讯的光缆，是人与人之间交流的平台。"

（6）2011 年德国《网络安全战略》给出的定义："网络空间是指在全球范围内，在数据层面上的所有信息技术（IT）系统的虚拟空间。网络空间的基础是互联网。互联网是可公开访问的通用连接与传输网络，可以由其他数据网络补充及扩展得到。孤立的虚拟空间中的 IT 系统并非网络空间的一部分。"

（7）2011 年新西兰《网络安全战略》给出的定义："网络空间是由相互依赖的信息技术基础设施、电信网络和计算机处理系统组成的，即时在线通信的全球性网络。"

可以看出，上述定义有些强调网络空间的物质属性，有些侧重网络空间的社会属性，也有些两者兼顾。参考上述定义，结合国内外研究机构对网络空间的理解和认识，研究人员给出了网络空间的定义：网络空间是一个由相关联的基础设施、设备、系统、应用和人等组成的交互网络，利用电子方式生成、传输、存储、处理和利用数据，并通过对数据的控制，实现对物理系统的操控并影响人的认知和社会活动[10]。

3. 网络空间安全的定义

针对网络空间安全的概念，不同的国家或机构也对其进行了定义，典型的有：

（1）2014 年美国推出的《增强关键基础设施网络安全框架》（1.0 版）给出的定义："网络空间安全是通过预防、检测和响应攻击以保护信息的过程。"该框架提出网络空间安全风险管理生命周期五环论，由识别、保护、检测、响应、恢复组成，并进一步细分为22 类活动、98 个子类。

（2）2014 年《俄罗斯联邦网络安全战略构想（草案）》给出的定义："网络空间安全是指网络空间的所有组成部分均处于能够防范潜在威胁及其后果影响的状态。"

（3）2009 年英国《网络安全战略》给出的定义："网络空间安全包括在网络空间对英国利益的保护和利用网络空间带来的机遇，实现英国安全政策的广泛化。"

（4）2011 年法国《信息系统防御和安全战略》给出的定义："网络空间安全是信息系统的理想模式，可以抵御任何来自网络空间的威胁，这些威胁可能损害系统存储、处理或传递的数据和相关服务的可用性、完整性或机密性。"

（5）2011 年德国《网络安全战略》给出的定义："网络空间安全是大家所期待实现的 IT 安全目标，即将网络空间的风险降到最低。"

（6）2011 年新西兰《网络安全战略》给出的定义："网络空间安全是指由网络构成的网络空间要尽可能保证其安全，防范入侵，且保持信息的机密性、可用性和完整性，能够检测确实发生的入侵事件，并即时响应和恢复网络。"

参考上述定义，结合国内外研究机构对网络空间安全的理解和认识，研究人员给出了网络空间安全的定义：网络空间安全是通过识别、保护、检测、响应和恢复等环节，以保护信息、设备、系统或网络免受威胁和损害[10]。

1.4 网络安全模型

网络安全模型是关于网络和信息系统在何种环境下会遭受威胁，且如何实现网络安全的一般性描述。在一些文献中，网络安全模型也被称为威胁模型或敌手模型。明确网络安全模型有助于说明和了解网络空间安全技术原理。

1. 网络安全模型的发展

早期的网络安全模型主要侧重于保密通信领域，包括：香农提出了保密通信系统的模型[5]，该模型描述了保密通信的收发双方通过安全信道获得密钥、通过可被窃听的线路传递密文的场景，确定了收发双方和密码分析者的基本关系和所处的技术环境；Simmons 面向认证系统提出了无仲裁认证模型[11]，它描述了认证方和被认证方通过安全信道获得密钥、通过可被窃听的线路传递认证消息的场景；Dolve 和 Yao 针对一般的网络安全体系提出了 Dolve-Yao 威胁模型[12]，它定义了攻击者在网络和系统中的攻击能力，被密码系统的设计者广泛采用；随着密码技术研究的深入，很多学者认为密码系统的设计者应该将攻击者的能力估计得更高一些，例如，攻击者可能会有控制加密设备或在一定程度上接近、欺骗加密操作人员的能力。

后续的网络安全模型重点针对访问控制领域，典型的有：Harrison、Ruzzo 和 Ullman 提出的基于访问控制矩阵（HRU）的模型，这是一种基本的自主访问控制（Discretionary Access Control，DAC）模型；Bell 和 LaPadula 于 1973 年至 1976 年间提出的强制访问控制模型即 Bell-LaPadula（BLP）模型，主要用于解决面向保密性的访问控制问题；Biba 等人在 1977 年提出的 BIBA 模型，是 BLP 模型的变体，目的是保护数据的完整性；Dion 于 1981 年提出同时面向保护机密性和完整性的 Dion 模型，它结合了 BLP 模型和 BIBA 模型，但只提供强制性策略。访问控制模型将在本书的第 2 章中进行详细介绍。

在互联网时代，信息系统跨越了公用网络和组织机构的内部网络，网络安全的内涵在不断扩展。保密通信、安全认证、访问控制是满足机密性、完整性、真实性和非否认性的主要手段，但可用性和可控性的要求不能完全依靠它们解决。因此，进入信息保障阶段后，网络安全模型不再局限于保密通信、访问控制等具体细分领域的安全问题，而是开始关注网络和信息系统的整体安全保护。如美国国防部提出的"保护—监测—响应（PDR）"动态模型、增加了恢复环节（Restore）的 PDRR 模型、增加了安全策略（Policy）的 PPDR 模型，以及进一步增加了预警（Warning）和反击（Counter attack）的 WPDRRC 模型等。预警、监测、响应、反击等技术环节的加入，表明这一阶段的网络安全模型开始考虑网络对抗环境下的动态安全问题。例如，某单位使用的网络包括内部网和外部网两部分。典型的网络安全模型中包含的安全措施应包括主机内部网络安全构件、网络防护设施和网络安全机构。其中，主机内部网络安全构件主要指主机内部与网络安全相关的模块（如主机审计模块、用户认证模块、访问控制模块等）；网络防护设施主要包括防火墙、IDS 或防病毒网关等独立运行的安全设备；网络安全机构是专门负责实施安全措施的机构，它可以是由第三方或单位自行设立的，主要用于完成密钥管理、资产管理、用户管理、权限管理、安全策略管理等功能。在该模型下，攻击者不能在内部或外部通信网中的任何一点上截获数据或进行消息收发，也不能从一台被控制的计算机上发动网络攻击，还不能基于一个系统中的账号发动系统攻击等。网络安全的实施者主要通过以上网络安全构件和相应的管理制度形成动态的安全防御能力。

2. 网络空间与物理空间的关系

随着网络空间与物理空间的逐步融合，网络空间与物理空间之间呈现出复杂的关系形态，两者既相互区别，又密切联系。物理空间是人类通过自身感官可以直观感受到的实体空间，例如，通过视觉观察到的日月星辰、山川河流、建筑物、动植物等各类物体，通过听觉观察到的鸟鸣虫吟、语言音乐等自然界和人类社会发出的声音。网络空间的信息则通过计算机网络进行传输和处理，并经由信息终端以文字、图形、图像、音频、视频或其他虚拟现实方式进行呈现。与传统物理空间相比，虽然网络空间具有虚拟特性，但物理空间的时空关系仍旧是网络空间不可或缺的关键要素。网络空间所依托的信息基础设施和网民都是物理实体，本身也具有地理位置和地域性的差异，这取决于其中事物与现实物体的映射关系、信息所蕴含的物理属性和对现实空间的真实作用。网络空间与物理空间的关系主要体现在以下方面。

1）网络空间依赖物理空间的物质基础

网络空间是通过在真实物理空间中部署一系列的信息基础设施而逐步构建起来的。网络空间的信息基础设施主要包括网络基础设施、服务器、信息转换器和上网工具四部分[17]。网络基础设施是网络空间构建的底层基础设施，由骨干网、城域网和局域网通过有线或无线传输方式层层搭建而成；服务器是指在网络环境下运行相应的应用软件，为网络用户提供共享信息资源和各种服务的一种高性能计算机；信息转换器是指在信息传输过程中，负责信号转换和信息组织的设备，主要包括调制解调器、路由器、交换机和中继站；上网工具是网络空间的入口，是从现实世界进入虚拟世界的主要途径。

网络空间以物理空间为真实载体。网络空间的各项要素（信息系统、网络服务、虚拟身份、操作行为、网络通信、连通关系、数据交互关系、安全漏洞、网络攻击等）在本质上都依赖物理空间的物质基础而存在。由于网络资源的供给和部署在地理分布上往往是不均衡的，即总是倾向于人口和经济活动聚集的地方，因此，全球网络空间资源分布情况在空间上具有明显的不均衡性，这对网络空间的体系架构、空间格局和空间可达性造成了影响。

2）网络空间与物理空间同样存在地域性差异

网络空间的发展导致了人类通信方式的变革，例如，Facebook、微博、微信、抖音等，加速了互联网虚拟社区与现实社会的交互。在传统的社会交往中，由于地理上的邻近性、社会文化的较强认同感，周边生活、工作的群体往往成为人们最主要的社会交往对象。然而，在网络空间中，虽然信息技术压缩了时空距离，扩展了人们社会交往与联系的范围，但本地域的信息联系强度仍然远远大于与其他地域的信息联系强度，表现出本地域的信息联系在网络信息空间中占据主体地位的特征。

同时，网络空间是人类借助互联网媒体在整合多种信息与通信技术基础上所构建的虚拟空间。网络空间的行为主体对应现实世界中的组织机构或人类个体。社交网络空间中的个体在物理空间上都对应某一特定的地理位置。因此，人作为网络空间的行为主体，具有明显的地域特征。

3）网络空间与物理空间具有密切的关联性和互动性

网络虚拟实体与物理实体存在动态映射关系。物理空间中的个人可能在网络空间中拥有多重的虚拟身份，而网络空间的计算服务也可能是由分布在不同区域的物理设备通过虚拟化方式组合形成的。因此，网络虚拟实体与物理实体存在多对多的映射关系，且这种映射关系会受经济活动、社会发展、技术革新、法律法规、管理制度等多重因素的影响而发生动态变化。

此外，网络空间的信息流分布格局与地理距离和经济社会发展水平密切相关。例如，城市对外的网络信息不对称度与其经济社会发展水平具有相对一致性，经济社会发展水平越高，其在网络空间中的影响力相对就越强。城市之间的网络信息不对称度与它们之间的地理距离和经济社会发展水平密切相关，且随着地理距离的增加呈现出衰减的特性[18]。

3. 构建网络空间安全模型的四个要素

网络空间安全的覆盖范围广泛，涉及专业领域众多，包含多维度、多品类、多层次的安全要素，构建网络空间的安全模型时，可以考虑以下四个层次的要素。

（1）网络环境要素是指各类网络空间要素形成的节点和链路，即网络结构、资源及拓扑关系。网络环境要素包括楼层、机房、机柜等网络设备所处的物理环境；网络拓扑和网络接入等逻辑环境；电商平台、网络论坛、社交媒体等网络场所；IP 地址、域名、网络服务等网络资源。

（2）行为主体要素是指各类网络实体角色的真实身份和网络身份。行为主体要素包括行业、单位、人员及人员组织对应的邮箱、社交账号、联系方式等。行为主体要素主要关注网络实体的交互行为及其社会关系。

（3）业务环境要素是指重点关注的网络空间安全业务对象。例如，需要开展的网络安全等级保护、关键信息基础设施安全保护、网络安全监测、态势感知、事件研判、攻击溯源、应急处置、攻击阻断、威胁情报分析挖掘等业务工作内容。

（4）地理环境要素是指各类网络空间要素依附的地理载体，强调网络空间要素的地理属性。地理环境要素包括网络空间实体的行政区划、道路、设施等基础地理信息，交通管理设施、治安管理设施等公共安全地理信息，图像、音视频、建筑物三维模型等信息。这主要涉及设备及相关实体的距离、尺度、区域、物理边界、空间映射等概念。

因此，当网络安全发展到当前的网络空间安全阶段时，网络安全模型将呈现出多空间融合交汇的显著特点，通过在地理环境层、网络环境层、行为主体层和业务环境层中对网络空间安全相关的实体、属性及其关系进行交叉映射和融合，能充分反映出网络空间、物理空间和社会空间存在的多层次、多维度、跨空间的关联关系，由此构成了新时代下网络空间安全涵盖的综合体系。

1.5 技术体系

2015年6月，"国务院学位委员会 教育部关于增设网络空间安全一级学科的通知"（学位〔2015〕11号）内容如下："为实施国家安全战略，加快网络空间安全高层次人才培养，根据《学位授予和人才培养学科目录设置与管理办法》的规定和程序，经专家论证，国务院学位委员会学科评议组评议，报国务院学位委员会批准，决定在'工学'门类下增设'网络空间安全'一级学科，学科代码为'0839'，授予'工学'学位。"

围绕网络空间安全技术体系，研究人员提出了多种分类方式。例如，参考传统的网络安全等级保护技术标准，将网络空间安全技术分为物理安全、系统安全、网络安全、应用和数据安全等类型；或者将现有的网络空间安全技术归纳为五类，即核心基础安全技术（包括密码技术、信息隐藏技术等）、安全基础设施技术（包括标识与认证技术、授权与访问控制技术等）、基础设施安全技术（包括主机系统安全技术、网络系统安全技术等）、应用安全技术（包括网络与系统攻击技术、网络与系统安全防护与应急响应技术、安全审计与责任认定技术、恶意代码检测与防范技术、内容安全技术等）、支撑安全技术（包括安全测评技术、安全管理技术等）。

为了便于读者理解，在参考上述分类方法的基础上，本书按照网络空间安全实战的需求，将技术体系按照以下维度进行分类，如图1-3所示。

第 2 章
安全防护技术

本章介绍典型的网络安全防护技术，包括密码技术、鉴别认证技术、访问控制技术、系统安全技术、网络防护技术和供应链安全技术。安全防护技术是传统网络安全领域的核心内容，发展时间最长，技术门类最为齐全，是网络空间安全技术体系的基础支撑，也是构建全面、动态安全保护体系的基本要素。本章重点：经典密码算法、身份标识与鉴别认证、DAC 与 MAC、可信计算、防火墙与 VPN 技术、SSL/TLS 协议与 IPSec 协议。

2.1 安全防护技术基本含义

安全防护技术是传统网络安全领域的核心内容，也是各类新型安全技术诞生和发展的基础。安全防护技术重点关注机密性、完整性、可用性等安全属性，具体包括密码技术、鉴别认证技术、访问控制技术、系统安全技术、网络防护技术和供应链安全技术，如图 2-1 所示。

各类安全防护技术之间具有密切的关联关系。鉴别认证技术、访问控制技术、系统安全技术、网络防护技术都建立在密码技术的基础之上。例如，需要采用公钥密码算法和安全协议实施公钥认证过程；需要使用分组密码算法和杂凑函数构建 SSL/TLS 协议安全传输通道；需要使用多类密码算法构建覆盖软硬件的可信计算环境。此外，对用户和管理员身份进行准确的鉴别认证，以及针对用户角色进行授权和访问控制也是网络防护和系统安全防护工作中首先需要解决的问题。本章将对上述典型的安全防护技术进行阐述。

2.2 密码技术

早期的密码技术主要用于提供机密性保护[4]。其中，被隐蔽的消息数据是明文（Plain Text），隐蔽后的数据是密文（Cipher Text），将明文转换为密文的过程称为加密（Encryption），将密文转换为明文的过程称为解密（Decryption）。密码技术使信息的使用者可以仅用密文进行通信和存储。非授权者虽然可能获得密文，但难以通过密文得到明文。密文可由被授权者通过解密恢复出明文，其中，最简单的授权是通过安全信道向合法解密者（被授权者）分发密钥。密钥指的是控制加/解密的安全参数，是保证加/解密效果的核心要素。以上基本描绘了香农于 1949 年提出的保密通信模型[5]。随着密码技术的不断发展，密码技术已经具备完整性、真实性和非否认性等属性（机密性尚不能提供），成为保障网络安全的核心基础技术。

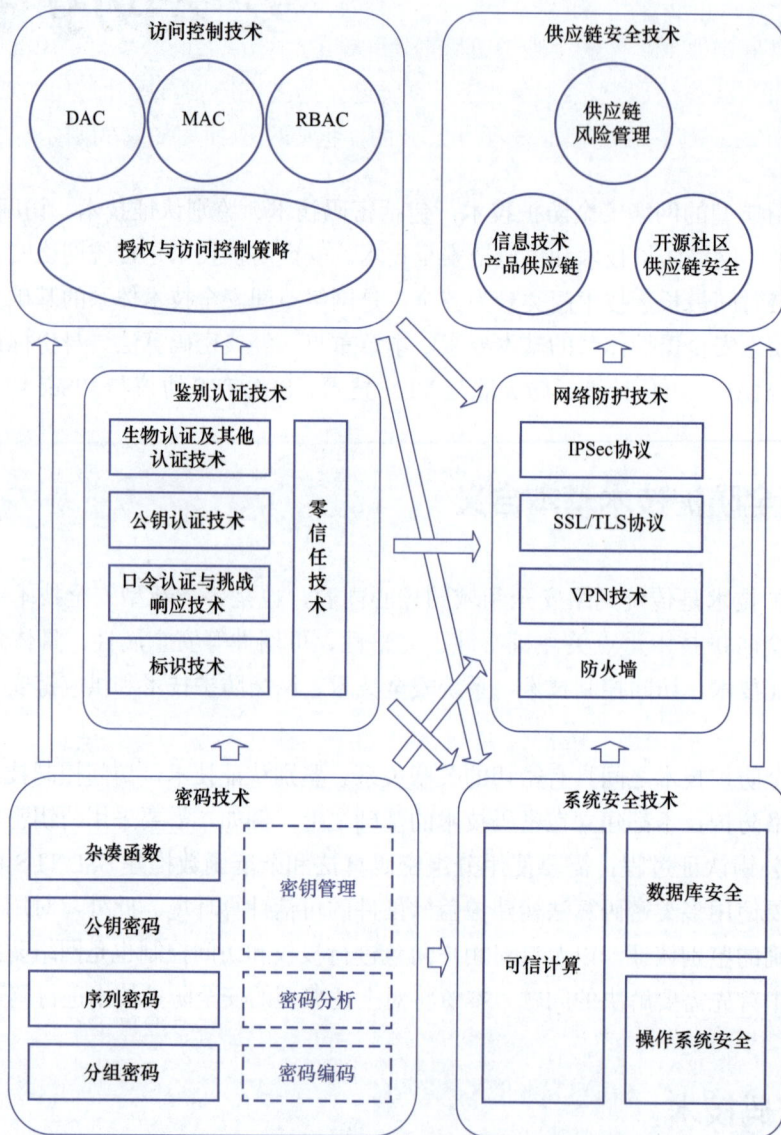

图 2-1 安全防护技术

密码学（Cryptology）分为密码编码学（Cryptography）和密码分析学（Cryptanalysis），前者寻求提供机密性、完整性、真实性和非否认性等的方法[19]，后者研究针对加密消息的破译和伪造等破坏密码技术所能提供安全性的方法[20]，两者之间彼此关联又相互促进。

在密码技术的发展中出现了各种密码系统或体制（Cryptosystem）。密码系统常被称为密码方案（Scheme），它是密码算法、相关参数及其使用方法的总和。其中，相关参数主要包括密钥、明文和密文。直觉上，若密码算法本身是保密的，则安全性更高，但这往往并不科学，因为研发密码算法的人一般不是使用密码的人。Kerckhoffs[21] 早在 1883 年就指出，密码算法的安全性必须建立在密钥保密的基础上，在这种情况下，即使敌方知道密码算法，但只要他不掌握密钥则难以破译密码，这就是著名的 Kerckhoffs 准则，也是当今密码学界在开展算法研究、设计、分析时所遵循的基本原则。国际通用的 DES、AES、RSA 等密码算法，其算法过程本身都是公开的，但算法所使用的密钥则是保密的，由此即可实现安全的加/解密过程。

按密钥使用方法的不同，密码系统主要分为对称密码和公钥密码（为非对称密码）两类。在前者中，加密者和解密者使用相同的密钥或容易相互导出的密钥，而在后者中，加密密钥和解密密钥不同且两者之间难以相互导出。20 世纪 60 年代至 20 世纪 70 年代公钥密码 [7-8] 的出现是密码技术发展中的重大事件之一，它极大地扩展了密码技术可提供的网络安全功能。以上两类密码技术均能提供机密性保护，但对称密码的加/解密效率更高，因此它常用于数据量较大的保密通信，而公钥密码常用于数字签名、密钥分发等场合。另一类典型的密码算法是杂凑函数。杂凑函数是用计算出的小尺寸数据代表更大尺寸数据的技术，它在数字签名和密码协议中得到了广泛应用。

评判密码算法安全性的重要方法是进行密码分析。在密码学术语中，"分析"与"攻击"意义相近，因此密码分析也可称为密码攻击。根据分析者具备的条件，人们通常将密码分析分为以下 4 类：

（1）唯密文攻击：分析者有一个或多个使用同一个密钥加密的密文。

（2）已知明文攻击：除了待破解的密文，分析者还有一些明文和使用同一密钥加密的对应密文。

（3）选择明文攻击：分析者可得到所需要的任何明文对应的密文，这些密文和待破解的密文使用同一密钥加密。

（4）选择密文攻击：分析者可得到所需要的任何密文对应的明文，类似地，这些密文和待破解的密文使用同一密钥加密。

获得密钥是密码分析者的主要目的。另外，若攻击不改动被攻击数据，也不参与被攻击的业务流程，而只是分析截获的数据，则称为被动（Passive）攻击，否则称为主动（Active）攻击。

下面介绍几类典型密码算法的基本概念，包括对称密码中最为常见的分组密码和序列密码，以及非对称的公钥密码和杂凑函数。

2.2.1 分组密码

如前文所述，直到第二次世界大战期间，密码技术本身并未摆脱主要依靠经验的设计方法。由于其尚缺乏完整的理论基础，因此被统称为古典密码。为寻求新的密码设计方法，香农于 1949 年提出了设计对称密码的基本原则[5]，指出密码设计须遵循"扩散（Diffusion）"和"混淆（Confusion）"的原则，前者指每一位明文编码的影响要尽可能地扩散到更多的密文中，后者是将明文和密文之间的统计关系复杂化。随后出现的对称密码主要包括分组密码和序列密码，它们的设计者用不同的方法贯彻了以上原则。分组密码主要包括 DES、AES、IDEA、RC5 等。

分组密码将明文编码划分为长度为 L 比特的组依次处理。分组 $m=(m_1,m_2,\cdots,m_L)$ 一般为二进制数字，即 $m_i \in \{0,1\}$，加密在密钥 k 的作用下将 m 变换为密文分组 $c=(c_1,c_2,\cdots,c_L)$，$c_i \in \{0,1\}$，加密映射是非线性的。设 GF(2) 表示由 0 和 1 组成的二元域，$\mathbf{GF(2)}^L$ 表示 GF(2) 中元素组成的 L 维向量空间，S_K 表示密钥空间，在 $k \in S_K$ 确定时，以上加密 $E(m,k)$ 和解密 $D(c,k)$ 一般都是 $\mathbf{GF(2)}^L$ 上的置换。分组密码的设计普遍采用了"代换-置换网络（SPN）"的结构，明文经过多轮的代换和置换处理，每轮处理结合了轮密钥（Round Key）的作用。轮密钥指在一轮中起作用的密钥。由于轮密钥不便于用户保存，因此分组密码的设计要提供通过 k 生成轮密钥 $(k_1,k_2,\cdots,k_R)$ 的密钥编排方法，其中，R 为轮数。

1. 数据加密标准（DES）

在香农提出的密码设计原则下，20 世纪 60 年代至 20 世纪 70 年代间，许多研究人员和机构都设计了新的对称密码，其中，由 Feistel 领导的 IBM 公司设计小组设计了 LUCIFFER 密码。1973 年，美国国家标准局（NBS）开始征集加密标准，IBM 将 LUCIFFER 的改进版本递交评审并于 1977 年获得批准，此后，这一受到批准的算法被称为 DES。DES 是最早受到广泛应用和具有深远影响的分组密码标准。

DES 明文分组和密文分组的长度都为 $L=64$ 比特；轮数 $R=16$，密钥长度为 $|k|=64$ 比特，但密钥包含 8 比特校验位，因此有效位为 56 比特；轮密钥长度为 $|k_i|$ 比特，$i=1,2,\cdots,R$。因本书篇幅有限，有关 DES 算法的详细步骤和处理流程，读者可参考密码学领域的相关著作或资料，此处不再赘述。

随着计算设备功能的增强和密码分析技术的发展，DES 算法的安全性日益受到威胁。DES 密钥长度仅为 56 比特，密钥量为 256。从 20 世纪 90 年代开始它已逐渐不能抵御密钥搜索攻击，即能通过逐一枚举的方式验证可能的密钥。1997 年，RSA 公司组织互联网上的志愿者利用空闲计算能力分工搜索 DES 密钥；1998 年，电子前沿基金会（Electronic Frontier Foundation，EFF）资助研制了搜索 DES 密钥的设备，它能在 2 天多的时间内完成搜索；德国 Bochum 大学和 Kiel 大学的研究者用廉价的现场可编程门阵列（Field Programmable Gate Array，FPGA）研制了名为 COPACOBANA 的 DES 密钥搜索装置，平均 6.5 天就可以搜索到 DES 密钥。针对以上威胁，出现了所谓 3 重 DES 或称 3-DES，它用 DES 算法在 3 个密钥下连续加密一个分组 3 次，通过增加密钥长度的方式提高了用搜索方式破解密钥的难度，但并未解决 DES 算法自身存在的安全性缺陷。

2. 高级加密标准（AES）

1997 年，美国标准技术研究所开始征集 DES 的替代算法，它被称为高级加密标准（AES）。征集要求 AES 算法能够支持 128、192 和 256 比特的密钥长度，分组长度为 128 比特，能够在各类软硬件设备下方便地实现，具有令人满意的效率和安全性。直到 1998 年 6 月，已经征集到 16 个候选算法，其中，由比利时研究人员 Daemen 和 Rijmen 提交的 Rijndael 算法于 2004 年最终被采纳为 AES 算法。AES 密码也是迭代型的分组密码，其迭代轮数依赖选取的密钥长度：当长度为 128、192 和 256 比特时，迭代轮数分别为 10、12 和 14。

AES 算法的设计充分考虑了对差分攻击和线性攻击的抵御能力。对当前已有的密码攻击而言，AES 算法是安全的，尚未发现有效的攻击。当前，存在一些攻击能够削弱较少轮数 AES 算法的安全性，但它们对 10 轮以上 AES 算法的安全性尚未构成实质性的威胁。以上情况使 AES 算法迅速取代 DES 算法，成为了分组密码的主流算法。

2.2.2 序列密码

与分组密码不同，序列密码将消息当作连续的符号序列 $m_1m_2\cdots$，用密钥流 $k_1k_2\cdots$ 加密，即 $c_1c_2\cdots=E_{k_1}(m_1)E_{k_2}(m_2)\cdots$。序列密码也常被称为流密码。常用的加密是将明文序列和密钥流逐位在有限域上相加。一般用数字元件或算法产生的密钥流是周期性重复的。

由于常见的加密仅仅是将密钥流和明文逐位相加，因此序列密码设计的核心是生成密钥流。在密钥流生成算法中，线性反馈移位寄存器（Linear Feedback Shift Register, LFSR）是重要的部件之一，但它产生序列的线性性质使它不能直接作为密钥流使用，因此常用非线性滤波和非线性组合两种方法将 LFSR 的输出转换为密钥流。其他生成密钥流的方法包括使用钟控器、背包函数等，有兴趣的读者可参阅文献 [22]。

2.2.3 公钥密码

在对称密码中，加密者使用的密钥 KE 和解密者使用的密钥 KD 是相同的或容易相互导出的，这就带来了一些安全和使用上的问题。对称密码要求在加密者和解密者之间存在一个安全的密钥传输信道，但实际场景中这个信道往往不安全。若要在很多人之间进行保密通信，在对称密码体制下需要每个人保管所有接收方的密钥，这不但不够安全，也不够方便。

Diffie 和 Hellman[7] 于 1976 年提出了公钥密码思想。在公钥密码体制下，加密者和解密者使用不同的密钥，即 KE ≠ KD。KE 一般被称为公钥，可以公开，但加密算法 E_{KE} 的逆函数不容易求得。当一个函数容易计算但难于求逆时，该函数被称为单向函数。在公钥密码中，解密者需要根据 KD 确定 E_{KE} 的逆，因此需要单向函数 E_{KE} 在 KD 下存在所谓的"陷门"，使可以确定 E_{KE} 的逆 D_{KD} 用于解密。

基于上述思想，Rivest、Shamir 和 Alderman[8] 于 1977 年提出了 RSA 公钥密码。它重点解决整数分解困难的问题。若攻击者能分解大整数 n 的两个素数因子 p 和 q，则 RSA 即被破解。然而，虽然已有很多整数分解方法，包括 Pollard 法、二次筛选法、随机平方法等，但对长度大于 1024 比特的大整数分解仍是计算上的难题。目前为止，其他攻击方法也未能实质性地破解 RSA，因此人们认为 RSA 在较大模长时仍是安全的。

Elgamal 于 1984 年提出了基于计算离散对数困难问题的 Elgamal 公钥密码。如果攻击者可以计算离散对数，则 Elgamal 密码被破解。但是，在算法参数 p 较大时，计算离散对数至今仍是计算上的难题，当前的计算方法包括 Shanks 法、Pollard ρ 离散对数法、指数演算法等，它们在 p 超过 512 比特时，不能在可接受的时间内完成。由于其他攻击也未能实质性地破解 Elgamal 密码，因此 Elgamal 密码得到了较多的发展和应用。

2.2.4 杂凑函数

如前所述，杂凑函数是用计算出的小尺寸数据代表更大尺寸数据的技术，它在数字签名和密码协议中得到了广泛应用。其中，小尺寸数据被称为杂凑值，它是杂凑函数在输入大尺寸数据时产生的函数值。杂凑函数也称为 Hash 函数。虽然杂凑函数的输出数据是定长的，但输入数据的长度是可以任意设置的，因此杂凑函数的计算效率很重要。

在安全性上，杂凑函数需要具备单向性和抗碰撞性。单向性意味着只能通过杂凑函数从输入数据计算输出的杂凑值，无法从输出的杂凑值反向推算原始的输入数据；抗碰撞性意味着很难找到两个（多个）输入数据，使它们通过杂凑函数的计算得到相同的输出杂凑值。

密码分析者着重分析杂凑函数内部的某些构造，当这些构造的输入、输出能帮助判断碰撞是否出现时，搜索碰撞的负担一般会减轻。我国学者在杂凑函数分析方面提出了比特追踪和明文修改等方法 [23-27]，这些方法可用来更高效的分析 SHA-0、SHA-1、MD4、RIPEMD 和 MD5 等杂凑函数，动摇了 MD 类和 SHA 类杂凑函数的设计基础。

与杂凑函数算法比较相关的是消息认证码（Message Authentication Code，MAC）算法。MAC 算法也是基于一个大尺寸数据生成的一个小尺寸数据，在性能上也希望避免碰撞，但 MAC 算法有密钥参与，计算结果类似于一个加密的杂凑值，攻击者难以在篡改内容后伪造它。MAC 算法主要基于分组密码或普通杂凑函数算法改造，有兴趣的读者可以参阅文献 [19]。

2.3 鉴别认证技术

2.3.1 标识

网络和信息系统中的"实体（Entity）"用于抽象地指代一个程序、设备、系统或用户，实体可以是一个业务操作对象，也可以是业务操作的发起者，即包括客体与主体。例如，当用户在计算机中打开某个办公文档时，该办公文档是客体（业务操作对象），而用户则是主体（业务操作的发起者）。实体代表了系统中的资源和资源的拥有者、管理者、使用者等。实体往往存在静态和动态两种形式，例如，存在可执行文件和运行程序、用户和登录用户、文件和打开的文件等对应的静态-动态实体对。实体也可以对应相关的算法、安全属性或管理策略等概念。为了建立网络安全体系，不同性质、类别和形式的实体需要不同的标识。标识（Identity）是指对实体的数字化指代。

对实体建立标识体系是构建网络安全体系的基础工作之一。身份认证、访问控制、安全审计、网络安全协议等都需要利用标识对程序、设备、网络、用户和资源等进行识别并进行相应的操作；在网络安全防护工作中，需要在网络过滤设备或防火墙系统中指明发现的恶意主机或网络，还有可能要阻断某类恶意的网络连接，因此需要使用主机、网络和连接标识。常用标识如下。

1. 系统资源标识

网络和信息系统的资源包括文件、数据库和程序等，它们在各种状态下有对应的标识。

在操作系统中，文件通常用文件名和存储路径作为标识，在操作系统内部，对文件有对应的标识，例如，UNIX 系统的 i 节点包含了文件的访问控制和所有人等信息。文件被打开后，操作系统生成文件描述符或句柄作为打开实例的标识，系统内部也将维护文件分配表。在操作系统中，对文件系统的存储路径通常也按照管理文件的方式标识，例如，使用路径名及相应的系统内部标识，后者在 UNIX 系统中也由 i 节点组成。

数据库和数据表可以分别用数据库名和数据表名作为标识，由数据库管理系统（Database Management System，DBMS）维护其内部标识，不同标识对应不同的访问控制技术和所有人等安全信息。对打开的数据库和数据表，系统也将产生特定的描述符或句柄作为标识。数据库运行在操作系统中，其文件和进程标识由操作系统维护，但由 DBMS 负责数据库的内部标识。

在操作系统的文件系统中，可执行文件静态程序的标识方法和普通的数据文件类似，但当可执行文件运行时，操作系统对这个运行实例也会产生相应的内部标识，例如，UNIX 系统的进程号（PID）。

2. 用户、组和角色标识

操作系统或网络系统的用户通常以用户名或账户名作为标识，用户登录后，系统为其分配相应的内部标识。例如，在 UNIX 系统中，系统将在用户登录后在内部动态分配用户号（UID）；在 Windows 系统中，系统将在用户登录后分配对应的访问令牌（Access Token）。这些内部标识记录了登录用户的访问权限信息。

系统可以使用一个标识代表一组用户。例如，在 UNIX 系统中，用户和进程都具有相应的组属性。角色（Role）是特殊的分组，具有一个角色的用户或进程将被授予特定的功能，可以进行相同权限的操作。

3. 数字证书标识

数字证书用于绑定证书所有者，在数字签名和认证中用于向签名验证者或身份认证者提供所有者的相关信息。证书所有者的身份有唯一的标识，一般包括证书所有者的基本信息和辅助信息，例如，X.509 证书中包括了证书所有者的国家、地区、组织、个人姓名等内容。其他与数字证书相关的标识包括证书号、签名算法标识、颁发机构标识和颁发策略标识等，它们记录了证书的基本安全属性。由于证书签发者对证书进行了签名，因此这些标识信息具有抵制篡改的功能，可以有效防止攻击者通过篡改证书信息实现身份伪造或假冒。

4. 主机和网络标识

主机标识用于在网络中标记特定的主机，在不同的网络层次上通常需要使用不同的标识。在数据链路层，通常用网络接口设备（网卡）的物理地址标识该主机，对常见的以太网（Ethernet），这是一个 6 位十六进制的数字（MAC 地址），例如，4c:e1:73:47:ef:51；在网络层，通常使用网络地址作为标识，对应 TCP/IP 网络中的 IP 地址，例如，124.16.136.10；在更高的网络层上，可以使用主机名作为标识，对应 TCP/IP 网络中的域名地址。在Windows 网络中，可以是 Myhost，但域名地址需要通过域名服务器（DNS 服务器）将其解析为 IP 地址。Windows 网络中的主机名则需要通过域（Domain）服务器将其解析为 IP地址或物理地址。

网络标识通常使用网络层的广播地址，例如，192.168.1.0/24 表示 IP 地址为 192.168.1.xxx 的网段，其中，xxx 表示任意三位数字（小于 255）。

5. 网络资源标识

网络资源的标识一般需要指明网络通信协议、主机地址和资源名称。在 TCP/IP 网络中，这类标识被称为统一资源定位（Uniform Resources Locator，URL）地址。

6. 连接标识

连接端口（Port）的概念对理解计算机网络中的通信连接具有重要作用，它用于标识主机所提供的连接或一个交互之中的连接。在主机需要提供网络服务时，需要公开其连接端口，使用该服务的用户可以向指定的主机和端口发起网络连接，因此，端口也常用于标识网络服务，例如，在互联网中，HTTP 服务的端口通常是 80，FTP 服务的端口通常是21。由于服务器需要指明将数据发送到客户端的哪个连接，因此客户端也要产生一个端口，用于标识这个连接。

主机内部将记录通信连接的状态，这些状态往往包含与安全相关的信息，有时也需要标识。后续章节将要介绍的 SSL 协议和 IPSec 协议中都存在安全连接标识，它们记录了连接的参数和当前状态。常用的 Web 浏览器基于 HTTP，它允许客户端使用 Cookie 记录浏览器与特定 Web 服务器之间的交互内容，包括历史浏览记录、数字证书、输入口令等，用于标识客户端与 Web 服务器之间的连接。

2.3.2　口令认证与挑战 — 响应技术

被认证者为了证明自己的合法身份，可以声称自己知道某个"秘密"的方式，这种认证方式的典型代表就是口令。口令可以由一串数字、字符或它们的混合体组成，它由认证机构生成后颁发给用户，也可以由用户自行设定（但需要满足一定的安全要求）。用户在登录系统时需要向验证者证明自己掌握了相应的口令。口令是很经典的认证方式，但同时也面临着以下安全威胁。

1. 口令泄露

口令泄露是指由于用户、系统管理员、口令发送机构或口令验证者的疏忽，使口令被泄露给了未授权者。可能的情况包括但不限于将口令记录在不安全的地方、将口令通过不安全的方式存储在系统或介质中、将口令通过不安全的方式传递给用户。防范口令泄漏的主要措施是提高用户的安全意识，并使用安全的口令管理策略。

2. 口令猜测

弱口令是目前网络攻防场景中常用的安全漏洞。由于大部分系统的口令仍然允许用户自行设定，由此就带来了口令被攻击者猜测出来的风险。普通用户倾向于使用便于自己记忆的字符作为口令，例如，自己或家人的姓名拼写、生日、电话号码、邮箱地址、家庭住址等，对于熟悉用户个人信息的攻击者来说，很容易通过猜测的方式获取用户口令。通用的、简单的、默认的口令（如 admin、test、111111、123456 等）容易被猜测出来，长度过短的口令（如不足 8 位字符）也同样面临风险，攻击者可以使用口令爆破工具在短时间内通过多次尝试的方式猜测出用户口令。防范口令猜测的主要措施包括强制用户使用足够长度且满足复杂度要求的口令、限制单位时间内用户口令认证的频次、进行口令认证时加入延迟环节、引入动态验证码等方式。

3. 口令窃听

早期的口令认证将用户输入的口令直接通过网络或通信线路发送给目标系统，或者仅通过简单的编码后进行传送，因此攻击者可以在网络或通信线路上截获口令。防范口令窃听的主要措施是通过加密通道传递口令。

4. 重放攻击

为了防范简单的口令窃听，可以采用对传输数据进行加密的方式来保护口令，但这种措施仍然存在安全风险：由于攻击者能够截获合法用户通信的全部数据，因此当其试图假冒用户身份通过认证时，可以直接使用之前截获的用户通信数据并将它们发送给目标系统。虽然这些数据是加密的，但经过目标系统解密后仍然可以得到正确的口令信息，从而达到欺骗目标系统并通过认证的目的。这种口令攻击方式称为重放攻击。

重放攻击成功的前提是用户每次认证时，通过加密通道传递的信息是一样的，且加密算法和密钥也完全一样。因此，为了防范重放攻击，可以使用动态验证码的方式，即用户认证时需要输入一个由系统动态生成的验证码，每次生成的验证码都不一样，由此保证每次认证时加密传输的信息存在差别，攻击者就无法使用之前认证过程中发送的数据进行重放攻击。

这种方式后来进一步发展成为挑战—响应技术：由认证系统向用户发送一个询问消息，只有收到询问消息的用户使用自己掌握的口令对询问消息做出正确的应答后，该用户才能通过认证。需要注意的是，每次进行用户认证时，认证系统给出的询问消息都是不同的，用户给出的应答都是与该条询问消息密切相关的。例如，在使用浏览器或手机 App 登录某些网站或应用系统时，系统会提示输入页面中显示的一次性动态验证码，这些验证码需要用户人工识别并手动输入，同时还要求输入正确的用户口令，只有口令和验证码全部正确才能通过认证。挑战—响应技术以一种更安全的方式验证另一方是否知道某个数据，是网络安全协议设计中经常使用的技术之一。

5. 对认证系统的攻击

口令认证系统存储了口令的相关信息，攻击者可能通过入侵系统获得这些信息。如果口令存储在认证系统，则口令可能直接泄露；如果认证系统仅仅存储了口令的验证信息（如单向函数输出值），则也为攻击者猜测口令提供了判断依据。因此，口令认证系统必须保证自身的安全性，并对存储的口令相关信息提供高强度保护。例如，Windows 系列操作系统将账户数据存储在安全账户管理数据器（Security Accounts Manager，SAM）中。Windows NT 系统最初将口令的杂凑值以明文存储在 SAM 中，但由于缺乏保护，出现了大量的口令攻击代码，它们通过窃取操作系统权限或网络窃听获得账户数据，利用口令字典进行暴力攻击，因此 Windows 后期的版本开始使用加密的 SAM，并对加密密钥实施了妥善的保护，故而仅利用暴力攻击已难以破解口令。

2.3.3　公钥认证技术

前面介绍过公钥密码。公钥密码可以应用于数据加/解密领域：数据发送方使用数据接收方的公钥对数据进行加密，数据接收方使用自身的私钥进行解密即可得到明文数据。由于只需要事先共享数据接收方的公钥，且利用该公钥进行加密后的数据，只有使用对应的私钥才可以解密，因此这种方法能够有效满足数据的机密性要求。

公钥和私钥之间相互对应而又无法直接推算，这种性质使公钥密码也可以应用于认证领域：因为只有用户掌握其私钥，认证系统才可以要求用户使用其私钥对某段认证信息进行加密处理，然后发送给认证系统；认证系统接收到加密信息后，使用该用户的公钥对其进行解密，如果能够解密得到原始的明文信息，则证明该加密数据的确是由该用户生成的，由此完成用户认证过程。攻击者如果想要假冒合法用户身份，由于其不掌握该用户的私钥，无法对认证信息进行正确的加密，因此认证系统也就无法使用该用户的公钥进行解密，此时认证系统即可将其判定为假冒用户。

基于公钥密码技术的认证不需要在线的服务器，但为了让认证系统确认用户公钥的真实性，需要离线服务器，后者也泛指相关的服务机构。由离线服务器为用户颁发数字证书和私钥。数字证书中包含了与用户私钥对应的公钥和身份信息，以及服务器的数字签名，这样，数字证书的真实性和完整性就得到了保护；在认证过程中，认证系统首先从公开渠道或从用户获得数字证书，随后通过验证离线服务器的签名来验证该证书的真实性和完整性，再通过其中的用户公钥，验证用户应答数据的有效性。由于这些数据经过了用户私钥的处理，因此可仅用对应的公钥验证这些数据的有效性，若验证通过，则说明用户拥有对应的私钥。

ITU-T X.509（ISO/IEC 9594-8）是国际电信联盟（International Telecommunication Union, ITU）于 1988 年制定的目录服务标准 X.500 的一部分，它涉及公钥认证的内容，定义了公钥证书、证书链、证书撤销列表等一系列数据结构。其中的双向认证协议和三向认证协议是公钥认证的典型例子。为了执行双向或三向认证，双方都需要对方的公钥证书，它们由离线服务器签发，且有效性可以通过验证服务器的签名来证实。离线服务器可以通过公开的渠道发布公钥证书，认证双方也可以直接交换各自的公钥证书。有关公钥认证的具体技术方案和 X.509 标准内容请读者参考相关技术资料，此处不再赘述。

2.3.4　生物认证及其他认证技术

1. 生物认证

上述口令认证、挑战—响应、公钥认证等技术都是将用户身份与电子凭证进行绑定后开展的认证。绑定过程如果存在安全缺陷，就会导致用户身份与电子凭证不能实现一一对应，从而破坏认证系统的安全性。其实对于普通用户而言，还有一类凭证是用户本身所固有并且难以伪造的，那就是用户的生物特征，例如，指纹、虹膜、声纹、掌纹、脸部特征等。以指纹为例，它是人体手指表皮上突起的纹线。由于人的指纹是遗传与环境共同作用产生的，因而指纹人人皆有，却各不相同。指纹的重复率非常低，大约在 640 亿分之一到 150 亿分之一之间，因此被称为"人体身份证"。

认证系统可以利用人的生物特征对用户的身份进行认证。该系统首先采集用户的生物特征，并将其数字化且分别与对应的用户身份绑定。在验证过程中，认证系统重新采集用户的生物特征，并与之前采集的生物特征进行比对，如果两者匹配则通过认证。认证需要为系统用户部署生物特征采集和识别设备，这在某些情况下是不方便的，但随着相关技术的不断发展，目前基于生物特征的认证技术已经得到了广泛应用，如手机银行登录、移动支付、安检、验票等各个领域。

2. 多因子认证

在某些高安全性的应用场景中，单一方式的认证机制仍然无法满足要求，这种情况下可以使用多种认证方式结合的方式，即多因子认证。

例如，公钥认证技术中的数字证书需要有移动介质（如 IC 卡、USB-KEY 等）存储，但这带来的潜在威胁是，移动介质容易丢失或被盗用。因此，为了阻止未授权者使用盗用的移动介质，需要为它绑定一个可由人记忆的口令，且认证系统需要同时验证用户的口令和证书。在很多情况下，需要利用计算机存储用户的私钥。为了加强私钥存储的安全性，一般将其隐藏在系统中，且经由一个客户端程序访问，但这个客户端程序需要用户提供口令才能运行。常用的多因子认证方式还有：要求用户在认证时除了输入口令，还提供自身的生物特征信息，或者提供一次性使用的动态验证码。多因子认证方式可以有效防范由于部分认证信息（如口令）泄露导致的安全性问题。

2.3.5 零信任技术

传统网络的安全边界是确定的，在这种前提条件下，采用前文所述的各类认证技术是适用的，可以在确定的边界和范围内，利用固有的信任根建立起精准的、可靠的信任关系。然而，随着云计算、大数据、物联网、移动互联网等新兴技术的不断兴起，IT 系统的架构从"有边界"不断向"无边界"转变，传统的安全边界逐渐瓦解。此时，网络无法预先设定固有的信任根，节点间的信任关系也呈现动态变化的趋势。因此，零信任技术逐渐进入人们的视野，成为解决新时代网络安全问题的新理念、新架构。

零信任技术打破了传统网络安全防护模式的限制，坚持"永不信任，持续验证"的理念，对网络边界安全进行了全新审视。零信任技术已从一个新兴的网络安全概念逐步发展成为网络安全领域的关键技术方法。零信任技术的特点是：默认不信任网络内外的任何人、设备和系统，并基于身份认证和授权重新构建访问控制的信任基础，从而确保身份可信、设备可信、应用可信和链路可信。

2023 年 1 月，美国陆军成立了零信任架构能力管理办公室，加速推进零信任架构实施，其目标是确保信息系统的安全性，防止任何未经授权的访问和数据泄露，到 2027 年预计形成由零信任架构提供的全面安全保护的统一网络。

2023 年 2 月，美国国防信息系统局（DISA）宣布完成零信任项目"雷霆穹顶"企业级网络安全样机，如图 2-2 所示。该样机标志着美国军方零信任架构建设工作由理论研究转向实践。同年 4 月，美国网络安全和基础设施安全局（CISA）发布第 2 版《零信任成熟度模型》，旨在降低美国机构实施零信任技术的壁垒。同年 7 月，Fortinet 发布《2023 年全球零信任发展报告》，揭示了零信任技术当前的部署实施现状及最新进展，指出零信任技术相关部署占比正稳步提高。

2023 年 8 月，中国信息通信研究院发布了《零信任发展研究报告（2023）》，阐述了过去两年多零信任产业的发展和变化，指出目前我国正在从政策、行业实践、产业发展等多方面对零信任技术进行积极探索，具体来说，前期以推动零信任理论研究和技术创新为主，后期以加强零信任技术应用和工程落地为主。

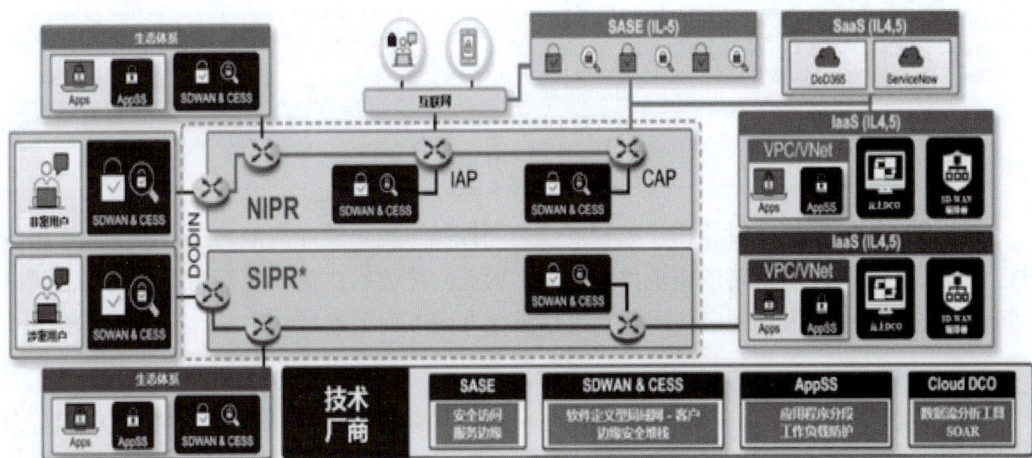

图 2-2　"雷霆穿顶"企业级网络安全样机

2.4　访问控制技术

2.4.1　授权与访问控制策略

为了使合法用户可以正常使用网络系统，需要给已通过认证的用户授予相应的操作权限，这个过程被称为授权。在网络系统中，可授予的权限包括读写文件、运行程序、查询和修改数据、网络访问等。访问控制技术用来实施和管理这些权限。

在网络系统中，资源主要指文件、数据、程序、计算资源和通信资源等。在访问控制中，通常将这些资源称为客体（Object），而"访问（Access）"一词可以概括为系统或用户对这些资源（客体）的使用，例如，读写文件、打开文件、执行程序、占用通信带宽等。这些"访问者"通常被称为主体（Subject）。有的实体既可以作为主体，也可以作为客体，例如，计算机程序，既可以作为客体被用户（主体）编辑或运行，也可以作为主体访问其他资源（如读写文件），因此也常用实体统一指代客体和主体。此时，授权是指资源（客体）的所有者或控制者准许别的主体以一定的方式访问该资源（客体），访问控制（Access Control）是实施授权的基础，它控制资源（客体）只能按照所授予的权限被访问。从另一个角度看，由于对资源的访问进行了控制，才使权限和授权得以存在。访问控制策略是在系统安全较高层次上对访问控制和相关授权的描述，它的表达模型常被称为访问控制模型，是一种访问控制技术的高层抽象和独立于软硬件实现的概念模型。由于访问控制涉及为主体授予针对客体的权限问题，因此本质上任何访问控制策略都可以用矩阵直观表示，如表 2-1 所示：一行对应一个主体，一列对应一个客体，一个矩阵元素对应该行主体对该列客体所拥有的授权。

表 2-1　访问控制矩阵示意

	客体o_1	客体o_2	客体o_3
主体s_1	读（R）、写（W）	读（R）、执行（X）	读（R）、写（W）、执行（X）
主体s_2	读（R）	读（R）	读（R）
主体s_3	读（R）、执行（X）	读（R）、写（W）	

　　由于网络系统的资源量和用户数较多，访问控制矩阵一般庞大而稀疏，在实际中很少用它直接描述访问控制策略或实现访问控制，因此，需要解决如何更好制定访问控制策略的问题。在一般情况下，制定访问控制策略需要考虑下列因素 [32-34]：

1. 主体属性

　　用户的级别或种类是主要的主体属性，操作系统一般将用户分为普通用户和管理员，用户还可以分成组，因此具有组别属性。用户可以被授予各种角色属性，例如，管理员、技术人员、财务人员等。主体属性还可能包括相关执行程序的性质、所处的区域、物理地址、网络范围等，它们都可能是进行授权和访问控制的依据。在安全性要求更高的情况下，主体属性可能还包括其安全状态。例如，对于可信网络连接（Trusted Network Connection，TNC）来说，访问控制系统在允许客户端接入前，首先评估客户端安装软件的版本和漏洞补丁信息，若版本不是最新的或尚未安装最新的漏洞补丁，则表明客户端遭到攻击或感染病毒的风险较大，此时就不授权该客户端连接服务器。

2. 客体属性

　　客体的主要属性是所允许的操作及其信息级别。操作系统一般将客体属性分为是否可读、是否可写、是否可执行、是否可连接等。在网络系统中，这些属性还可能包括安全等级、是否可查询、是否可删除、是否可增加等。在安全要求更高的情况下，客体的属性也可能包括其安全状态，例如，系统可能认为某些客体已经感染病毒或来源不可信，因而不允许用户访问这些客体。有些计算机系统可能被评估为较低的安全等级，因而不允许被高等级的计算机访问。

3. 访问控制粒度

　　访问控制粒度是指将访问控制中的主体和客体分为不同大小的实体进行管理，例如，使用用户组可以方便对用户进行管理。数据库系统中存在数据库、数据库表、数据记录和数据项等不同粒度的数据。

　　访问控制策略的粒度可以根据系统的实际需求来确定，例如，可以将粒度定为数据库表，即单独设置数据库中每个表的访问权限；也可以将粒度定为数据项，即单独设置数据库中数据记录的每个数据项的访问权限。设定访问控制粒度时需要综合考虑系统的安全性、便利性和访问控制效率。

4. 访问控制策略层次

　　系统中决定访问控制策略的可以是资源的属主（一般是创建资源的用户），也可以是系统管理者。访问控制策略的制定需要考虑资源所有者和系统分别能在多大程度上参与授权的问题。系统中存在不同级别的安全问题，例如，操作系统中底层的磁盘读写操作和高层的文件读写指令，以及计算机网络中不同层次的通信协议等。为制定访问控制策略，需要确定在系统安全的哪个层次上实施策略，即确定决策层次。

5. 策略冲突处理

在实际的访问控制系统中，可以允许对一个客体实施多个策略，这些策略之间有可能存在冲突，因此有必要建立关于这些策略之间如何协调的规则，例如，确定策略优先级等冲突处理原则。

除了上述的主要因素，访问控制策略还可能受到实体当前的状态、数据内容分类分级、上下文环境，以及系统性能等因素的影响。

当前已经出现了不同类型的访问控制策略[33-35]，主要包括 DAC、MAC 和 RBAC。它们及其相关的安全模型代表了主要的访问控制技术。在 DAC 中，系统允许资源所有者（亦称为属主）按照自己的意愿指定可以访问该资源客体的主体及访问的方式，因此在这一点上是"自主的"。但是，如果让众多资源的所有者都参与管理授权，往往会造成安全缺陷。因此 DAC 不适合高安全要求的环境。在 MAC 中，系统对授权进行了更集中的管理，它根据分配给主体和客体的安全属性统一进行授权管理。20 世纪 90 年代，以上传统的访问控制策略在应用特性上受到了挑战，研究者提出了一些综合型的策略，典型的代表是 RBAC。在该策略下，用户对客体的访问授权决策取决于用户在组织中的角色，拥有相应角色的用户自动获得相关的权限。这样，授权过程分为了为角色授权、将用户指派为某角色和角色管理几部分，这在很多场合下更能满足人们的应用需求。

2.4.2 DAC

在自主访问控制（Discretionary Access Control，DAC）中，每个客体有且仅有一个属主，由客体属主决定该客体的保护策略。系统决定某主体是否能以某种方式访问某客体的依据是系统中是否存在相应属主对该主体的授权。根据属主管理客体权限的程度，这类访问控制策略可以进一步分为三种：第一种是严格的 DAC（Strict DAC）策略，客体属主不能让其他用户代理客体的权限管理；第二种是自由的 DAC（Liberal DAC）策略，客体属主能让其他用户代理客体的权限管理，也可以进行多次客体权限管理的转交；第三种是属主权可以转让的 DAC 策略，属主能将作为属主的权利转交给其他用户。

最早的 DAC 模型是访问控制矩阵模型，它将整个系统可能出现的客体访问情况表示成一个矩阵，主体、客体及授权的任何变化都将造成客体访问情况的变化，且系统将检查这些变化是否符合已经定义好的安全特性要求，从而进行相应的控制。后续出现的 DAC 模型在权限传播、控制与管理方面进行了扩展，主要是为了便于此类访问控制模型的应用。

1. HRU 模型

HRU 模型是 Harrison、Ruzzo 和 Ullman 提出的一种基于访问控制矩阵的模型[32]，它是一种基本的 DAC 模型，使用的访问控制矩阵类似于表 2-1 的形式，由系统定义的标准操作来读写这个矩阵。

可以用 $Q=(S,O,M)$ 表示 HRU 模型的当前授权状态。其中，S 和 O 分别是主体和客体的集合，M 是访问控制矩阵。在实际运行中，每当系统接收到涉及访问资源的指令时，它将根据指令中给出的主体 s_i 和客体 o_j 查找 M，得到 $M(s_i,o_j)$，并根据它记载的内容判断操作是否可以进行。

在 HRU 模型中，系统的授权、状态变化和授权管理都可以用对访问控制矩阵 M 的操作表示。模型定义了以下基本的操作：

（1）"授予权限"将相应的权限描述加入 $M(s_i,o_j)$；

（2）"删除权限"将相应的权限描述移出 $M(s_i,o_j)$；

（3）"创建主体"和"创建客体"分别在矩阵中插入相应的行和列；

（4）"删除主体"和"删除客体"分别在矩阵中删除相应的行和列。

HRU 模型还通过访问控制矩阵 M 表达了对授权的管理，即描述了何人可以进行授权和如何授权。具体方法是，客体 o_j 的所有者 s_i 可以对访问客体的权限 m 进行授权。在 $M(s_i,o_j)$ 中，权限 m 的描述后面如果加上了授权标志"*"，则系统根据它允许 s_i 授权；s_i 也可以将权限 m 的授权移交给其他主体，此时在 $M(s_i,o_j)$ 中权限 m 的描述后面将会加上授权标志"+"。

由于在系统中存在大量的主体和客体，访问控制矩阵在实际中很少直接使用，但 HRU 模型所表达的访问控制策略可以通过常用的能力列表（Capability List）和访问控制列表（Access Control List，ACL）实现。在前者中，每个主体被分配一个描述其权限的文件、记录或数据结构，称为能力列表。它注明了所对应的主体能够以何种方式对何种客体进行访问。在面向客体的关联方法中，每个客体绑定一个访问控制列表，它记录了系统中哪些主体能够以何种方式对它访问。

2. 取 - 予模型

从上述 HRU 模型可以看出，授权可能出现传递的情况，例如，主体 A 将某权限授予主体 B，后者又可以将它授予主体 C，但主体 A 可能并没有授予主体 C 的初衷，甚至主体 C 又会将主体 A 授予出去的权限又一次授予给主体 A。因此，须要对权限传递进行适当的管理。以上介绍的访问控制矩阵并没有自然地表达上述授权传递关系，后续有些模型采用了图结构来表示，主要包括取 - 予（Take-Grant）模型和动作实体（Action-Entity）模型。它们都是基于图结构关联实体之间的属性并进行授权管理的，这是因为图结构能够更好地帮助发现并处理授权和授权管理的传递关系。

取-予模型是由 Jones 等人[33]提出的一种访问控制模型，它的主要特点是使用图结构表示系统授权。系统的访问控制状态可用（S,O,G）表示，其中，S 和 O 分别代表主体和客体，G 表示系统授权状态图。系统定义了读（R）、写（W）、取（T）、予（G）4 种权限，状态图如图 2-3 所示，其中，取（T）表示主体 A 可以获取实体 B 拥有的对其他实体的权限，予（G）表示主体 A 可以把拥有的对其他实体的权限赋予实体 B。

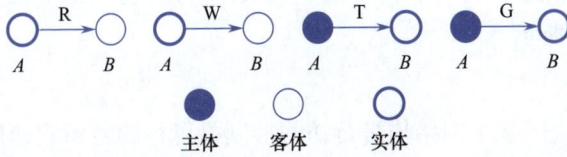

图 2-3　读（R）、写（W）、取（T）、予（G）的状态图

取予模型中改变授权状态图 G 的 4 种操作如图 2-4 所示。在这个模型中，以下 4 种操作可以改变授权状态图 G。

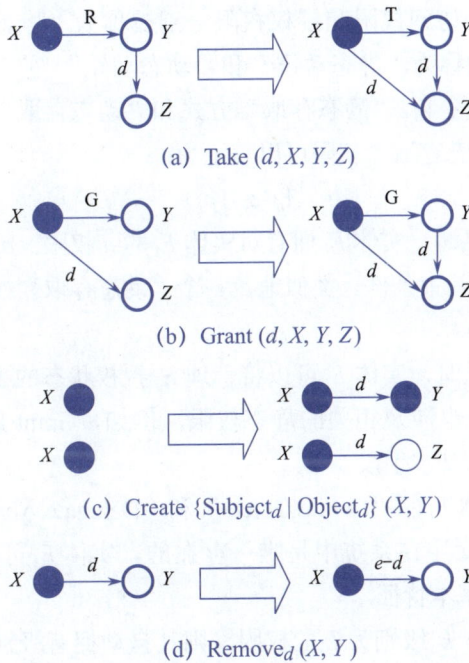

(a) Take (d, X, Y, Z)

(b) Grant (d, X, Y, Z)

(c) Create $\{Subject_d \mid Object_d\}\ (X, Y)$

(d) Remove$_d$ (X, Y)

图 2-4　取予模型中改变授权状态图 G 的 4 种操作

1）"取"操作

"取"操作可以表示为 Take(d, X, Y, Z)，其中，X 为主体，Y 和 Z 为实体，d 代表取得的权限。此操作的前提是 X 对 Y 有"取"权限，Y 对 Z 有 d 权限，操作结果是 X 获得了 Y 对 Z 的 d 权限，引起的状态图变化如图 2-4 (a) 所示。

2）"予"操作

"予"操作可以表示为 Grant(d, X, Y, Z)，此操作的前提是 X 对 Y 有"予"权限，X 对 Z 有 d 权限，操作结果是 Y 获得了 X 对 Z 的 d 权限，引起的状态图变化如图 2-4 (b) 所示。

3）实体创建

主体 X 创建主体或客体 Y 的操作可以分别表示为 CreateSubject$_d(X,Y)$ 和 CreateObject$_d(X,Y)$，

d 代表创建后 X 获得的对 Y 的权限。此操作引起的状态图变化如图 2-4 (c) 所示。

4）取消权限

这一操作表示取消主体 X 对实体 Y 的 d 权限，可以记为 $\text{Remove}_d(X, Y)$，它引起的状态图变化如图 2-4 (d) 所示。

3. 动作实体模型

上述取 - 予模型说明基于图结构进行访问控制是可行的，但它使用一个图同时表达访问控制和授权的状态，不便于策略的执行和扩展。Bussolati 和 Fugini 等人[38-39] 提出的动作实体模型扩展了取 - 予模型的描述能力，它使用静态图和动态图分别表示系统的访问权限状况和授权权限状况，并将权限分级。这方便了对访问权限的授予与收回等操作，增强了对授权权限传输流的控制。

在动作实体模型中，访问权限和授权权限分别被称为"静态存取"方式和"动态存取"方式，相应的操作被称为"静态动作"和"动态动作"，前者不改变当前已存在的授权权限状况，后者则会改变它。"静态存取"方式和"动态存取"方式分别被分为 4 个等级和 2 个等级。一个"静态存取"权限可以表示为：

$$A_{ij} = a \sim \{p_{ij}\} \tag{2-1}$$

它表示在条件 p_{ij} 满足时，实体 E_i 拥有对实体 E_j 的 a 权限。p_{ij} 可以是有关存取的数据内容、操作发生时间等的约束条件。类似地，一个"动态存取"权限可以表示为：

$$A_{ij/k} = b \sim \{p_j\} \tag{2-2}$$

它表示在条件 p_{ij} 满足时，实体 E_i 可以将管理 E_k 授权状态的 b 权限赋予实体 E_j，或者撤销 E_j 的该权限；b 权限也涉及相关的静态权限，例如，Grant Read 或 Delegate Update。设置各类 p_{ij} 是实施策略的基本手段。

若实体 E_i 拥有对实体 E_j 的"Create/Delete"和"Delegate/Abrogate"权限，则它是实体 E_j 的属主。实体 E_j 的属主在系统中是唯一存在的。实体 E_i 可以改变实体 E_j 的授权状态，这也是 DAC 模型的基本特征。

若实体 E_i 拥有对实体 E_j 级别为 L 的权限，则其自动拥有级别更低的权限；若实体 E_i 对实体 E_j 级别为 L 的权限被收回，则其级别更高的权限也自动被收回。例如，当实体 E_i 已经对实体 E_j 有 Update 权限，它显然应该有低一级的 Read 权限，但当实体 E_i 的 Read 权限被收回后，显然它不具有高一级的 Update 权限。以上分级也简化了对图的表示，在静态图或动态图中，有关联的两个实体之间仅需要一个连接，且只需要标注一个权限。图 2-5 和图 2-6 分别给出了静态图和动态图的实例，其中，用箭头表示拥有的权限，若对权限有条件限制等，则用叉号表示将另行对条件进行说明。在动态图中，在一个有向线上有 3 个实体，第一个圆圈表示授权实体，中间的垂直线段表示授权关系或权限的传递，最后一个圆圈则表示被该动态权限所管理的实体。例如，在图 2-6 中，E_4 和 E_3 之间的有向线表示前者能授予后者对于 E_5 的 Grant Use 权限。

在以上表达方式中，系统不但可以基于简单的有向图操作进行实体创建与删除、权限的授予与收回等操作，还可以实施或检查更多的策略规则。主要的规则如下。

1）一致性规则

该规则要求静态图和动态图与受保护系统的结构、特性和安全关系保持一致。对于静态图，要求实体可执行或可以被执行的访问权限需要和实体的类型及在系统中的角色相符合。例如，文本文件不应该被执行，只读设备不应该被更新。对于动态图，要求保证动态授权与系统安全策略相一致。

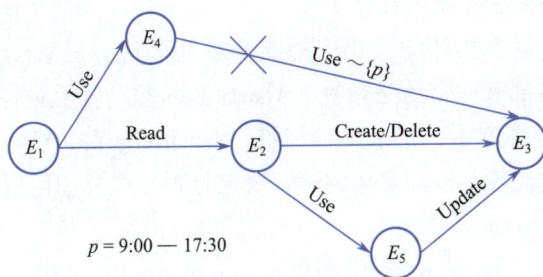

图 2-5 静态图实例

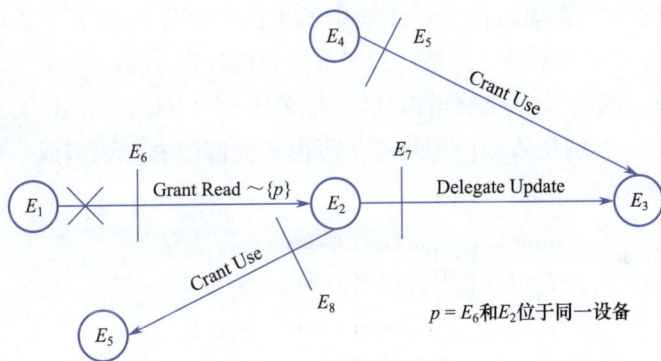

图 2-6 动态图实例

2）传递规则

在静态图中，虽然未明确标出实体 E_i 对实体 E_z 的权限，但如果实体 E_i 和实体 E_j 之间存在权限 A_{ij}，实体 E_j 和实体 E_z 之间存在权限 A_{jz}，则可能隐含着权限 A_{iz}。在动态图中，类似地也存在这样隐含的权限。传递规则就是约束以上隐含权限的策略，例如，系统可以约定仅仅一些级别低的权限可以被传递。

3）互一致性规则

该规则要求静态图和动态图在权限的表示上保持一致，同时满足既定的策略。例如，实体 E_j 的属主 E_i 应该在静态图中有对实体 E_j 的"Create/Delete"权限，同时在动态图中有对实体 E_j 的"Delegate/Abrogate"权限。

2.4.3 MAC

DAC 策略允许客体属主管理客体的授权，这满足了很多系统的安全要求，但在一些安全要求更高的环境下，存在属主易被利用的漏洞。当某个属主的身份被盗用后，攻击者可以冒充属主进行授权，例如，攻击者可以用木马程序欺骗属主，具体来说就是用自制的木马程序替换属主经常使用的程序，获得属主的身份并进行攻击。在这种情况下，就需要采用强制访问控制（Mandatory Access Control，MAC）策略。与 DAC 策略不同，MAC 策略不再让作为普通用户的属主来管理授权，而是将授权归于或部分归于系统管理，保证授权状态的相应变化始终处于系统的控制下。

在 MAC 策略下，每个实体均有相应的安全属性，它们是系统进行授权的基础。例如，系统内的每个主体都有一个访问标签（Access Label），表示对各类客体访问的许可级别，而系统内的客体也绑定了一个敏感性标签（Sensitivity Label），这反映了它们的敏感级别。此时，系统通过比较主体和客体的标签决定是否授权及如何授权。

1. Bell-LaPadula 模型

Bell-LaPadula 模型，即 BLP 模型，它是由 Bell 和 LaPadula 于 1973 年至 1976 年间所提出的 MAC 模型。BLP 模型主要用于满足机密性要求，通过使用实体安全级别属性起到了加强访问授权管理的作用。系统中的主体和客体均被赋予了相应的安全级别 $L=(C,S)$，它由等级 C 和类别集 S 组成。等级从高到低分为 4 级：绝密（Top Secret，TS）、机密（Secret，S）、保密（Confidential，C）和无级别（Unclassified，U），它们之间的关系为 TS>S>C>U。类别集依赖应用环境，可由不同部门的标识组成。对两个安全级别 $L_1=(C_1,S_1)$ 与 $L_2=(C_2,S_2)$，有如下定义：

$$L_1 \geqslant L_2，当且仅当 C_1 \geqslant C_2，S_1 \supseteq S_2 \tag{2-3}$$

$$L_1 > L_2，当且仅当 C_1 > C_2，S_1 \supset S_2 \tag{2-4}$$

$$L_1 < L_2，当且仅当 C_1 < C_2，S_1 \subset S_2 \tag{2-5}$$

$$L_1 \leqslant L_2，当且仅当 C_1 \leqslant C_2，S_1 \subseteq S_2 \tag{2-6}$$

BLP 模型对每个客体也分配一个安全级别，它反映了客体内容的敏感性，模型对每个主体分配一个被称为可信度（Clearance）的安全属性，它反映了主体的最高安全级别。主体安全级别是可以改变的，但模型规定，它不会高于可信度的级别。

在 BLP 模型中，主体对客体存在只读（Read Only）、添加（Append）、执行（Execute）和读写（Read-Write）4 种存取权限。BLP 模型的状态由 4 元组 (b,M,f,H) 表示。其中，b 是当前存取情况的集合，它由类似 (s_i,o_j,m) 的 3 元组构成，表示主体 s_i 正以权限 m 访问客体 o_j；M 是存取矩阵，$M(s_i,o_j)$ 表示授权主体 s_i 以权限 m 访问客体 o_j；f 是主体或客体到安全级别的映射，它的定义是

$$f: S \cup O \to L \tag{2-7}$$

其中，S 和 O 分别为主、客体集合，L 为级别的集合，f 反映了实体安全级别的情况。此外，H 是客体的树状层次关系，一个节点与一个客体对应，这是计算机系统组织资源的常用形式。BLP 模型要求节点的安全级别必须不小于其父节点，可以看出这将影响系统的授权策略。

BLP 模型可以采用类似访问控制矩阵的存取矩阵，也允许客体属主参与管理授权，但在访问授权和授权管理中，BLP 模型主要通过执行以下策略加强对系统的控制。

1）"下读"原则

如果主体 s_i 对客体 o_j 有 Read 权限，则前者的信任度一定不低于后者的安全级别。这一规则保证主体不能读取比其安全级别高的客体，可以形式化地表示为：

$$\text{Read} \in M(s_i, o_j) \Rightarrow f(s_i) \geq f(o_j) \qquad (2\text{-}8)$$

这被称为"下读"原则，即主体只能"向下"读取安全级别等于或低于自身级别的客体。

2）"上写"原则

如果主体 s_i 对客体 o_j 有 Append 权限，则后者的安全级别一定不低于前者；如果主体 s_i 对客体 o_j 有 Write 权限，则它们的安全级别一定相等。这可以形式化地表示为：

$$\text{Append} \in M(s_i, o_j) \Rightarrow f(s_i) \leq f(o_j) \qquad (2\text{-}9)$$

$$\text{Write} \in M(s_i, o_j) \Rightarrow f(s_i) = f(o_j) \qquad (2\text{-}10)$$

这被称为"上写"原则，即主体只能"向上"写入安全级别等于或高于自身级别的客体。

2. BIBA 模型

BIBA 模型是 BLP 模型的变体，Biba 等人在 1977 年提出它的目的是保护数据的完整性。该模型在定义主、客体安全级别的基础上，更明确地将访问控制策略划分为非自主策略和自主策略两类，并且对每类给出了多个策略。

在 BIBA 模型中，每个主体和客体都被分配一个完整性级别（Integrity Level）$L=(C,S)$。类似于 BLP 模型，它由等级 C 和类别集 S 组成，但这里等级从高到低分为 3 级：关键级（Critical，C）、非常重要（Very Important，VI）和重要（Important，I），它们的关系为 C>VI>I。类别集的概念与 BLP 模型中的类似，也由不同部门的标识组成。对两个级别 $L_1(C_1,S_1)$ 与 $L_2(C_2,S_2)$，$L_1 \geq L_2$、$L_1 > L_2$、$L_1 < L_2$ 和 $L_1 \leq L_2$ 也可由公式（2-3）至公式（2-6）分别定义。

BIBA 模型并未约定具体采用的策略，而是将策略分为非自主策略和自主策略两类，在每类中给出了一些具体策略以适应不同的需求：

1）非自主策略

非自主策略是指主体是否对客体具有访问权限取决于主体和客体的完整性级别，这也是 MAC 策略的基础。这类策略主要包含主体低水印（Low-Watermark）策略、客体低水印策略、低水印完整性审计策略、环（Ring）策略和严格完整性策略。它们约定了如何根据主体和客体的完整性级别确定可授予的权限，例如，严格完整性策略规定如下：

（1）只要主体的级别不低于客体，就可以拥有对客体的 Modify 权限；

（2）只要主体 S_1 的级别不低于主体 S_2，S_1 就可以拥有对 S_2 的 Invoke 权限；

（3）只要客体级别不低于主体级别，主体就可以拥有对该客体的 Observe 权限。

以上原则和 BLP 模型的"下读""上写"原则相反，因此常被称为"上读""下写"原则。

2）自主策略

类似于 BLP 模型，BIBA 模型也结合使用了一定的自主策略，这主要包括访问控制列表和环的使用。每个客体都有一个访问控制列表，它指明了被授权访问它的主体和对应的访问方式，且由相应的主体修改。环是分配给主体的一种特殊权限，它表示主体在一定的客体范围内有相应的权限。

3. Dion 模型

Dion 于 1981 年同时面向机密性要求和完整性要求提出了 Dion 模型。它结合了 BLP 模型和 BIBA 模型，但只提供强制性策略。模型引入了连接（Connection）的概念，当主体要使数据在两个客体之间流动时，例如，将 A 盘的数据写入 C 盘，则必须在它们之间建立一个连接，随后通过系统完成数据流动。因此对建立连接的控制成为了模型实施访问控制的主要手段。

1）在模型中，每个主体和客体分别被赋予 3 个安全级别和 3 个完整级别。

（1）主体安全级别：① 绝对安全级别（ASL），该级别在主体创建时赋予，在主体的整个生命周期中不变；② 读安全级别（RSL），主体可以读的最高安全级别；③ 写安全级别（WSL），主体可以写的最高安全级别。

（2）主体完整级别：① 绝对完整级别（AIL），该级别在主体创建时赋予，在主体的整个生命周期中不变；② 读完整级别（RIL），主体可以读的最高完整级别；③ 写完整级别（WIL），主体可以写的最高完整级别。

（3）客体安全级别：① 绝对安全级别（ASL），该级别是指客体内数据的安全级别，在客体的整个生命周期中不变；② 迁移安全级别（MSL），该级别是指数据可以从此客体流出的最高安全级别；③ 腐化安全级别（CSL），该级别是指数据可以从此客体流入的最高安全级别。

（4）客体完整级别：① 绝对完整级别（AIL），该级别是指客体内数据的安全级别，在客体的整个生命周期中不变；② 迁移完整级别（MIL），该级别是指数据可以从此客体流出的最高完整级别；③ 腐化完整级别（CIL），该级别是指数据可以从此客体流入的最高完整级别。

2）模型根据以上级别实施访问控制授权，主要必须满足的性质包括：

（1）迁移特性（Migration Property）。数据从客体 O_1 流向客体 O_2，则它们的迁移级别必须满足：

$$\text{MSL}(O_1) \geqslant \text{MSL}(O_2), \ \text{MIL}(O_1) \leqslant \text{MIL}(O_2) \tag{2-11}$$

（2）腐化特性（Corruption Property）。数据从客体 O_1 流向客体 O_2，则它们的腐化级别必须满足：

$$\text{CSL}(O_1) \geqslant \text{CSL}(O_2), \ \text{CIL}(O_1) \leqslant \text{CIL}(O_2) \tag{2-12}$$

（3）安全特性（Security Property）。主体 S 建立了从客体 O_1 流向客体 O_2 的连接，则主体 S 一定要有对 O_1 的读权限和对 O_2 的写权限，同时还必须满足：

$$RSL(S) \geq ASL(O_1), \quad WSL(S) \leq ASL(O_2) \tag{2-13}$$

这和 BLP 模型中的"下读""上写"原则是一致的。

（4）完整特性（Integrity Property）。主体 S 建立了从客体 O_1 流向客体 O_2 的连接，则主体 S 一定要有对 O_1 的读权限和对 O_2 的写权限，同时还必须满足：

$$RIL(S) \leq AIL(O_1), \quad WIL(S) \geq AIL(O_2) \tag{2-14}$$

这和 BIBA 模型中的"上读""下写"原则是一致的。

（5）写/腐化特性（Write/Corruption Property）。主体 S 建立了从客体 O_1 流向客体 O_2 的连接，则必须满足：

$$ASL(S) \geq CSL(O_2), \quad AIL(S) \leq CIL(O_2) \tag{2-15}$$

（6）完整特性（Integrity Property）。主体 S 建立了从客体 O_1 流向客体 O_2 的连接，则必须满足：

$$ASL(S) \leq MSL(O_1), \quad AIL(S) \geq MIL(O_1) \tag{2-16}$$

2.4.4　RBAC

20 世纪 90 年代出现了针对基于角色的访问控制（Role Based Acess Control，RBAC）策略的研究。1992 年，Ferraiolo 和 Kuhn 最早提出了 RBAC 的概念和基本方法[43]，包括角色激活、角色继承、角色分配及相关的约束等。Sandhu 等人于 1996 年提出了一个比较完整的 RBAC 框架——RBAC96[44]。由于 RBAC 采用的很多方法在理念上接近人们生产生活中的管理方式，因此相关的研究和应用发展得很快。目前，RBAC 在电子文档管理、企业管理、电子商务、电子政务中都已经得到了广泛应用。通过引入特定的 RBAC 使用方法，可以证明其也能实现 DAC 和 MAC 的功能。

NIST 已经基于 RBAC96 制定了 RBAC 标准，并将 RBAC 分为核心 RBAC（Core RBAC）、有角色继承的 RBAC（Hierarchical RBAC）和有约束的 RBAC（Constraint RBAC），主要内容如下。

1. 核心 RBAC 模型

这一模型包括六个基本的集合：用户集（USERS）、对象集（OBJECTS）、操作集（OPERATORS）、权限集（PERMISSIONS）、角色集（ROLES）和会话集（SESSIONS），如图 2-7 所示。

USERS 中的用户是主体，可以执行操作。OBJECTS 中的对象是实体，主要包括被保护的信息资源。对象上的操作构成了权限，因此 PERMISSIONS 中每个元素涉及分别来自 OBJECTS 和 OPERATORS 的两个元素。ROLES 是 RBAC 模型的核心，通过它将用户与权限联系起来。SESSIONS 包括系统登录或通信进程与系统之间的会话。总体而言，RBAC 模型中的系统将权限分配给角色，用户需要通过获得角色得到权限。以下给出将上述集合关联在一起的操作，通过这些操作，用户被赋予了相应的权限或获得了相应的状态。

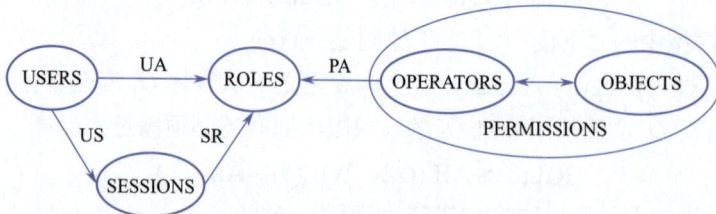

图 2-7　核心 RBAC 模型中的集合及其关系

1）用户分配（User Assignment，UA）

UA⊆USERS×ROLES 中的元素确定了用户和角色之间的关系，记录了系统为用户分配的角色。若对用户 u 分配角色 r，则 UA=UA∪(u,r)。用户和角色之间是多对多的关系，一个用户可以被分配不同的角色，同一个角色也可以分配给多个用户。

2）权限分配（Permission Assignment，PA）

PA⊆PERMISSIONS×ROLES 中的元素确定了权限和角色之间多对多的关系，记录了系统为角色分配的权限。若把权限 p 分配给角色 r，则 PA=PA∪(p,r)。

3）用户会话（US）

US⊆USERS×SESSIONS 中的元素确定了用户和会话之间的对应关系。由于一个用户可能同时进行多个登录或建立多个通信连接，因此这个关系是一对多的。

4）激活/去活角色（SR）

若用户属于某个角色，与之对应的会话可以激活该角色，SR⊆SESSIONS×ROLES 中的元素确定了会话与角色之间的对应关系，此时该用户拥有该角色对应的权限。用户会话也可以通过去活操作终止一个处于激活状态的角色。

2. 有角色继承的 RBAC 模型

这一模型是建立在上述核心 RBAC 模型基础上，它包含核心 RBAC 的全部组件，但增加了角色继承（Role Hierarchies，RH）操作，如图 2-8 所示。如果一个角色 r_1 继承另一个角色 r_2，则 r_1 有 r_2 的所有权限，且有角色 r_1 的用户也有角色 r_2。

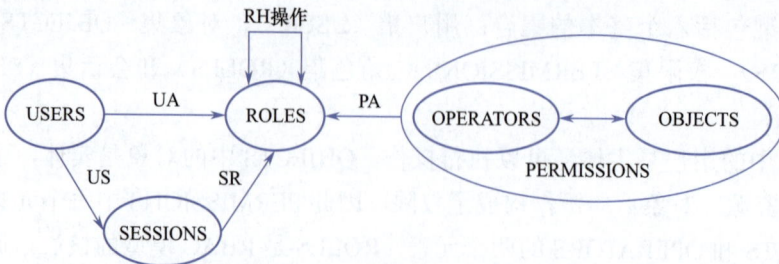

图 2-8　有角色继承的 RBAC 模型中的集合及其关系

RBAC 标准包括两种方式的继承操作：一种是受限继承，即一个角色只能继承某一个角色，不支持继承多个角色；另一种是多重继承，即一个角色可以继承多个角色，也可以被多个角色所继承。这样，角色的权限集不仅包括系统管理员授予该角色的权限，还包括其通过角色继承获得的权限。然而，对应一个角色的用户集不仅包括系统管理员分配的用户，还包括所有直接或间接继承该角色的其他角色分配的用户。

3. 有约束的 RBAC 模型

这一模型通过提供职责分离机制，进一步扩展了以上有角色继承的 RBAC 模型，如图 2-9 所示。

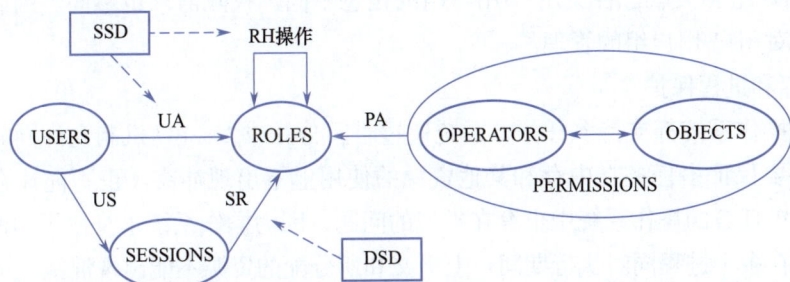

图 2-9　有约束的 RBAC 模型中的集合及其关系

职责分离是有约束的 RBAC 模型引入的一种权限控制方法，其目的是为了防止用户超越其正常的职责范围，它主要包括：

1）静态职责分离

静态职责分离（Statistic Separation of Duty，SSD）对用户分配和角色继承引入了约束。如果两个角色之间存在 SSD 约束，那么当一个用户分配了其中一个角色后，将不能再获得另一个角色，即存在排他性。由于一个角色被继承将使它拥有继承它的角色的全部用户，而如果 SSD 之间的角色存在继承关系，将会违反前述的排他性原则，因此，不能在已经有 SSD 约束关系的两个角色之间定义继承关系。

2）动态职责分离

动态职责分离（Dynamic Separation of Duty，DSD）引入的权限约束作用于用户会话激活角色的阶段。如果两个角色之间存在 DSD 约束，那么系统可以将这两个角色都分配给一个用户。但是，该用户不能在一个会话中同时激活它们。

2.5　系统安全技术

2.5.1　操作系统安全

操作系统的主要任务之一是为用户管理资源，这些资源包括计算资源、存储资源和外部设备。操作系统需要提供一系列的保护机制，使用户操作、程序运行、资源分配和访问等不发生冲突，在一定的安全策略下实现资源分离和共享。操作系统存在与一般网络系统类似的安全需求，例如，对用户的认证、访问控制、审计等。然而，操作系统作为系统资源的管理者，安全需求侧重于对资源的安全管理和保护[32,45]。

1. 操作系统安全需求

操作系统安全需求主要归类为以下几种。

1）用户/用户组管理

大多数操作系统是多用户的。在多用户操作系统中，进程、资源等都与特定或特定类型的用户/用户组相关联，各类用户/用户组的角色不同，权限需求也不同。因此，操作系统必须实现对用户/用户组的管理。

2）内存和进程保护

大多数操作系统都支持多任务，系统通过时间分片或多CPU机制允许同时执行多个进程，这需要保证多任务在内存和其他资源的使用上不出现冲突，也不能让它们越界读取。即使在单任务的操作系统中也存在类似的问题，因为操作系统本身使用的内存也需要得到保护。在多个进程同时执行期间，上下文和所分配的资源不能出现混乱。

3）对象保护

通常情况下，将操作系统中的文件和外部设备等资源抽象为一般对象。对一般对象的访问应该在系统的控制下有序进行。然而，由于文件等资源还可能包含机密或隐私的信息，因此对它们的访问和共享应该满足一定的安全策略。

4）进程协调

在多任务操作系统中，多个进程的同时执行可能会引起资源访问上的冲突，若不加以协调，则可能造成死锁现象，即双方都一直等待对方退出当前占用的资源。因此，进程协调是典型的操作系统安全需求。

2. 操作系统安全技术

为了满足以上的安全需求，目前主流的操作系统安全技术主要包括以下几种。

1）内存隔离和进程隔离

隔离是最典型的操作系统安全技术。Rushby与Randell指出，操作系统中的隔离主要有物理隔离、时间隔离、逻辑隔离和密码隔离[46]。其中，物理隔离指不同的进程使用不同的物理对象；时间隔离指在不同时间段中执行不同的进程；逻辑隔离指用户感到自己的程序执行并未受到其他进程的影响；密码隔离指用密码加密数据和计算，使其他进程即使可以访问也不能获取有意义的信息。

隔离技术在内存保护和进程保护方面得到了应用。在内存保护方面，操作系统普遍将内存划分为操作系统空间和用户空间。对多任务操作系统，用户空间又被划分为多部分以供不同的用户进程使用。在操作系统的控制下，不同的程序仅仅能读写所分配范围的内存。在进程保护方面，操作系统对CPU实行分时调度，每个时间片执行一个进程，当需要调度 CPU 运行一个进程 A 时，操作系统将当前运行进程 B 的上下文保存在分离的进程控制块（Process Control Block，PCB）中，称为 PCBB，而用进程 A 运行上下文对应的进程控制块 PCBA 的内容，以改写 CPU 和寄存器的状态，从而恢复进程 A 原先的执行环境并运行进程 A。为方便管理，操作系统通常把同一状态的 PCB 连成一个链表队列，形成就绪队列和阻塞队列。阻塞进程可以按照阻塞原因将其分为不同的队列。

2）账户系统与特权管理

多用户操作系统需要建立功能全面的账户系统，包括账户创建、账户撤销、口令管理、登录控制、认证授权等多项功能。任何活动进程或访问连接都需要与一个账户关联，用于授权和访问控制。前面介绍的进程控制块记录了与进程关联的 UID。操作系统根据该用户的授权状态对该进程进行访问控制。

除了与账户相关的口令和认证授权等技术，账户系统的一项重要功能是特权操作管理和特权账户设置。特权操作是指对系统安全较为重要的操作，如开设账户、重要服务的启动和关闭等。操作系统一般设置超级用户为特权账户，由超级用户进行特权操作。超级用户创建一般用户的过程可以视为一种信任的传递。普通用户也可能需要进行特权操作，这需要通过专设的系统调用实现。在早期 Linux 操作系统中，超级用户（根用户）的 UID 为 0，在执行特权操作时，若系统确定与操作相关联用户的 UID 为 0，则允许特权操作。一些被授权的普通用户可以通过调用 Setuid/Setgid 执行特权操作。

由于普通操作系统一般不限制超级用户的权限，因此导致了超级用户权限过大，甚至成为操作系统的一个脆弱点。Saltzer 和 Schroeder 指出，一个安全的操作系统需要在设计上遵守最小特权（Least Privilege）原则和特权分离（Separation of Privilege）原则[47]。前者指每一个用户和程序都应该使用尽可能小的特权进行操作，这样可以尽量降低无意或恶意攻击造成的危害；后者指对一个对象的访问需要依赖多个条件，即获得一个条件的攻击者不一定能实现攻击目的。为了贯彻以上原则，一些操作系统为超级用户分配了角色，不同角色承担原来由超级用户承担的一类操作，从而实现了特权分离。

3）访问控制

操作系统的访问控制与前面章节介绍的访问控制技术类似，但在实现上与操作系统的特性紧密关联。

Windows 系统的访问控制综合了 DAC 策略和 MAC 策略。系统中的对象在创建时都被分配一个安全描述符（Security Descriptor），用来记录哪些用户可以对该对象进行何种操作。系统还为进程、线程分配访问令牌。令牌类似于权限标签，用来记录进程或线程享有的特权。在实施访问控制时，系统可以通过查看被访问对象的安全描述符及访问进程或线程的访问令牌进行授权。

传统的 Linux 操作系统基本采用 DAC 策略（2.6 版本的 Linux 内核中提供了 MAC 系统 SELinux）。系统内每个主体都有一个 UID。用户属于某个用户组，其中，用户组也有一个组标识（Group Identifier，GID）。系统将访问客体的主体分为客体属主、客体属组与其他用户，将对客体的访问权限分为读、写与执行。客体的创建者可以通过访问控制矩阵进行授权。当主体访问客体时，系统通过主体的 UID 和 GID，参照访问控制矩阵来决定是否允许访问。

4）文件保护

文件保护主要包括两方面的内容：首先，防止自然灾害、软硬件故障或错误操作对文件造成的破坏；其次，防止其他用户对文件的窃取或破坏。为了防止文件遭受破坏，可以对相关文件进行双份或多份的复制。操作系统需要提供相应的备份和冗余技术。例如，使用磁盘镜像，以及在必要时激活备用系统。

对文件操作的权限管理主要依靠访问控制机制，但有时仅仅依靠访问控制机制还不够。对机密文件来说，窃取者可能通过底层操作进行复制，再拿到别的操作系统上读取文件；窃取者也可以将磁盘拆卸下来，安装到别的系统下，从而摆脱原有操作系统访问控制机制的约束。因此，很多操作系统提供加密文件保护，对受保护文件进行加密后存储，从而避免文件被窃取。例如，Windows 2000 系统通过使用加密文件系统（Encrypted File System，EFS）来提高其外部存储的安全性。EFS 建立在公钥加密基础之上，能够以对加密用户透明的方式实现指定存储目录中全部文件的加密。具体步骤如下：首先，系统将用临时生成的对称密钥加密文件。随后，这个对称密钥分别利用加密用户和恢复代理的公开密钥加密。最终，这三个被加密的部分将合并为一个文件进行存储。显然，只有加密用户本人和恢复代理可以解读该文件。

5）内核安全模块

操作系统往往在内核设置安全模块实施基本的安全操作。设置内核安全模块虽然会在一定程度上降低操作系统的性能，但在执行安全操作时却具有显著的优势。首先，内核将安全模块和操作系统的其他部分与用户程序分割开，可以减轻安全机制自身遭受外来侵害的威胁。其次，任何系统的操作、调用的执行都需要通过内核，因此在内核设置安全模块能够全面检查这些操作、调用的合法性。由于内核调用有其一定的方式，因此内核安全模块可以基于更为一致的策略实施安全检查。

操作系统内核中最典型的安全模块是引用监控器（Reference Monitor）。引用监控器和引用验证机制早在 1972 年就被提出，其目的是为了实施对运行程序的安全控制，在用户（程序）与系统资源之间实施访问控制机制。Anderson 指出，引用验证机制需要满足三个要求 [6]：一是具有自我保护能力，二是总是处于活跃状态，三是不能过于复杂，以利于验证正确性。当前多数操作系统都在内核实现了此功能。

例如，在 Windows NT 系统中，引用监控器能够截获系统调用请求，它和本地安全认证（Local Security Authority，LSA）模块进行授权情况方面的通信，对系统调用执行相应的安全策略，并将安全审计数据发到 LSA，再由 LSA 形成审计日志并存储。LSA 还负责与安全账号管理器（Secure Account Management，SAM）联系。引用监控器在验证通过后，向系统调用的执行模块发送访问确认请求，并在需要时发送审计生成请求，如图 2-10 所示。

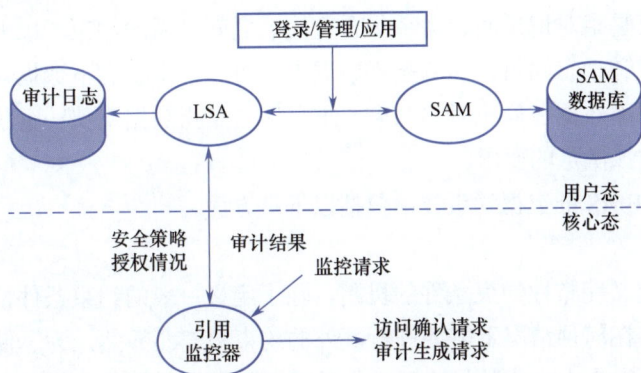

图 2-10　Windows NT 系统通过引用监控器验证操作的合法性

6）安全审计

操作系统使用的安全审计技术将在第 3 章中介绍，此处不再赘述。操作系统需要提供对安全审计的支持，即系统扩展模块和应用软件都可以通过通用方式进入系统的安全审计范围。通常由操作系统提供开发手段和调用接口，由系统扩展模块和应用软件进行支持，使这些系统扩展模块和应用软件能够通过操作系统提供的调用接口，支持系统的安全审计要求。

7）形式化验证

对高等级安全的操作系统，一般需要对安全性进行形式化验证（Formal Verification）。形式化验证运用逻辑规则等分析手段证明一个系统具有某个安全性质。在验证过程中，首先对操作系统或其中的子系统进行模型化，然后基于这个模型证明操作系统具备相关的安全属性。前面介绍的 BLP、BIBA 等模型可以作为访问控制安全性形式化验证的模型，但对操作系统而言，由于还需要满足访问控制的安全要求，因此其模型的类型更加丰富，证明的难度也更大。此处不再介绍具体的形式化验证方法，读者可以自行参阅文献 [28] 和文献 [44]。

2.5.2　数据库安全

当前主流的数据库主要是关系型数据库。数据库由一些相关联的数据表组成。数据表由记录组成，记录的不同字段表示了不同的属性值，一个表定义了一组属性的关系（模式），表之间也存在关联。数据库的运行控制主要由 DBMS 完成。DBMS 和操作系统一起负责保护数据库的安全。数据库安全包含鉴别认证、访问控制等技术，也包含一些针对数据库自身特性的安全技术 [33-34,45]。典型的有以下几种。

1. 数据约束

DBMS 主要通过支持完整性约束条件的定义和实施来保护数据的完整性。完整性约束条件是完整性控制机制的核心，它主要包括三个层次的约束：对列的约束是指对字段数据类型、取值范围、数据精度、排序等的约束；对记录的约束是对记录中各个字段联系的约束；对关系的约束是指对记录间、关系集合及关系之间联系的约束。以上每类约束条件都可以分为静态约束和动态约束，前者是指数据库在每个确定状态下数据对象应该满足的条件，它反映了数据库数据在静止时的约束要求，后者是指数据库从一个状态转移到另一状态时，新、旧值应该满足的要求。

具体而言，DBMS 的数据约束技术包括以下三方面。

1）约束定义

DBMS 提供定义完整性约束条件的机制，除了定义一般的约束条件，还提供定义触发条件的手段，规定在何种情况下需要进行额外的约束检查。显然，为了使业务数据的完整性得到保护，业务操作人员或数据库开发人员需要将业务数据的自然约束对应到以上数据约束中去。

2）约束检查

DBMS 应检查用户发出的操作请求是否违反完整性约束条件，这种检查可以在数据更新前进行，也可以在任何满足触发条件的情况下进行。后一种情况就是数据库中常使用的触发器（Trigger）方法：当满足一定条件时，设置 DBMS 自动启动一个条件检查过程。

3）违规处理

如果 DBMS 发现用户的操作将违反完整性约束条件，则会采取一定的措施保护数据的完整性，包括但不限于报错、报警、取消请求、审计等。

2. 事务操作

数据库事务状态变化如图 2-11 所示。

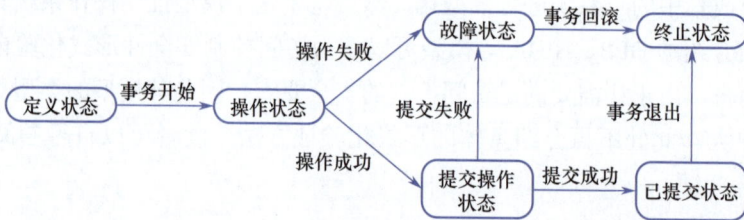

图 2-11　数据库事务状态变化

为了确保数据库操作的可靠性，当前的数据库系统普遍采用了基于事务（Transaction）的处理方法。事务是数据库用户定义的一个操作序列，被 DBMS 视为一个操作来完成。事务的主要特性是原子性（Atomicity），它要求事务中的所有操作都成功执行或都不执行，不允许部分完成操作。在发现有部分操作失败时，DBMS 必须保证数据库的数据和事务开始前一致。DBMS 通过以下方法支持对事务的处理。

1）事务定义

DBMS 一般通过 SQL 向用户提供事务的定义方法，用户可以将一个操作序列定义为一个事务，由 DBMS 负责执行。

2）事务执行和提交

DBMS 不是简单地使事务进入执行状态，而是采用两阶段提交的方法：第一阶段，事务中包含的操作在缓存中被预先执行，这一阶段的任何操作结果不会真正影响数据库，但有可能此时 DBMS 不允许其他操作修改相关数据库表；在第一阶段操作全部成功的情况下，DBMS 通过提交事务操作来永久更新数据库。

3）事务回滚

当第一阶段的操作失败，或者事务提交本身失败时，DBMS 需要使整个数据库回滚到事务执行前的状态。

3. 数据库备份与恢复

为了防止系统故障等原因对数据库数据造成损害，数据库系统一般提供数据备份手段，包括对整个数据库或对数据库中特定对象进行备份，也可以实施一些特定的备份策略，如定时备份、数据库镜像等。

系统发生故障时，其可能正在进行一些修改数据库的操作，也可能正在执行一些事务。因此，数据库系统在重新启动或进入正常状态时，需要进行恢复操作，既要撤销故障发生时未完成的事务，又要完成已经执行但未正确提交的事务。为了进行数据库恢复，DBMS 一般将事务操作的每个过程都记录在数据库日志中，因此，日志是数据恢复的重要依据。

4. 多级保护和反推导

为了防止数据泄露，操作系统可以采用前面介绍的加密、授权和访问控制等技术。一条数据记录可能包含需要保密和不需要保密的字段，因此安全保护的粒度通常会精确到表中的字段。不同应用对数据库字段的安全级别设置可能存在不同的要求，不能简单地划分为保密和公开（敏感和不敏感）两个级别。为了实现更加灵活的访问控制和授权，数据库可以允许用户使用更多的安全级别，这类数据库被称为多级数据库。

为了防止推导攻击，DBMS 可以阻止或限制一些查询，或者在查询结果中隐藏一些数据。若提高数据的安全级别不影响正常的业务操作，则可以将原来认为安全级别低的数据的安全级别提高，这样推导攻击就得不到有推导价值的数据源。

2.5.3 可信计算

普通计算机的资源可以较容易地被攻击代码占用，这些计算设备在用户认证、操作检查、访问控制、网络连接等方面设置的安全措施经常被攻击者绕过。可信计算（Trusted Computing）尝试从新的视角来解决系统安全问题，它的基本思想是：如果可以从计算平台的源头实施可靠的防范（而不是在计算平台遭受攻击破坏后再去追查、修补安全漏洞），这些不安全因素就可以被有效控制。

1. 可信计算平台功能需求

一般认为可信计算平台需要满足以下功能需求。

1）模块的验证和保护

传统硬件平台、操作系统和网络系统的模块之间几乎没有相互的验证，只是满足相应的接口要求就可以协同运行，这使一些恶意或低可靠性的模块也能进入系统。为实现可信计算，可信平台需要确保模块的合法性得到验证。对重要的安全模块，其完整性需要得到可靠的保护（即使合法用户也难以破坏这种保护）。

2）加强的用户管理

传统的用户认证方法依赖操作系统提供的登录管理，但用户的账户名和口令容易泄露，使操作系统的安全存在薄弱环节。为加强用户的安全管理，可信计算平台需要通过引入安全受到保护的部件为用户生成身份密钥，并在用户登录、程序安装等操作中基于这些密钥验证用户的身份。

3）唯一标识

当前的计算机在网络上依靠不固定的 IP 地址通信，计算设备的特征也不足以确定设备本身和用户，这也是网络攻击和欺骗存在的原因之一，不利于电子政务、电子商务、移动支付、数字版权管理等需要用户信誉的应用的开展。为改变这一状况，可信计算平台需要有权威机构颁发的唯一标识。

2. 可信计算技术体系

1999 年，IBM、HP、Intel 和 Microsoft 等企业成立了可信计算平台联盟（Trusted Computing Platform Alliance，TCPA）。2003 年，TCPA 改组为可信计算工作组（Trusted Computing Group，TCG），可信计算方面的研究和应用领域进一步扩大。TCPA 于 2001 年制定了"可信个人计算机技术规范 V1.1"，2003 年 TCG 推出了 V1.2 版本。目前，还存在一些其他类型的可信计算技术，主要包括 Microsoft 提出的下一代安全计算基（Next Generation Secure Computing Base，NGSCB）技术，它主要面向保护数字媒体和软件的版权，但基于 TCPA 和基于 NGSCB 的可信计算的工作原理是类似的，都是基于密码技术，在计算机硬件中嵌入具有唯一性的密钥，作为可信计算基（Trusted Computing Base，TCB），进而实施各种验证，包括硬件认证、软件认证、远程认证、加密数据、解密数据等，然后根据验证结果来控制计算机的各项操作。基于可信计算的理念，我国科学家提出了可信密码模块（Trusted Cryptography Module，TCM）和 TCM 服务模块（TCM Service Module，TSM）的概念，在这一领域取得了大量成果并投入实际应用。

1）TCPA 系统结构和原理

TCPA 可信计算结构建立在通用的计算机系统结构之上，如图 2-12 所示，通过引入可信平台模块（Trusted Platform Module，TPM）、核心根信任模块（Core Root Trust Module，CRTM）、TCPA 操作系统，以及它们之间的连接和作用方式，可以支撑可信计算的应用。

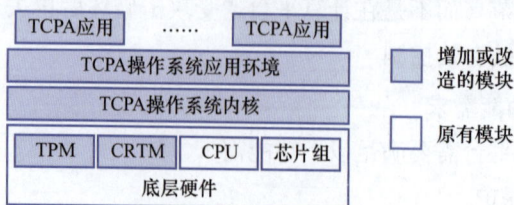

图 2-12　TCPA 系统结构

TPM 是硬件安全结构的核心，具有生成加密密钥、高速数据加密、高速数据解密及保护 BIOS 和操作系统重要配置完整性的功能。CRTM 负责初始化系统，认证 BIOS 和硬件配置等功能。TCPA 操作系统能够利用可信计算硬件平台提供的功能对系统中的实体和资源进行认证。

TCPA 可信计算建立在 TPM 信任根和从信任根开始的信任链上。信任关系从信任根开始建立，通过逐级认证，向硬件平台、操作系统和应用程序传递，一级信任一级，从而保障计算机操作的可信性。系统启动时就会按照这种方式构建出完整的信任链：系统在每次加电时进行自我验证，从 TPM 开始，依次对 BIOS、输入/输出部件、ROM、芯片组、操作系统装载器（Loader）、操作系统内核进行完整性验证和逐级验证。由于 TPM 的可信性，可以认为信任被逐级传递，从而建立了信任链。安全启动的效果展示了未通过验证的模块或服务不会被启动，这就阻止了系统后门、木马、病毒等恶意软件的装载。

2）TPM

TPM 是可信计算的核心构件，提供了对称加密、非对称加密、数字签名认证、安全存储、完整性验证等功能。TPM 的内部结构如图 2-13 所示，TPM 包括 I/O 总线、非易失性存储、易失性存储、随机数发生器（Random Number Generator，RNG）、杂凑计算部件、密钥生成器、密码协处理器、执行引擎、电源管理等部件。其中，非易失性存储用于存储根密钥和配置数据，执行引擎可以执行 TPM 中相应的代码序列，完成调用命令。

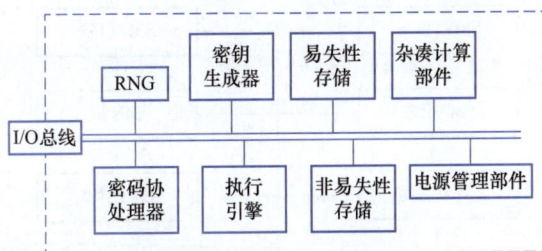

图 2-13　TPM 的内部结构

3）TSS

整个 TCPA 可信计算系统结构可以划分为三个层次：TPM、TPM 软件栈（TPM Software Stack，TSS）和可信平台应用软件。TSS 位于 TPM 与可信平台应用软件之间，主要包括图 2-12 中的 TCPA 操作系统部分，负责对可信平台应用软件提供可信计算支持，包括提供对 TPM 的访问和操作、安全认证、密码操作调用和资源管理等功能。

4）可信网络连接

为保障基于网络连接的安全，TCG 制定了基于可信计算技术的可信网络连接规范。它包括一套确保终端完整性和安全互操作的架构，基于该架构可以实现可信网络连接的安全策略支持。按照这一规范，可信网络连接本质上要从终端的完整性开始建立，具备完整性的终端才具有执行可信计算安全策略的前提。因此，TCG 的可信网络连接要求终端的可信计算部件检查计算机的安全策略执行情况。只有满足策略的终端才能够允许被连接入网，否则将被隔离开。

由于网络连接通常是传播恶意代码、实施网络攻击的前提，因此为了保证接入网络的计算机都是可靠的，可以采用可信计算平台技术，在每个需要入网的计算机上部署基于 TPM 的可信验证代理，并要求任何被连接的计算机能够对要求连接的计算机进行验证。首先，需要验证是否存在授权的可信代理；随后，要求可信代理对连接的计算机的安全状况进行检查，包括是否已经进行系统版本升级、是否修补已知的操作系统漏洞等，从而保证入网的计算机满足安全要求。

5）TCM/TSM

TCM/TSM 是国家密码管理局于 2007 年发布的《可信计算密码支撑平台功能与接口规范》中提出的两个重要概念。TCM 是可信计算密码支撑平台必备的关键基础部件，提供独立的密码算法支撑。功能上，TCM 与前面介绍的 TPM 类似。TCM 是硬件和固件的集合，可以采用独立的封装形式，也可以采用 IP 核的方式和其他类型芯片集成在一起，提供 TCM 功能。

TCM 的组成结构如图 2-14 所示。

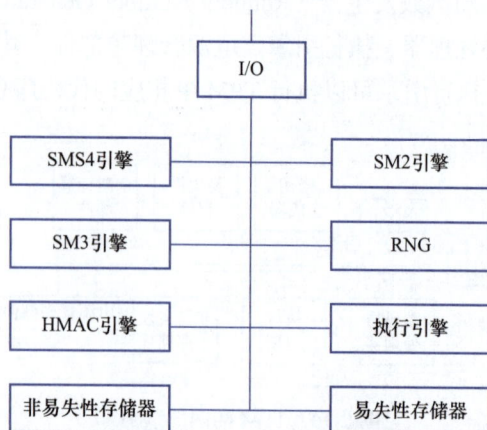

图 2-14　TCM 的组成结构

其中，I/O 是 TCM 的输入/输出硬件接口。SMS4 引擎是执行 SMS4 对称密码运算的单元。SMS4 是中国相关规范采用的对称密码算法。SM2 引擎是产生 SM2 密钥对和执行 SM2加/解密、签名运算的单元。SM2 是中国相关规范采用的 ECC 算法，包括椭圆曲线数字签名算法 (SM2-1)、椭圆曲线密钥交换协议 (SM2-2) 和椭圆曲线公钥加密算法 (SM2-3)。SM3 引擎是执行杂凑运算的单元。SM3 是中国相关规范采用的密码杂凑函数算法。随机数产生器是生成随机数的单元。HMAC 引擎是基于 SM3 引擎的 MAC 计算单元。HMAC是中国相关规范采用的消息认证码算法。执行引擎是 TCM 的运算执行单元。非易失性存储器是存储永久数据的存储单元。易失性存储器是 TCM 运行时临时数据的存储单元。

TCM 定义了一个具有存储保护和执行保护的子系统，该子系统为计算平台建立了信任根基，且其独立的计算资源将建立严格受限的安全保护机制。为防止 TCM 成为计算平

48

台的性能瓶颈，将子系统中需要执行保护的函数与不需要执行保护的函数分开。此外，将不需要执行保护的函数由计算平台主处理器执行，这些函数构成了 TSM。功能上，TSM 与前面介绍的 TSS 类似。TSM 主要提供对 TCM 基础资源的支持，它由多部分组成，每部分间的接口定义具有互操作性。TSM 也提供了规范化的函数接口。TSM 的设计目标是：为应用程序调用 TCM 安全保护功能提供入口点，提供对 TCM 的同步访问，向应用程序隐藏 TCM 所建立的功能命令，并管理 TCM 资源。

2.6　网络防护技术

网络防护技术多种多样，从传统的防火墙、入侵检测、漏洞扫描、网络审计、网页防篡改、流量攻击防护系统，到 SSL/TLS 协议、IPSec 协议，覆盖了网络安全的多个方面。本节重点介绍典型的防火墙、VPN 技术、SSL/TLS 协议和 IPSec 协议，其他的技术，如入侵检测、漏洞扫描等相关技术由于归属于其他技术层面，因此将在后续章节中予以介绍。

2.6.1　防火墙

防火墙是最为常见的网络防护技术产品，几乎所有组织机构的网络出口处都会选择部署防火墙，部分机构在内部不同网络之间也部署了防火墙。防火墙是一个网络安全设备或是由多个硬件设备和相应软件组成的系统，它位于不可信的外部网络和被保护的内部网络之间，目的是保护内部网络不受外部网络的攻击和执行规定的访问控制策略。如果防火墙部署在内网和外网之间，所有内网到外网的通信及外网到内网的通信都必须经过防火墙，且只有满足访问控制策略的通信才允许通过。防火墙本质上是一种实现网络层访问控制策略的设备，由于通常串接在网络中，因此设备本身具有较高的计算能力和通信处理能力。

防火墙的主要功能包括：过滤不安全的网络服务和通信行为（如阻止外部 ICMP 数据包进入内部网络）；禁止未授权用户访问内部网络（如不允许来自特殊地址的通信或对外部连接进行用户认证）；控制对内网的访问方式（如只允许外部访问连接内部网络特定区域中的 WWW、FTP 和邮件服务器，而不允许访问其他服务器）；记录相关的网络访问事件，提供访问数据统计、预警和访问审计功能。

随着防火墙的发展，其功能也逐渐扩展，增加了如防止内部信息泄露、提供应用层安全过滤等功能。同时，防火墙也越来越多地和其他类型网络设备或安全设备结合在一起，例如，路由器、网关、虚拟专用网（Virtual Private Network，VPN）设备等。

1. 包过滤防火墙

包过滤防火墙是最经典的防火墙，也是防火墙实现安全防护工作的最初设计。包过滤防火墙工作在网络协议栈的网络层，它逐一检查每个流经的网络层数据包（通常是 IP 包），判断数据包是否满足既定的过滤规则，如果满足则允许通过，否则进行阻断。IP 包的包头中包含了承载的协议类型、源地址、目的地址、源端口、目的端口、标志位等信息。包过滤防火墙可以检查协议类型以控制各个协议的通信，检查 IP 地址以控制来自特定源地址或发往特定目的地址的通信，也可以检查端口控制对外部服务的访问和对内部服务的开设。包过滤防火墙的管理员负责制定这些过滤规则，且将规则配置到防火墙系统中并启用。

包过滤防火墙具有通用性强、效率高、性价比高等优势，但也存在较为明显的缺点，主要包括：仅仅能够执行较简单的安全策略，例如，只能对单个 IP 包进行检查，而当需要完成涉及多个 IP 包的检查任务时，就显得力不从心。此外，包过滤防火墙通常只针对包头部分进行检查，对于利用特定应用层协议的攻击行为则无法检查。另外，仅仅通过端口来管理服务和应用通信不够合理，因为一些特定服务或应用的端口号并不固定。因此，在网络安全实际应用的不断推动下，防火墙逐渐发展出了更多的功能。

2. 连接状态防火墙

连接状态防火墙增加了对连接状态的控制。连接状态是指一个连接的上下文情况，连接状态防火墙可以更准确地判断一个从外向内或从内向外的连接的合法性，在一定程度上防止了一些潜在的网络攻击。由于连接状态是随着通信的进行不断变化的，因此基于连接状态的访问控制也被称为"动态过滤"。

很多网络攻击都利用正常的网络应用协议（如 HTTP、SMTP、FTP 等）来实施，此时需要对网络连接的完整信息进行综合判断后，才能确定是属于攻击还是正常的访问请求。如果仅仅使用前面介绍的包过滤防火墙，则会由于缺乏完整的连接信息而无法完成检查工作。利用连接状态防火墙，结合应用载荷检查，可以较为精准地发现此类攻击。

3. 代理网关

一般认为来自外部网络的连接请求是不可靠的，代理网关是执行连接代理程序的网关设备或系统，按照一定的安全策略，判断是否将外部网络对内部网络的访问请求提交给相应的内部服务器。如果可以提交，代理网关将代替外部用户与内部服务器进行连接，也代替内部服务器与外部用户进行连接。在此过程中，代理网关相当于外部用户与内部服务器之间的"中间人"，面向外部用户担当内部服务器的角色，而面向内部服务器担当外部用户的角色。因此，代理网关中既包含服务器的部分，也包含客户端的部分。按照网关所处的网络层次，可以将其分为回路层代理和应用层代理。

回路层代理也称为电路级代理，它建立在传输层上。在建立连接之前，先由代理服务器检查连接会话请求，若满足配置的安全策略，再以代理的方式建立连接。在连接中，代理将一直监控连接状态，若符合所配置的安全策略则进行转发，否则禁止相关的 IP 通信。由于这类代理需要将数据传输给上层处理，再接收处理或回应结果，类似于建立了数据回路，所以被称为回路层代理。由于回路层代理工作在传输层，因此它可以提供较为复杂的访问控制策略，而不仅仅是通过检查数据包包头实施访问控制策略。回路层代理的特点是：对于全部面向连接的应用和服务，只存在一个代理。回路层代理的代表是 SOCKS 代理系统，它面向控制 TCP 连接，由于需要实现对客户端连接请求的统一认证和代理，普通客户端需要加入额外的模块。多数浏览器都提供了对于这项功能的支持。

应用层代理则针对不同的应用或服务具体设计，因此对不同的应用或服务存在不同的代理。应用层代理由于需要对应用层协议进行还原和分析，其处理性能明显低于前面介绍的包过滤防火墙。

4. 应用防火墙

典型的应用防火墙如 Web 应用防火墙（WAF），能够为 Web 服务器提供应用层防护功能，对通过 HTTP 传输的 Web 访问数据进行分析和过滤，根据预定义的检测规则或自适应检测算法，自动发现并过滤掉那些存在典型 Web 攻击（如 SQL 注入、XSS 等）的访问请求，从而实现功能较强的应用级安全防护策略。

2.6.2　VPN 技术

VPN 技术是不同区域子网通过公用网进行连接的一种技术。VPN 技术的特点在于子网之间用所谓的隧道（Tunneling）技术通信，首先将发往其他子网的数据包封装起来通过安全的方式发送，然后接受子网的网关对数据进行拆封后再送入本子网，这样全部子网在逻辑上构成了同一个网络。VPN 技术可以视为在不安全的公开网络上建立虚拟的安全专用通道，借助相关安全技术和手段，能够进行安全、可靠、可控的保密数据通信。在当今复杂的网络计算环境中，传统的 VPN 涵盖范围已经被拓宽，VPN 产品已经不仅限于加密和认证，而是还包含了以下三方面的内容。

（1）安全性：包括访问控制、身份认证和数据加密技术，保证安全有效的网络连接、使用者的身份识别、数据的机密性和完整性等。

（2）流量控制：包括带宽控制，保证服务质量（QoS）、可靠性和高效性等。

（3）可操作性和可管理性：包括基于安全策略的集中式管理能力（本地管理或远程管理），保证符合组织机构的整体安全策略要求、VPN 的可扩展性（Scalability）等。

利用 VPN 技术，不仅可以保证组织机构内部的数据通信安全，还可以建立组织机构与外部的分销商、供应商、客户单位等合作伙伴之间的安全联系渠道。

VPN 的实现方式有多种，可以在不同的网络层实现，例如，下面要介绍的 SSL/TLS 协议是在传输层实现了 VPN 通道，IPSec 协议则是在网络层实现了 VPN 通道。在数据链路层，同样可以实现 VPN 通道，典型的如第二层隧道协议（Layer2 Tunneling Protocol，L2TP），把数据链路层的数据帧封装在公共网络设施（如 IP、ATM、帧中继、X.25 等）中进行隧道传输，此处不再赘述。

2.6.3　SSL/TLS 协议

SSL 协议是建立在 TCP 栈传输层上的安全协议，用于保护面向连接的 TCP 通信。应用层协议可以在其上面透明地使用 SSL 提供的功能。SSL/TLS 协议在 TCP/IP 协议栈中的位置如图 2-15 所示。

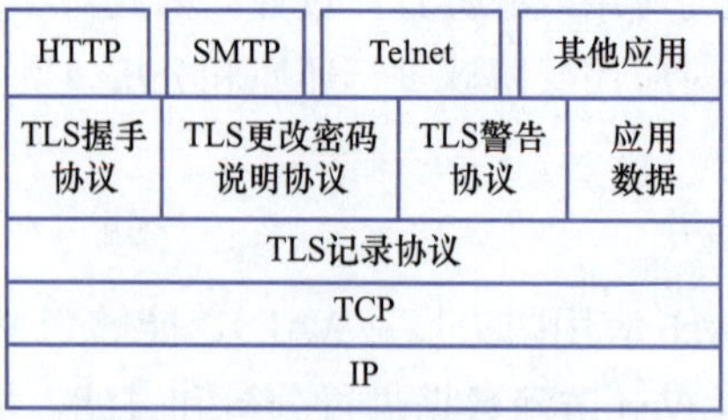

HTTP	SMTP	Telnet	其他应用
TLS握手协议	TLS更改密码说明协议	TLS警告协议	应用数据
TLS记录协议			
TCP			
IP			

图 2-15　SSL/TLS 协议在 TCP/IP 协议栈中的位置

1996 年发布的 SSL v3.0 修改了以前版本存在的漏洞，增加了对 RSA 算法以外其他公钥算法的支持和一些新的安全特性，很快成为事实上的工业标准，受到了多数浏览器和 Web 服务器的支持。1997 年，互联网工程任务组（Internet Engineering Task Force，IETF）基于 SSL v3.0 发布了传输层安全（Transport Layer Security，TLS）v1.0，它实际就是 SSL v3.1，因此 TLS 与 SSL v3.0 基本类似，文献中常用 SSL/TLS 协议统称它们。

SSL/TLS 协议包括 TLS 记录协议、TLS 握手协议、TLS 更改密码说明协议与 TLS 警告协议。TLS 协议除了负责认证和加密通信，其重要的任务是建立、维护客户端和服务器（称为接收方和发送方）的状态。TLS 协议在客户端和服务器各有一个状态机。TLS 握手协议、TLS 更改密码说明协议与 TLS 警告协议都是为建立和维护状态机服务的。状态机之间建立会话和连接的操作被称为握手。为了减轻协议交互的负担，TLS 协议允许一个会话包括多个连接，这些连接复用了建立会话时确立的安全和通信参数。TLS 协议在设计上遵照 X.509 协议，使用数字证书支撑身份认证和数据加/解密功能。

1. TLS 记录协议

TLS 记录协议用于对传输、接收的数据或消息进行处理，包括构造或拆解 SSL 数据包、数据加/解密、数据压缩和解压缩、数据分段和组合。主要包括 5 个步骤。

（1）将接收到的上层数据分块，这些块也被称为目录。

（2）根据握手过程协商的结果压缩分块数据。

（3）计算每个分块的杂凑值或 MAC 值并将它附在分块后。若计算 MAC 值，其共享密钥由握手过程协商。

（4）用对称加密算法加密数据分块和 MAC 值，所使用的加密算法由握手过程协商确定。

（5）为以上加密数据添加 TLS 协议头，记录数据内容类型、协议版本和数据长度等信息。

TLS 记录协议对接收数据的处理过程是以上过程的逆过程，此处不再赘述。

2. TLS 更改密码说明协议

TLS 更改密码说明协议的作用是用于表达密码操作配置相关情况的变化。客户端和服务器在完成握手协议后，TLS 更改密码说明协议需要向对方发送相关消息，通知对方随后的数据将用刚刚协商的密码规范算法和关联的密钥处理，并负责协调本方模块按照协商的算法和密钥工作。

3. TLS 警告协议

TLS 警告协议负责处理 TLS 协议执行中的异常情况。当程序出现异常后，TLS 警告协议将会以警告消息的形式通知对方异常情况及其严重程度。警告的严重程度主要分为致命和非致命两类。出现致命警告时，TLS 通信双方将立即关闭连接，在内存中销毁与连接相关的参数，包括连接标识符、密钥和共享的秘密参数等。致命警告主要包括：意外消息、错误记录、解密失败、解压缩失败、握手失败（如双方不能达成算法和参数的一致）、非法参数、未知 CA、协议版本不符等。出现非致命警告时，双方可以继续使用这个连接及其相关的参数。非致命警告主要包括：证书错误（无法验证证书签名）、不支持证书、证书已吊销、证书过期、关闭通知、用户终止等。

4. TLS 握手协议

TLS 握手协议负责在客户端和服务器之间建立安全会话，协商有关密码算法的使用和密钥等参数。在不同配置和需求下，该协议有多种执行步骤，一般的执行步骤包括：收发双方通过交换消息申明本方推荐或可以接受的密码算法，据此协商一个算法和参数集；交换必要的秘密值，并基于它生成密钥等参数；交换或单向发送公钥证书，用于双方验证对方身份或仅仅由一方验证另一方；采用必要的措施验证握手过程的完整性和可靠性。TLS 常用的两个"握手"过程如下。

1）单向认证握手协议

单向认证握手协议一般只包含客户端对服务器身份的验证，这类过程在基于 Web 的应用中得到大量使用，主要用于客户端确认服务器的身份，以免客户端访问仿冒网站、钓鱼网站或其他恶意网站。

（1）首先，客户端向服务器发送 ClientHello 消息，包括客户端推荐的密码算法标识、算法参数，以及在密钥协商中协议需要的随机数。

（2）然后，服务器发送包含服务器提供的随机数的 ServerHello 消息、包含服务器公钥证书的 Certificate 消息，以及表示响应完毕的 ServerHelloDone 消息。

（3）客户端收到响应后，对服务器的公钥证书进行验证，通过验证后，向服务器发送以下 3 条消息完成握手过程：ClientKeyExchange 消息包含用服务器公钥加密的一个密钥，该密钥的生成过程参照了双方互相发送的随机数，用于建立加密数据连接；ChangeCipherSpec 消息表示客户端已经按照商定的算法更改了加密策略，以后发送的数据都将用商定的算法、参数和密钥进行加密；Finished 消息表示完成本次握手过程。

（4）最后，服务器向客户端发送 ChangeCipherSpec 消息和 Finished 消息表示确认。

上述握手过程结束后，双方可以进行加密数据传输。数据传输完毕后，双方通过发送 Close_Notify 消息，结束本次 TLS 连接。

很多基于 Web 的应用系统，例如，网络银行、订票系统等，需要用户输入口令、银行账户、身份证号、信用卡号等信息。为了确保这些数据不以明文的形式在网上传输，这类 Web 应用系统普遍采用了上述单向认证的 TLS 握手协议，一方面用户可以验证服务器的身份，确保访问的是真实的目标网站，另一方面可以协商加密算法和会话密钥，用于对以上敏感信息进行加密传输。

2）双向认证握手协议

采用双向认证握手协议过程与单向认证握手协议的交互过程基本类似，区别在于：双向认证握手协议中不仅客户端需要验证服务器的身份，服务器也要验证客户端的身份，以防范可能对服务器发起攻击的恶意用户。服务器通过发送 CertificateRequest 消息向用户索取公钥证书，用户通过发送 Certificate 消息向服务器传送公钥证书，并通过发送 CertificateVerify 消息向服务器证明这个消息的发送端是先前与服务器交互的一方，这是因为在 CertificateVerify 消息中包含了之前双方所发送随机数等数据的数字签名。双向认证握手协议适用于安全要求较高的场合，可以同时保护服务器和客户端双方的安全。

2.6.4　IPSec 协议

上述 SSL/TLS 协议实现了传输层的安全，在更低的网络层建立安全传输通道也是网络防护中非常有代表性的一类技术。实现安全传输的网络层次越低，其安全功能对于上层应用来说就越透明，也就能支持更多的应用服务。为了建立网络到网络的安全，已经形成了大量的技术成果和标准。其中，IPSec 协议逐渐成为行业标准。

IETF 于 1994 年启动了 IPSec 协议的标准化活动，专门成立了"IP 安全协议工作组"来推动这项工作。1995 年 8 月，IETF 公布了一系列有关 IPSec 的 RFC 建议标准，标志着 IPSec 协议的正式诞生。IPSec 是一个协议集合，主要包括认证头（Authentication Header，AH）协议、封装安全载荷（Encapsulating Security Payload，ESP）协议和因特网密钥交换（Internet Key Exchange，IKE）协议，这三个协议分别在 IP 层中引入了数据认证机制、加密机制和相关的密钥管理机制，实现了比较全面的网络层安全，包括网络之间的相互验证、加密链路的建立及保密通信功能。

在 IPSec 协议中，IPSec 模式是一个涉及数据保护范围的基本概念。IPSec 模式包含传输模式和隧道模式两种，无论是 AH 协议还是 ESP 协议都支持这两种模式。在传输模式中，IPSec 协议仅仅保护 IP 包的有效载荷部分，从而为上层协议提供安全，但没有保护 IP 头中的内容；隧道模式则对整个 IP 包提供保护，确保 IP 分组可以安全地到达目的网络。

安全关联（Security Association，SA）是涉及 IPSec 认证和安全通信的基本概念。SA 是 IPSec 系统中通信双方之间对通信要素的约定，包括 IPSec 模式、IPSec 子协议、密码算法、密钥、密钥生存期等，类似于 SSL/TLS 协议会话中包含的密码算法标识和参数，IPSec 协议中这些标识和参数主要是通过 IKE 协议建立、管理和维护的。一台 IPSec 设备可以有多个 SA。SA 数据库用于存储这些信息，每个 SA 由一个三元 GID 组成：安全参数索引（Secure Parameter Index，SPI）、用于输出的目的 IP 地址或用于接收的源 IP 地址、

IPSec 协议标识。其中，SPI 在 AH 协议和 ESP 协议数据包中传输，与接收方在实现安全处理上的方法一致。为了在一个 SA 中实现一致的处理，在 SA 数据库中，每个 SA 记录还包括 AH 认证算法标识与密钥、ESP 认证算法标识与密钥、ESP 加密算法标识与密钥、IPSec 模式等信息。

IPSec 协议需要在一定的安全策略下使用。安全策略规定了对数据包是否或如何进行安全处理，IPSec 协议定义的安全策略数据库（Security Policy Database，SPD）用于存储策略信息并提供查询支持。在 SPD 中，一条策略记录面向一类数据包或应用，包括与数据包相关的源 IP 地址、目的 IP 地址、传输层协议、系统名或用户 ID 等。

1. AH 协议

AH 协议的目的是为 IP 包提供完整性保护和数据来源认证等功能，但不提供机密性保护。在传输模式和隧道模式下，AH 协议都采用图 2-16 所示的结构对 IP 包进行保护。其中，"下一头部"字段指出现 AH 后第一个头的类型，例如，可能是 TCP 或 IP 类型的，序列号是由 SPI 对应的 SA 管理的顺序号，用于防范重放攻击。AH 协议一般采用计算 MAC 的方法实现完整性保护和数据来源认证，计算 MAC 的密钥由手工配置或通过 IKE 协议生成，MAC 值存储在图 2-16 所示的"验证数据"字段中。

下一头部	载荷长度	保留字段
SPI		
序列号		
验证数据		

图 2-16 AH 结构

采用传输模式时，如图 2-17 (a) 所示，AH 被插在新 IP 头和 TCP 头承载的数据之间，新 IP 包的承载数据增加了 AH，因此 IP 头也要更新数据长度和校验字段。采用隧道模式时，如图 2-17 (b) 所示，原 IP 头也纳入了保护范围，在它前面加上 AH 后，再根据原 IP 头生成新 IP 头，得到新的 IP 包。可以看出，AH 的验证数据中包含了被保护数据的 MAC，而 SPI 等字段使只有接收者才可以查看 SA 数据库，通过相应 SA 可以确定验证使用的算法和密钥，因此，被保护数据的完整性和数据源可以得到验证，也可以对发来的序列号进行验证。

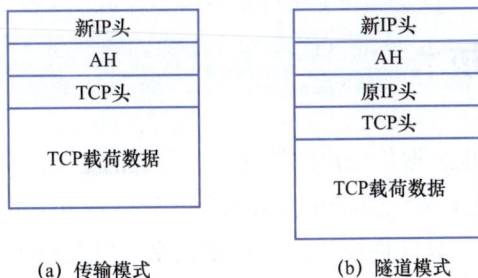

新IP头
AH
TCP头
TCP载荷数据

(a) 传输模式

新IP头
AH
原IP头
TCP头
TCP载荷数据

(b) 隧道模式

图 2-17 传输模式和隧道模式下 AH 在新 IP 包中的位置

2. ESP 协议

ESP 协议主要用于对被保护范围内的数据实施加密传输。作为可选功能，ESP 协议也可以提供与 AH 协议类似的完整性保护和数据认证功能。ESP 协议采用图 2-18 所示的结构，其中，"SPI""下一头部""序列号"字段的含义与 AH 协议中的字段相同。有效载荷数据是指被加密的数据，加密的范围根据 IPSec 模式决定：采用传输模式时，只加密 IP 载荷数据；采用隧道模式时，加密整个 IP 包。"认证数据"字段包含用于认证新数据包的 MAC。加密和计算 MAC 所使用的密钥由手工配置或通过 IKE 协议生成。与 AH 协议类似，接收方根据 SPI 查找到相应的解密算法、验证算法及密钥后，可以对数据进行解密和认证，也可以对发来的序列号进行验证。

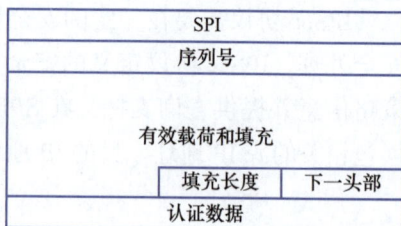

SPI
序列号
有效载荷和填充
填充长度 · 下一头部
认证数据

图 2-18　ESP 结构

3. 密钥管理协议

根据 IPSec 工作组的要求，IPSec 协议应该同时支持手工和自动的 SA 和密钥管理。采用手工方式产生 SA 并生成、管理所需要的密钥，可以简化 IPSec 系统的复杂性，但其只适合小型应用场景。在大型应用场景中进行 SA 和密钥管理时，需要自动化程度更高的方法。IPSec 工作组为此制定了 IKE 协议，采用了因特网 SA 和密钥管理协议（Internet Security Association and Key Management Protocol，ISAKMP）定义的框架，同时借鉴了 Oakley 密钥确定协议（Oakley Key Determination Protocol，OKDP）的一部分内容。

IKE 协议用两个阶段的交互过程来产生并配置 IPSec 的 SA。在第一阶段，两个 IKE 协议下的对等实体交互启用一个 IKE 下的 SA，为第二阶段在它们之间通过协商建立一个 IPSec 的 SA 生成一个隧道。IPSec SA 的创建发起者可以选用主模式或野蛮模式建立 IKE SA。主模式需要进行 3 次交互共 6 次通信，而野蛮模式仅需要进行 3 次通信，后者效率较高，但安全性相对较低。在第一阶段的交互中，交互双方可以验证对方的公钥证书。在第二阶段，两个 IKE 协议下的对等实体在前面协商的 IKE SA 的保护下，进行所谓的快速模式交换，协商建立用于 IPSec 协议的 SA，在交换结束时，IPSec SA 包含了运行 AH 协议和 ESP 协议的全部算法标识、参数和密钥。

2.7　供应链安全技术

软件开发工具包（SDK）搜集用户数据和个人信息的框架图如图 2-19 所示。

信息系统的复杂功能需求和快速开发需求促使软硬件开发过程呈现出模块化协同开发、组件代码复用等特征。软硬件模块间的关联关系，以及全生命周期中涉及的开发者、供应商、用户等角色，共同构成了复杂的供应链网络。在供应链场景中，系统的研制、开发、生产、分发等各个环节均有可能引入安全问题。供应链安全问题不再局限于系统或模块自身，而是可能直接影响整个生态。

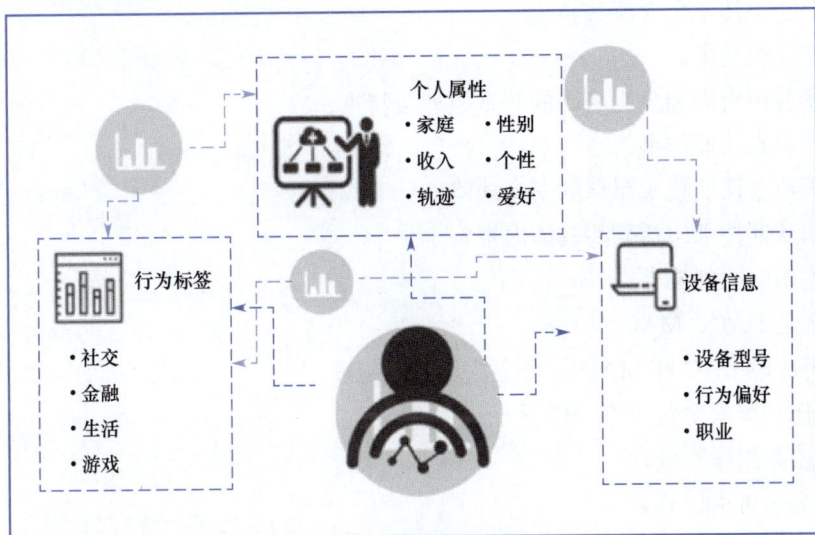

图 2-19　软件开发工具包（SDK）搜集用户数据和个人信息的框架图

SDK 是一些被软件工程师用于为特定的软件包、软件框架、硬件平台、操作系统等创建应用软件的开发工具集合，是软件供应链中的关键环节。利用 SDK 的漏洞甚至故意在 SDK 设置恶意代码或逻辑后门，从而攻击使用了该 SDK 的所有应用软件，这已经成为典型的供应链攻击方式。2023 年 10 月 30 日，国家安全部专门发布《警惕！一些境外 SDK 背后的"数据间谍"窃密》的文章，指出境外一些别有用心的组织和人员，正在通过 SDK 搜集我国用户的数据和个人信息[49]。

欧美国家很早就开始关注软件供应链安全，并制定了大量软件供应链相关的政策。美国 2000 年就发布了《国家信息安全保障采购政策》，规定了信息技术和相关产品的审查机制；2008 年在《国家网络安全综合计划》中强调了建立全方位措施以进行全球供应链风险管理，将供应链安全问题上升到了国家威胁和国家对抗层面；2021 年发布的《关于改善国家网络安全的行政命令》进一步明确了加强软件供应链安全的要求[50]。ISO 等国际标准化组织发布了 ISO 28000 系列标准、ISO/IEC 27036《供应商关系的信息安全》、ISO/IEC 27034《应用安全》、ISO/IEC 15288《系统生命周期过程》、ISO/IEC 20243《开放可信技术供应商标准——减少被恶意污染和伪冒的产品》等软件供应链安全相关标准。

我国也高度重视供应链安全问题，工信部发布的《"十四五"软件和信息技术服务业发展规划》提出建设国家和行业级别的开源社区安全审查体系，保证各个行业广泛使用重要开源产品和技术服务的安全性[51]。华为等企业也积极投入开源社区建设，如 OpenEuler 开源社区已经汇聚了数千款上游组件，助力保证软件供应链安全。

习 题

1. 安全防护技术包含哪些技术？

2. 简述密码技术。

3. 简述分组密码和公钥密码的基本原理及特点。

4. 简述鉴别认证技术。

5. 分析口令认证技术存在的安全缺陷。

6. 生物认证技术包括哪些具体内容？

7. 简述访问控制技术。

8. 什么是 DAC、MAC？

9. 分析比较 DAC 和 MAC 的安全性及适用场景。

10. 操作系统安全包含哪些内容？

11. 简述数据库安全。

12. 什么是可信计算？

13. 简述可信计算技术的工作原理，分析其与传统的系统安全技术之间的区别。

14. 网络防护技术包含哪些技术？

15. 简述防火墙的基本原理和技术分类。

16. 什么是 VPN 技术？

17. 调研 SSL/TLS 协议的应用情况，介绍哪些典型的互联网服务中使用了 SSL/TLS 协议，实现了哪些安全防护功能。

18. 什么是 IPSec 协议？

19. 简述供应链安全技术。

第 3 章

监测感知技术

　　本章介绍典型的网络安全监测感知技术，此类技术采用被动监听或主动探测的技术手段，利用网络流量、配置参数、系统日志、应用日志等，对网络设备、协议、主机、应用服务、信息系统、基础设施的安全性进行检测，发现网络中的攻击活动、异常操作和威胁信息，感知网络空间安全要素、行为、活动和发展趋势。监测感知技术是网络安全防护技术的有力补充，有助于建立网络安全综合防御和主动防御能力，是网络空间安全技术体系的重要组成部分。本章重点涉及漏洞扫描、网络资产测绘、误用检测与异常检测、网络安全态势感知、网络空间智能认知的内容。

3.1　监测感知技术基本含义

　　监测感知技术是安全防护技术的有力补充，能够全面、精准地发现网络资产、拓扑、脆弱性、事件和安全态势。监测感知技术具体包括漏洞扫描技术、网络测绘技术、入侵检测技术、安全审计技术、态势感知技术和网络空间智能认知技术，如图 3-1 所示。

　　各类监测感知技术的监测对象有所不同，但相互之间存在关联关系。例如，网络测绘技术可以结合漏洞扫描技术，以获取更为全面的资产漏洞信息；入侵检测技术与安全审计技术可以配合使用，前者侧重于事中监测，后者着眼于事后分析，但两者采用的技术手段存在互通性；态势感知技术建立在漏洞扫描技术、网络测绘技术、入侵检测技术、安全审计技术等各类技术的基础之上，将网络安全监测感知相关的各类技术手段形成综合性的汇聚分析平台，以实现对网络安全态势的分析、掌控和预警；网络空间智能认知技术则是在态势感知技术的基础上进一步实现能力拓展和提高，将物理空间、社会空间与网络空间充分融合，形成针对网络空间中各类实体、属性、关系的全方位认知和分析推理结果，获得围绕上述要素的主动学习、主动思考、主动理解和辅助决策能力。本章将对上述典型的监测感知技术进行阐述。

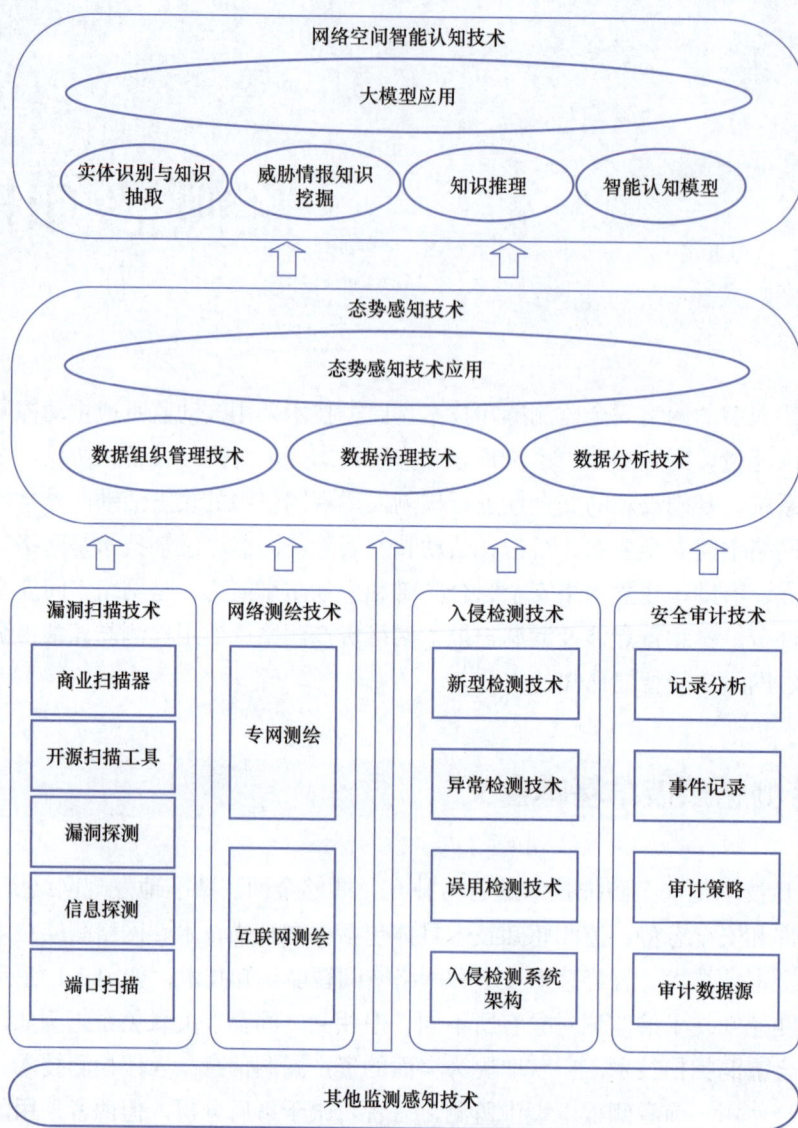

图 3-1　监测感知技术

3.2　漏洞扫描技术

漏洞扫描是一种自动检测远程或本地主机安全性弱点的技术，同时也可以了解目标主机的端口、应用服务、系统配置、软硬件版本等信息。采用这项技术的产品通常称为漏洞扫描器（Vulnerability Scanner），也称为扫描器（Scanner）。扫描器一方面通过访问系统的配置信息（如配置文件、注册表等）来获取信息，另一方面通过向目标主机发送探测数据包，从目标主机的应答数据包中提取出与目标主机相关的内容。同时，部分扫描器还可以尝试进行一定程度的漏洞利用，例如，尝试能否采用匿名方式登录目标主机的 FTP 服务，检查是否存在可写的 FTP 目录，尝试是否能用默认口令登录目标主机的 Telnet 服务，或者探测目标主机的 HTTP 服务进程是以 root 权限运行还是以普通用户权限运行等。

扫描器通常需要访问典型的系统配置文件，例如，对于 Linux 目标主机而言，需要访问的文件包括但不限于以下内容：

（1）/etc/passwd 为口令文件；

（2）/etc/hosts 为主机列表文件；

（3）/etc/networks 为网络列表文件；

（4）/etc/protocols 为协议列表文件；

（5）/etc/services 为服务列表文件；

（6）/etc/hosts.equiv 为主机信任列表文件。

如果需要检查目标主机应用服务的漏洞，则还会访问应用服务的相关配置文件。下面介绍两类典型的扫描器及其使用的关键技术。

3.2.1　Nmap

Nmap 是开源的网络扫描工具，用来探测目标主机的操作系统版本、开放端口等信息。网络管理员可以使用 Nmap 对所管理的网络范围进行检查，查看是否存在未备案的端口和网络服务，或者是不符合安全策略要求的操作系统版本。此外，攻击者也可以使用 Nmap 对尝试进行攻击的目标主机进行信息收集，根据探测得到的目标操作系统版本、开放端口、应用服务类型等信息，进一步选择相应的攻击工具。

Nmap 于 1997 年 9 月推出，支持 Linux、Windows、Solaris、BSD、MacOS 等操作系统，采用 GPL 许可证，最初用于扫描开放的网络端口。2009 年 7 月 17 日，开源网络安全扫描工具 Nmap 正式发布了 5.0 版。从这个版本开始，Nmap 从简单的网络端口扫描工具变身为全面的安全和网络工具组件。Nmap 5.0 版大幅改进了性能，增加了大量的扫描脚本，也能够登录进入 Windows 执行本地检查，另外还包含了一系列工具。以下是 Nmap 的一些典型操作。

1）Nmap -sP 192.168.1.0/24

它用于对 192.168.1.0/24 的 C 类网段进行探测，发现该网段中能够对 ping 做出回应的存活主机。

2）Nmap -PS 192.168.1.1

它用于探测目标主机 192.168.1.1 开放的端口。

3）Nmap -PU 192.168.1.0/24

它使用 UDP ping 探测 192.168.1.0/24 网段中的存活主机。

4）Nmap -sS 192.168.1.0/24

它使用 SYN 扫描的方式探测 192.168.1.0/24 网段。SYN 扫描又称为半开放扫描，每次探测时不建立完整的 TCP 连接，所以扫描速度较快。

5）Nmap -O 192.168.1.1

它用于探测目标主机 192.168.1.1 所使用的操作系统。

有关 Nmap 的详细使用方式和参数，请读者参阅该软件的帮助信息和官方文档。

3.2.2　Nessus

1998 年启动的"Nessus"计划的目的是为互联网用户提供一个免费、功能强大、易于更新和扩展的远端系统安全扫描工具。Nessus 得到了众多安全机构、组织和个人的青睐。Nessus 起初提供开源版本，但在第三版的 Nessus 发布后就不再开源。Nessus 的主要功能包括以下几种。

1. 漏洞扫描

Nessus 提供精准的漏洞扫描结果，漏洞数据库的更新速度很快。

2. 管理方式

Nessus 提供本机或远程的管理方式，用于对目标系统进行漏洞分析扫描。

3. 客户端/服务器架构

Nessus 采用客户端/服务器架构。客户端提供了运行在 X window 下的图形界面，用于接受用户的命令与服务器通信，传送用户的扫描请求给服务器端，由服务器启动扫描并将扫描结果呈现给用户。

4. 输出格式

Nessus 以用户指定的格式产生详细的输出报告，包括目标的漏洞、危险级别、修补方法等。

5. 自定义扫描插件 (Plug-in)

这是 Nessus 最具吸引力的功能，也是保证其能够不断适应新型漏洞、新型目标系统的关键功能。Nessus 定义了一种用于描述扫描行为的专用语言，称为 Nessus 攻击脚本语言（Nessus Attack Scripting Language，NASL）。针对每一个漏洞有一个对应的插件。漏洞插件就是用 NASL 编写的一小段模拟攻击漏洞的代码。扫描插件技术极大地方便了漏洞数据的维护和更新，用户可以根据该语言的语法，自行加入新的扫描插件，从而扩展漏洞扫描能力。

3.3　网络测绘技术

网络测绘技术是指利用主动探查、流量分析、日志分析等方法，对全球网络空间或特定地区（如国家、省、市等）、特定类型（如 IPv4 地址、IPv6 地址、工控设备、物联网设备等）、特定行业（如金融行业、能源行业、交通行业、教育行业等）、特定单位（如部委、央企、科研机构、互联网企业等）的网络资源进行多维度属性的收集，跟踪个体或群体资源的变化情况，并对资源进行溯源定位和关联信息分析挖掘。

网络空间测绘工作中，网络资源包括但不限于路由网络设施、计算设施、存储设施、应用服务设施、新基建设施、云设施、工控设施、物联网设施及内网信息等。针对网络资源所收集的属性元素包括但不限于 IP 地址、域名、主机名、开放服务、服务指纹、操作系统、系统版本、应用版本、设备类型、设备功能、经纬度、国家省市行政归属、单位或组织归属、管理者等，还可以包含网络资源的连接关系、网络拓扑等。开展网络空间测绘时，针对网络资源的安全属性进行信息收集是一项重要任务，上述系统版本、应用版本、服务指纹等信息都与安全相关，另外还包含网络资源可能存在的漏洞、后门、弱口令等信息。网络空间测绘应具备较好的实时性，当网络资源发生变化时，需要及时跟踪以上类别及属性的变化，并利用资源类别及属性信息，对资源进行准确的溯源定位。

3.3.1　互联网测绘技术

典型的测绘任务是针对大规模网络空间（如互联网）开展测绘，关键技术主要包括以下几种。

（1）针对网络资源的主动与被动识别、分析技术：能够通过主动扫描和被动流量监听等方法，精准识别、归类网络资源。

（2）网络资源归属技术：能够通过资源特征判断其归属，并进行时空标注。

（3）网络资源溯源技术：能够针对网络资源的地理经纬度标定，以及标注网络资源的国别、类别、行政归属、重要性、使用者、意图和潜在风险等。

（4）大数据存储与治理技术：面向十亿级别的国际网络空间资源，实现网络空间大数据的存储、检索、清洗、过滤、归并、标签、风险预警、质量管理等。

（5）大数据分析挖掘技术：从时间和空间双维度，分析网络资源的关联特性、分布特点、行为特征、变化趋势。在此基础上，进一步利用网络资源的域名信息、IP 地址信息、地理信息、用户信息、安全信息等形成网络空间知识图谱。基于知识图谱有机组合跨层、跨域、跨空间的数据，对网络资源信息进行有效组织，为网络空间治理工作提供多维度、多视角的信息视图。

3.3.2　专网测绘技术

另一类典型的测绘任务是针对不接入公共互联网的专网进行测绘，此类任务的测绘对象无法通过互联网进行远程探测。专网通常部署在大型行业、政府部门和企业内部，用于本行业内部的数据传输和业务流转。专网中存储、传输和处理的数据敏感度更高，可能涉及国家安全、国计民生和公共利益。

针对专网进行网络测绘时，数据的收集、存储和使用过程中面临诸多安全风险，尤其需要有效防范数据泄露风险。例如，电力行业专网中的数据涉及众多企业和公民信息，还包含电力行业生产、调度、营销数据，一旦发生数据安全事故，后果不堪设想。因此，需要在符合国家和行业数据安全管理规范的前提下，针对目标行业确定测绘数据的采集范围和采集频率，合理运用行业数据，提高行业数据利用率，结合行业应用场景建立网络测绘数据分析挖掘模型，提取数据的关联性特征，实现面向行业专网的网络资源数据精准构建。

3.4 入侵检测技术

入侵检测（Intrusion Detection）是用于检测损害或企图损害系统的机密性、完整性、可用性等行为的一类安全技术。这类技术通过在受保护网络或系统中部署检测设备，监视受保护网络或系统的状态与活动，根据采集的数据，采用相应的检测方法发现未授权或恶意的系统及网络行为，并为防范入侵行为提供支持手段。

严格来说，"检测"一词用于描述此项安全技术并不完全准确，因为"检测"的原义是检验、测定，通常是指采用指定的方法检验、测定检测对象与指定指标的符合性。"检测"适用于各种行业范畴的符合性判定或质量评定，如土木工程、建筑、电力设备、水利设施、农产品、食品、化学品、环境、机械、机器等，也适用于信息技术领域，如对信息技术产品或信息系统进行检测，以检验、测定其功能指标、性能指标、安全性指标的达成情况。"入侵检测技术"是用于针对网络攻击破坏行为的动态监测技术，因此使用"检测"一词并不准确，但由于该项技术自 20 世纪 90 年代引入国内后，学术界和产业界一直沿用"入侵检测"作为 Intrusion Detection 的中文释义，因此本书也采用约定俗成的"入侵检测"一词来描述此项技术。

入侵检测系统（Intrusion Detection System，IDS）首先需要充分且可靠地采集网络和系统中的数据，提取描述网络和系统行为的特征，然后根据上述采集的数据和特征，高效、准确地判断网络和系统行为的性质，并对入侵行为提供响应手段。如果 IDS 自身具备阻断攻击的能力，例如，过滤攻击数据包、断开攻击者的网络连接等，则这样的 IDS 也称为入侵防御系统（Intrusion Prevention System，IPS）。

3.4.1 系统架构

IDS 通常分为数据源、分析检测和响应三个模块。数据源模块为分析检测模块提供网络和系统的相关数据和状态，分析检测模块执行入侵检测后，将结果提交给响应模块，后者采用必要的措施，以阻止进一步的入侵或恢复受损害的系统。在以上过程中，用于支持检测工作的数据库起到了重要作用，它负责存储入侵行为的特征模式，通常也称为入侵模式库或入侵特征库。IDS 系统架构如图 3-2 所示。

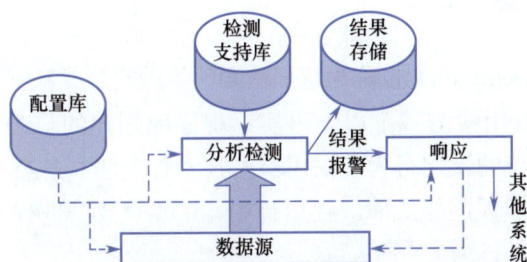

图 3-2　IDS 系统架构

针对 IDS 的系统架构，比较有影响的成果是美国加州大学戴维斯分校研究人员提出的通用入侵检测框架（Common Intrusion Detection Framework，CIDF）[52]。CIDF 是一套规范，它定义了 IDS 表达检测信息的标准语言及 IDS 组件之间的通信协议。符合 CIDF 规范的 IDS 可以共享检测信息、相互通信、协同工作，还可以与其他系统配合实施统一的配置响应和恢复策略。CIDF 的主要作用在于集成各种 IDS 使之协同工作，实现各 IDS 之间的组件重用。按照 IDS 数据源的不同，IDS 主要可以分为以下两类[53]。

1. 基于主机的 IDS

基于主机的 IDS 的检测目标主要是主机系统和本地用户，它可以运行在被检测主机或其他单独的主机上，根据主机的审计数据和系统日志发现攻击迹象。若攻击者已经突破网络防护设施，进入被攻击主机的操作系统中，则基于主机的 IDS 能够发现主机被攻击的情况并提供及时的响应。基于主机的 IDS 依赖主机的审计数据和系统日志，这些数据本身容易被攻击者清除或修改，攻击者也可能使用某些特权操作或低级别操作逃避审计。基于主机的 IDS 仅仅分析主机的审计数据和系统日志，一般不能发现网络层面的攻击和审计范围之外的系统攻击。

基于主机的 IDS 进一步发展出了基于系统内核的 IDS，它可以在操作系统内核中检测异常行为，从而提高了检测的准确性和时效性。

2. 基于网络的 IDS

基于网络的 IDS 主要根据网络流量检测入侵，可以采用分布式部署模式：一个或多个网络探测器（探针）负责采集网络的数据流，对网络数据进行初步处理后传递给分析检测模块。需要指出的是，为了避免影响网络性能，基于网络的 IDS 通常采用旁路模式部署（而不是串接模式），例如，通过分光设备将流量复制后送到 IDS 进行检测，或者是将 IDS 部署在交换机的镜像端口，以获得该交换机中传输的全部网络数据。

IDS 的核心技术是其采用的分析检测方法，即根据已有的知识，判断网络和系统是否遭受攻击及遭受何种攻击。主流的分析检测方法包括异常检测和误用检测两类，此外，还出现了一些新的方法，例如，引入人工免疫、基因算法、代理方法、数据挖掘思想的检测方法，以及利用当前快速发展的人工智能技术进行的智能化检测。

3.4.2 误用检测技术

误用检测（Misuse Detection）也称为特征检测、指纹检测或基于签名的检测（Signature-Based Detection）等。误用检测基于以下事实：程序或用户的攻击行为存在特定的模式，这类攻击行为被称为系统的误用行为。误用检测技术首先建立各类入侵的行为模式，对它们进行标识或编码，形成误用模式库。在运行中，IDS 对数据进行分析检测，检查是否存在已知的误用模式（攻击行为）。

误用检测的缺陷在于只能检测已知的攻击模式，当出现针对新漏洞的攻击方式或针对旧漏洞的新攻击方式时，需要由人工或其他机器学习系统得出新攻击的特征模式，并将其添加到误用模式库中，这样才能使系统具备检测新攻击方式的能力，如杀毒软件一样，需要不断且及时地升级，以保证系统检测能力的完备性。误用检测技术可以进一步分为以下类型。

1. 简单模式匹配

简单模式匹配是最为通用的误用检测技术，特点是原理简单、扩展性好、检测效率高、可以实现实时的检测，但它只能适用于比较简单的攻击方式，且误报率高。简单模式匹配虽然性能上存在很大问题，但由于其系统的实现、配置、维护都非常方便，因此得到了广泛的应用。著名的开源软件 Snort 就采用了这种检测手段。

1）Snort

Snort 是跨平台的轻量级网络入侵检测工具，可以用于监测小型的 TCP/IP 网络，检测各种可疑的网络行为或已知的攻击方式。Snort 为系统管理员提供了足够的信息，帮助对可疑行为做出正确的判断。由于简单的系统结构和良好的扩展性，Snort 可以非常方便地用于目标网络系统，相对于需要较长时间才能提供特征库更新的商业化产品来说，更能够满足普通管理员的需求。前期的 Snort 基于 GNU General Public License，可以免费应用在各种环境中，且开放全部源代码，还有众多安全研究组织和个人的热心支持，因此完全可以保证规则库的更新。

根据对 Snort 开源版本的源代码分析，Snort 的检测规则库用文本方式存储，可读性和可修改性都比较好，但其缺点是不能作为直接的数据结构给检测引擎进行调用，因此每次在启动时，都需要对规则库文件进行解析，以生成可供检测程序高效检索的数据结构。Snort 采用了二维链表的结构来处理检测规则。二维链表横向的节点称为 RuleTreeNode，纵向的节点称为 OptTreeNode。规则库中的每条规则分为两部分：Rule Header 和 Rule Option。Rule Header 决定了该规则处于二维链表横向哪一个节点上（RuleTreeNode），Rule Option 决定了该规则处于二维链表纵向哪一个节点上（OptTreeNode）。检测过程同样按照二维链表的顺序进行，将抓取的网络数据包进行协议解析后，提取其中的协议内容，将协议内容和根据规则库所生成的二维链表进行逐一的比较。如果能找到匹配的规则条目，则根据该规则所规定的响应方式进行响应（如 Pass、Log、Alert 等），然后再处理下一个数据包。如果没有匹配的规则条目，则直接返回，处理下一个数据包。

Snort 提供了插件的方式，用于对系统进行扩充。Snort 在检测复杂攻击模式时能力较为有限。Snort 可以运行于 Linux、Solaris、HP-UX、FreeBSD、Windows 等操作系统上。

2）Bro

Bro 是由美国 Lawrence Berkeley 国家实验室开发的网络入侵检测工具。与 Snort 类似，Bro 同样基于被动监听的工作机制。Bro 系统的重点在于研究 IDS 本身的鲁棒性，提高 IDS 抵御针对自身攻击的能力。Bro 系统的设计目标分为以下几点。

（1）高负荷、大数据量的监视：对 NIDS 来说，网络数据的高速处理能力是非常重要的，否则检测系统在高传输率下就会出现丢包的现象，攻击者可能利用这一点，制造并发送超过系统负荷的数据量，淹没 IDS，从而使系统出现漏报。

（2）实时报警：如果能够对入侵行为进行实时的检测和报警，就可以提供及时的响应，包括追踪入侵来源、阻止进一步的攻击行为、修复受损系统、最大限度降低入侵对系统造成的破坏等。在保证实时检测和报警能力的同时，Bro 系统对异常行为提供详细的日志记录供事后分析。

（3）保护机制与安全策略的分离：将 IDS 的数据过滤、事件识别、策略响应等各项功能相互分离，可以使系统结构更加清晰，有效降低系统实现和维护的难度。

（4）良好的扩展性：大量已知的攻击手法、尚未发现或公布的系统漏洞和入侵方式，都要求系统具备良好的扩展性。系统包含的知识库可以很方便地加入新的攻击特征和检测规则。

（5）IDS 本身的鲁棒性：如果攻击者对 IDS 采用的检测技术非常熟悉，甚至了解 IDS 本身存在的弱点，就可以采取多种方式使 IDS 的检测功能失效，包括插入（Insert）、欺骗（Evade）、淹没（Overwhelm）、破坏（Subvert）等。这就要求 IDS 本身具有足够的鲁棒性和适应性，保证在自身受到攻击的情况下仍能提供正常的检测功能。

Bro 系统支持对多种应用协议的分析，包括 Finger、Ftp、Portmapper、Ident、Telnet、Rlogin、Http 等。作为一种用于研究用途的网络监测工具，Bro 提供了强大的协议分析和系统扩展能力。

在底层，Bro 采用通用的抓包工具——Libpcap，从网络中获取数据包。Libpcap 是 Linux 系统中通用的抓包工具，可以抓取 Bro 所关注的所有应用程序的数据包，提交给上层模块进行分析处理。

位于系统第二层的事件引擎（Event Engine）首先对数据包的包头进行完整性校验，如果校验出错，则生成相应的事件（Event），并丢弃该数据的包头部分。然后，检查数据包的内容并确定是否需要进行记录。在检查过程中，系统会产生各种类型的事件并将其放入事件队列中，供策略脚本解释器（Policy Script Interpreter）查询。

策略脚本解释器是系统的第三层模块。解释器使用 Bro 自定义的脚本语言编写，为定制安全检测策略提供了方便的用户接口。解释器将由事件引擎产生的事件与相应的事件处理代码绑定，然后对代码进行解释。代码的执行过程中可能产生新的事件，记录实时的报警信息，或者记录相应的数据。如果用户希望在 Bro 系统中增加新的功能，首先需要确定与应用协议相关的事件，然后编写事件处理代码，扩展策略脚本解释器的功能。这种将事件与事件处理相分离的系统特性极大地提高了系统的扩展性。

2. 专家系统

专家系统是最早的误用检测方案之一，被许多经典的检测模型所采用，例如，MIDAS、IDES、Next generation IDES（NIDES）、DIDS 和 CMDS。

专家系统的应用方式是：首先使用类似于 IF-THEN 的规则格式输入已有的知识（攻击模式），然后输入检测数据（审计事件记录），接着系统根据知识库中的内容对检测数据进行评估，判断是否存在入侵行为模式。专家系统的优点在于把系统的推理控制过程和问题的最终解答相分离，即用户不需要理解或干预专家系统内部的推理过程，而只需要把专家系统视为一个黑盒（Black Box）。当然，黑盒的生成是一项困难而费时的工作，用户必须把决策引擎和检测规则以硬编码的方式嵌入系统中。

专家系统中的攻击知识通常使用 IF-THEN 的语法规则表示。攻击发生的条件信息排列在规则左边（IF 部分），当这些条件满足时，系统采取规则右边（THEN 部分）所给出的动作。专家系统应用于入侵检测时，存在一些实际问题，主要包括以下内容。

（1）只能检测已知的攻击模式，这也是误用检测技术的通病。

（2）处理海量数据时效率较低，这是由于专家系统的推理和决策模块通常使用解释型语言实现，执行速度比编译型语言要慢。

（3）缺乏处理序列数据的能力，即处理前后关联数据的能力较弱。

（4）检测效果完全取决于设计者的知识和技能。规则库的维护同样是一项艰巨的任务，更改规则时还必须考虑到对知识库中其他规则的影响。

3. 状态转移分析方法

状态转移分析方法采用优化的模式匹配技术来处理误用检测的问题，这种方法采用系统状态和状态转移的表达式来描述已知的攻击模式。目前，实现基于状态转移的入侵检测可以使用以下三种方法：状态转移分析、着色 Petri 网（Colored Petri-Nets，CP-Nets）和基于语言/应用程序接口的方法。下面对状态转移分析方法进行简要介绍，其他方法请读者参阅相关文献。

状态转移分析方法是使用状态转移图来表示和检测已知攻击模式的误用检测技术。这种技术首先在美国加州大学圣塔芭芭拉分校（UCSB）研究人员提出的 STAT 系统及 USTAT 系统中实现。状态转移图是一种针对入侵或渗透过程的图形化表示方法。图中的节点（Nodes）表示系统状态，弧线代表每一次状态的转变。所有入侵者的渗透过程都可以视为从有限的特权开始，利用系统存在的脆弱性，逐步提高自身的权限。正是这种共性使攻击特征可以使用系统状态转移的形式来表示。每个步骤中，攻击者获得的权限或攻击成功的结果都可以表示为系统的状态。

在使用状态转移图提取入侵序列的特征时，系统应仅表示那些导致状态变化的关键行为。从初始状态到处于攻击下的系统状态所经过的状态转移路径依赖主体的实施过程，不同的攻击者即使利用相同的脆弱性对目标系统进行攻击，所得到的状态转移图也是不同的。每种系统状态下，都可以得到相应的、针对该状态的判断结果——断言（Assertions）。

状态转移分析系统使用有限状态机模型来表示入侵过程。入侵过程由一系列导致系统从初始状态转移到入侵状态的行为组成。初始状态表示在入侵发生之前的系统状态，入侵状态则表示入侵完成后系统所处的状态。系统状态通常使用系统属性或用户权限来描述。用户的行为和动作导致系统状态的转变。

用于误用检测的状态转移分析引擎包括一组状态转移图，各自代表一种入侵或渗透模式。在每个给定的时间点，都认为是由一系列的用户行为使系统到达了每个状态转移图中的特定状态。每次当新的行为发生时，分析引擎检查所有的状态转移图，查看是否会导致系统的状态转移。如果新行为否定了当前状态的断言，分析引擎就将转移图回溯到断言仍然成立的状态；如果新行为使系统状态转移到了入侵状态，状态转移信息就被发送到决策引擎，并根据预先定义的策略采取相应的响应措施。

1）状态转移分析方法的优点

以 STAT 为代表的状态转移分析方法的优点在于：

（1）提供了一种针对入侵或渗透模式的直观的、高层次的、与审计记录无关的表示方法；

（2）利用状态转移分析方法，可以描述出构成特定攻击模式的特征行为序列；

（3）状态转移图给出了保证攻击成功的特征行为的最小子集，这使检测器可以适应相同入侵模式的不同表现形式；

（4）可以使攻击行为在尚未到达入侵（Compromised）模式之前被检测到，从而及时采取响应措施阻止攻击行为；

（5）可以检测协同攻击和慢速攻击。

2）状态转移分析方法的局限性

状态转移分析方法也存在一定的局限性，主要表现在以下方面：

（1）当前状态的断言和特征行为需要手工编码；

（2）断言和特征行为在用于表示复杂的、细致的入侵模式时可能存在问题；

（3）对当前状态下得出的断言进行评估时，可能需要从目标系统获取额外的信息，这个过程通常会导致系统性能的下降。

STAT 系统包含一系列的具体实现，最先实现的是基于 Unix 主机的 USTAT 系统。它主要由预处理器（Preprocessor）、知识库（Knowledgebase）、推理引擎（Inference Engine）和决策引擎（Decision Engine）四部分组成。USTAT 系统使用推理引擎表（Inference Engine Table）跟踪每种可能的入侵，可以鉴别不同来源的协同攻击。

NSTAT 系统是 STAT 系列中的第二代系统，主要关注网络系统中的主机。主机在执行诸如文件共享、目录加载等操作时，都会影响到网络中的其他计算机。NSTAT 系统实现了集中式的入侵检测功能，一方面可以减少对各个主机性能的影响，一方面也适合于检测针对多主机的攻击方式。在 NSTAT 系统中，每个主机都将本机的审计数据转换为 NSTAT 系统的标准格式，并融合为统一的数据流。

在 NSTAT 系统之后，又出现了第三代的 NetSTAT 系统，该系统脱离了 STAT 系统传统的基于主机的结构，采用了网络化的分布式检测。NetSTAT 系统由一系列探测器（Probes）组成，每个探测器负责一个子网段的检测和分析任务，包含可以远程配置的数据过滤器、推理引擎和决策引擎，所有探测器都以自治的方式独立工作。对于某些攻击方式，单个的探测器很可能只检测到攻击的一部分。在这种情况下，探测器可以向其他探测器发送特定的事件，且要求对方协助收集和分析相关数据，以得到有关攻击的全面信息，这样就可以鉴别出涉及多网段的攻击方式。这种方式已经体现出明显的分布式架构和协作检测的思想。

状态转移分析方法对于描述多步骤、复杂的攻击过程较为适合，此类技术在形成商业化产品时，通用的做法是定义一种检测引擎可以识别的语言，用于对入侵行为的特征和状态转移过程进行描述。这方面比较有代表的包括 RUSSEL 语言、STALKER 系统、N-Code 包过滤语言等，此处不再赘述。

3.4.3　异常检测技术

异常检测（Anomaly Detection）基于以下事实：无论是程序还是系统用户的行为，在系统特性上都呈现出紧密的相关性。例如，某些服务程序每隔一定的时间就要访问某个目录，某些特权程序总是访问特定目录下的系统文件，办公室工作人员常用文字编辑软件，而程序员则经常编辑和编译 Java 程序。这些带有一致性的特征与正常行为的基本模式相对应，而异常行为不具有这些特征。异常检测通过对系统异常行为的检测发现攻击的存在，甚至识别相应的攻击。

异常检测的关键在于建立"正常使用描述"（Normal Usage Profile，NUP），以及利用 NUP 对当前系统或用户行为进行比较，判断出与正常模式的偏离程度。"描述（Profile）"通常由一组系统或用户行为特性的度量（Metrics）组成，一般为每个度量设置一个门限值（Threshold）或一个变化范围，当超出它们时认为出现异常。

异常检测的优点是可以检测未知的攻击，但由于系统或用户的行为模式可能变化或增加，因此异常检测需要不断地调整、更新。IDS 的构造也需要考虑这方面的可扩展性和便利性。

1. Denning 模型

Dorothy Denning 在 1986 年发表了《An Intrusion Detection Model》。这篇论文在 IDS 的发展历史中具有划时代的意义，其中归纳了 4 种统计模型，用于对系统或用户行为的度量进行异常检测。

1）操作模型（Operational Model）

操作模型主要针对系统中的事件计数度量，例如，在指定时间段内统计口令错误的次数。操作模型将得到的系统度量与门限值进行比较，如果超出正常范围就触发相应的异常事件报告。这种模型除了可以应用于异常检测，同样也适用于误用检测。

2）均值与标准偏离模型（Mean and Standard Deviation Model）

数据均值与标准偏离模型基于这样一个假设：分析器根据均值和标准偏离度这两个参量就可以了解系统行为的度量。在检测过程中，如果观察到的系统/用户行为超出了可以信任的范围区间，就认为是异常。信任区间通常以与均值之间的标准偏离度来定义。这种特征提取的方法适用于事件计数、内部定时及资源使用状况记录等统计范畴。计算过程中也可以指定权重，例如，越近期获得的数据拥有越大的权重。

3）多元模型（Multivariate Model）

多元模型是均值与标准偏离模型的扩展。这种模型基于对两个或多个度量之间的相关分析，摆脱了依赖单个度量来判断系统异常的束缚。例如，在使用单个度量时，可能仅仅针对会话的时间长短来进行判断，而引入多元模型后，就可以在此基础上结合 CPU 的使用率，从而提高判断的准确性。

4）马尔可夫过程模型（Markov Process Model）

在马尔可夫过程模型中，检测器把每一种审计事件视为一个状态变量，使用状态转移矩阵表示在系统状态转移过程中存在的概率特征（发生状态转移的概率）。在检测过程中，使用正常情况下的状态转移矩阵，针对每一次系统的实际状态变化计算其发生的概率。如果计算结果非常小，则认为是出现了异常。基于马尔可夫过程模型的检测器可以发现异常的用户命令或事件序列，而不仅仅局限于单个的事件。这种方法实际上提出了针对事件流进行状态分析的思想。

2. 量化分析

量化分析是异常检测中使用最为广泛的方案，特点是使用数字来定义检测规则和系统属性。Denning 所提出的操作模型中也包含了这种检测方案。量化分析通常涉及一系列的计算过程，从简单的计数到复杂的加密运算，计算的结果可以作为构造入侵特征或异常检测统计模型的数据基础。量化分析主要包括以下类型。

1）门限检测（Threshold Detection）

最为常见的量化分析方法是门限检测。门限检测的基本思想是使用计数器来描述系统 / 用户行为的某些属性，并设定可以接受的数值范围，一旦在检测过程中发现系统的实际属性超出了正常设定的门限值，就认为系统出现了异常。门限检测最经典的例子是操作系统设定的允许登录失败的最大次数。其他可以设置门限值的系统属性还有：特定类型的网络连接数、试图访问文件的次数、访问文件或目录的个数、访问网络系统的个数。

2）启发式门限检测（Heuristic Threshold Detection）

启发式门限检测是传统门限检测的改进方法，对于包含大量用户或目标环境的系统来说，可以大幅度地提高检测的准确性。举例来说，传统门限检测设置的检测规则是：在一个小时内，如果登录失败的次数大于 3 次，就认为出现异常。然而，在启发式门限检测中，则将检测规则定义为：当登录失败的次数大于一个异常数时，发出报警信息。这个异常数可以使用多种方式设定，例如，使用高斯函数计算平均登录失败的次数 m，并计算出标准的偏移量 δ。检测过程中将实际登录失败的次数和 $m+\delta$ 相比较，检查是否超出门限值。

3）目标完整性检查（Target-Based Integrity Checks）

另一种量化分析方法是基于目标的完整性检查，即针对系统中某些关键的对象，检查是否受到无意或恶意的更改。完整性检查最通用的方式是使用消息摘要函数计算系统对象的密码校验值，并将计算得到的参考值存放在安全区域（如存储在只读介质上）。系统定时地计算校验值，并与预先存储的参考值相比较，如果发现偏差，就发出报警信息。

4）量化分析和数据精简（Quantitative Analysis and Data Reduction）

量化分析可以用来对原始数据进行精简。数据精简是指去除原始事件数据中所包含的冗余信息，由于原始数据量通常非常庞大，因此数据精简可以有效地减少对系统存储资源的占用，优化检测过程。

3. 统计分析

最早的异常检测系统采用的是统计分析技术，经典的 IDS（如 IDES、NIDES、Haystack 等）都包含了这项技术。

由斯坦福研究院（SRI）开发的 IDES/NIDES 是早期杰出的入侵检测系统原型，它采用了误用检测和异常检测相结合的混合架构，其中的统计分析部分支持对每一个系统用户和系统主体建立历史统计模式。历史统计模式定期更新，可以及时反映出用户行为随时间推移而产生的变化。

检测系统维护一个由行为模式组成的统计知识库，每个模式采用一系列系统度量来表示特定用户的正常行为。模式所包含的各个向量每天以指数因子衰减，同时将新的用户行为所产生的审计数据嵌入知识库中，计算出新的模式向量，并存储在知识库中。每当产生一条新的审计记录时，会涉及以下计算：

$$IS=(S_1,S_2,S_3,\cdots,S_n)C^{-1}(S_1,S_2,S_3,\cdots,S_n)^T$$

其中，$(S_1,S_2,S_3,\cdots,S_n)C^{-1}$ 表示相关矩阵或向量的逆矩阵，$(S_1,S_2,S_3,\cdots,S_n)^T$ 则表示向量的转置，$S_i(i=1,2,3,\cdots,n)$ 是描述行为模式的系统度量，例如，文件访问、终端使用、CPU 时间占用等，不同的 S_i 数值可以从不同角度反映出相同的行为度量。

Haystack 系统采用了两种基于统计的入侵检测手段：第一种可以视为基于统计的误用检测，通过对用户会话的分析，计算与不同入侵模式的吻合程度；第二种是基于统计的异常检测，检测用户行为模式与正常模式之间的偏离度，统计过程主要针对用户会话所表现出的特性。

基于统计的异常检测分析方法最初的目标是针对那些冒充合法用户的入侵者（Masquerader）。研究者认为统计分析可以揭示某些感兴趣的、可疑的活动，从而发现违背安全策略的行为，为提高系统安全性和保证管理的高效性提供帮助。统计分析的另一个优势在于维护方便，不像误用检测系统那样需要对规则库不断地更新和维护。

此外，统计分析也存在一些缺陷。首先，大多数统计分析系统以批处理方式对审计记录进行分析，不能提供对入侵行为的实时检测和自动响应功能。这个问题在统计分析系统刚出现时并没有被注意到，因为早期系统都采用集中式监控的方式对审计记录进行监视和分析。尽管后期的系统开始尝试对审计数据进行实时分析，但由于数据处理过程和模式库维护都需要大量的存储资源和计算资源，因此检测系统总是滞后于审计记录的产生。统计分析的另一个缺陷在于其所能表达事件的范围有问题。统计分析的特性导致了它不能反映事件在时间顺序上的前后相关性，因此事件发生的顺序通常不作为分析引擎考察的系统属性。然而，许多攻击行为所导致的系统异常都存在明显的时间顺序关系，在这种情况下，使用统计分析进行异常检测就有了很大的局限。另外，与 Denning 操作模型所使用的量化分析类似，如何确定合适的门限值同样是统计分析面临的棘手问题。门限值如果选择得不恰当，就会导致系统出现大量的错误报警。

4. 聚类分析

早期的统计分析都采用上述参量方法，即预先设定用于描述用户或其他系统实体行为模式的度量，对度量进行统计后判断其是否偏离正常模式。使用参量方法的前提条件是：预先选择的系统度量（参量）满足某种特定的分布，例如，满足高斯分布。如果这种前提条件不成立，将会导致系统产生大量的错误报告。当研究者开始收集有关系统使用模式（如系统资源的使用）作为统计分析的参量时，人们发现这些参量不满足高斯分布，引入后导致了系统的错误率急剧上升。而且，如果事先指定系统度量，则检测能力必然受限于所选择的度量范围。此外，如果攻击行为导致的异常表现在系统的其他参数上，则显然无法检测到攻击行为。

为了克服这种缺陷，研究人员提出使用非参量化的分析技术来进行异常检测。使用这种方法后，系统可以容纳可预测性比较低的用户行为模式，且可以引入那些在参量分析法中没有引入的系统度量。典型的非参量化的分析技术是聚类分析（Clustering Analysis）。聚类分析首先收集大量的历史数据，然后根据某种预先设定的评估准则，将数据组织到不同的类别中。聚类算法与分类算法的区别在于：在分类算法中，所有的类别都是预先知道的，根据分析对象的特征，将其归属于不同的类别；而在聚类算法中，预先不知道有多少类别和哪些类别，只能根据对象之间的"距离"来确定每两个对象是否应该属于同一类别。聚类算法需要达到的目的有两个：同一类别中对象之间的"距离"足够小；不同类别中对象之间的"距离"足够大。

基于聚类分析的异常检测系统中，首先对数据进行预处理，把有关不同事件流（通常对应于不同的用户）的数据特性转换为向量的表现形式，例如，$X_i=[f_1, f_2, \cdots, f_n]$ 表示一个 n 维的状态向量；然后使用聚类算法把各个向量组织到不同的行为类别中，保证每个类别中的向量之间的"距离"足够小，而不同类别中的向量之间的"距离"足够大。

使用聚类分析进行异常检测基于这样一个前提：通过系统特性所表现出的用户行为数

据，都可以归为正常行为和异常行为这两种截然不同的类别。在这个过程中有许多聚类算法可供使用，从基于距离测度的算法，到基于概念测度的算法，不同的聚类算法适用于不同的数据集和分析目标。例如，K 近邻算法（K-Nearest Neighbor，KNN）可以用于对系统资源使用状况进行评估分析。该算法把每个向量和 K 个最近邻居归属到同一类别，这里使用的 K 不是固定的，而是根据数据集中的向量数目计算得出的一个可变的数值。

聚类分析技术可以有效地针对相似的系统操作（如文件编辑和编译）和用户行为模式进行聚类。通过将原始的事件数据转换为向量表示形式，可以实现可靠而高效的数据精简，这有助于提高检测速度、扩展检测能力。聚类分析技术与目标系统密切相关，其分析结果可以为检测攻击行为提供参考依据，但并不能准确地判断攻击类型。

3.4.4 新型检测技术

误用检测和异常检测虽然属于不同类型的分析检测方法，但都是通过识别系统或用户的行为模式进行判断。当前出现了一些新型检测技术，有些从原理上讲仍然可以归入误用检测或异常检测，但由于其引入了新型的技术思路或其他领域的技术方法，对 IDS 起到了很好的扩展作用，本节将对这些新型检测技术进行简要介绍。

1. 免疫系统（Immune System）

第一类技术引入了生物免疫的思想。生物免疫系统的特点包括以下几点。

（1）分层保护：大自然赋予生命多层保护机制，例如，皮肤、体温、感官、受激反应、白细胞、淋巴细胞等。

（2）分布式检测：免疫系统的检测是高度分布式的，没有统一的中心控制，这种分布式机制保障了系统的高度可靠性。

（3）独立性：检测系统的各个组成部分是相互独立的，即使某一个方面的保护功能失效，也不会影响其他部分的正常工作。

（4）能够检测未知：免疫系统不但能够记忆曾经感染过的病原体的特征，还能够有效检测未知的病原体。

生物免疫系统能够区分自身组织和外来组织，这个概念和异常检测技术有相似之处，也正是 IDS 比较缺乏的能力。生物免疫系统对病原体或非自身组织的检测是相当精确的，这与现有 IDS 的能力形成了鲜明对比。生物基因包含染色体，它本质上是一个编码序列，表征着生物的遗传特性。基因的特点是可以进行组合和变异，因此天然存在着表征不同生物遗传特性的能力，这个特性可以用于构造系统特征或异常特征。

生物免疫系统使用氨基酸、蛋白质碎片来完成"自我"的分辨任务，计算机系统的某些属性也可以充当这种角色。按照生物免疫的思想，如何定义计算机系统中用于表征自我的系统属性，是这项研究工作最具有挑战性的部分。研究人员发现，一个特定程序的系统调用序列是比较稳定的，使用这一序列识别自身或外来的操作，能够有效提高入侵检测的准确性[54]。研究人员对系统调用数据的各项属性进行了研究，包括所需要的数据量、检测攻击的能力、合适的编码方式、是否适用于模式匹配技术等，最后确定为使用系统调用的短序列来设计检测系统，且忽略调用时传递的参数，只考虑调用的时间顺序。基于生物免疫的异常检测系统与其他系统类似，需要在训练阶段建立起反映正常行为的知识库。借鉴生物体的特性，这里定义的模式以系统进程为中心，有别于其他检测系统中以用户为中心的行为模式。在实际检测过程中，收集各个特权进程所产生的系统调用序列，与正常行为模式相比较，偏离了正常行为模式的系统进程被认为异常。

研究人员提出了短序列匹配算法，用于计算实际系统调用序列与正常序列模式的相似程度。这种算法只考虑了系统调用在时间上的次序，没有考虑调用的参数。算法原理如下：

假设观察到这样的系统调用序列：

open—read—mmap—mmap—open—read—mmap

使用长度为 k 的窗口对序列进行划分，得到以下的系统调用短序列（$k=3$）：

open—read—mmap

read—mmap—mmap

mmap—mmap—open

mmap—open—read

open—read—mmap

对于训练数据中所包含的系统调用序列，全部采用长度为 k 的窗口进行分割，得到正常调用模式所对应的短序列集。为了提高系统的效率，将得到的短序列存储为树的形式，形成一个正常调用模式数据库。对于实际检测过程中得到的系统调用序列，同样用长度为 k 的窗口来划分。对划分出的每一个短序列，在正常模式数据库中查找，计算出不匹配的短序列数占总数的百分比。这个比值可以作为判断一串序列是否正常的依据。

异常检测一般都要求保证训练数据的完备性，即它应该包括了用户或系统的几乎所有可能的正常行为。否则，通过学习得到的检测模型可能错误地把一个不匹配的数据判断为异常，这是因为在训练数据中不包含这个正常的数据。在现实条件下，一个训练集合要包含用户或系统的所有可能的正常行为是不可能的。一个解决办法是统计一串系统调用中不匹配的短序列数或占总数的百分比。如果超出某个给定的门限值就认为是异常的。实验证明，该项技术能够检测出多种类型的利用 Unix 程序漏洞进行的攻击和异常行为。

2. 基因算法（Genetic Algorithm）

第二类技术引入了基因算法对审计数据进行分析处理。基因算法是进化算法的一种，引入了达尔文在进化论中提出的自然选择（优胜劣汰、适者生存）的概念对系统进行优化。基因算法利用对"染色体"的编码和相应的变异及组合，形成新的个体。算法通常针对需要进行优化的系统变量进行编码，将其作为构成个体的"染色体"，因此对于处理多维系统的优化是非常有效的。

在基因算法的研究人员看来，入侵检测的过程可以抽象为：为审计事件记录定义一种向量表示形式，这种向量要么对应于攻击行为，要么代表正常行为。通过对所定义向量进行的测试，人们提出改进的向量表示形式，不断重复这个过程直到得到令人满意的结果。在这种方法中，将不同的向量表示形式作为需要进行选择的个体。基因算法的任务是使用"适者生存"的概念，得出最佳的向量表示形式。通常分为两个步骤来完成：首先使用一串比特对所有的个体（向量表示形式）进行编码；然后找出最优选择函数，根据某些评估准则对系统个体进行测试，得出最为合适的向量表示形式。

基因算法在 IDS 中的应用同样存在一些缺陷，例如，无法表示某些特定类型的攻击行为，即系统可能无法找到最佳的向量表示形式，以及无法在审计记录中实现准确的行为定位等，相关问题还有待进一步研究。

3. 神经网络（Neural Network）

神经网络同样也是一种非参量化的分析技术，应用于入侵检测领域时，可以通过神经网络的自适应学习来提取异常行为的特征。神经网络需要对训练数据集进行学习，以得出正常的行为模式。通常情况下需要保证训练数据集的纯洁性，即不包含任何入侵或异常的用户行为。

神经网络由大量的处理元件组成，这些处理元件称为"单元（Unit）"，单元之间通过带有权值的"连接（Connection）"进行交互。神经网络所包含的知识体现在网络的结构（单元之间的连接、连接的权值）中，学习过程也就表现为权值的改变和连接的添加或删除。

基于神经网络的入侵检测工作包含两个阶段：第一阶段的目的是构造入侵分析模型的检测器，使用代表用户正常行为的历史数据进行训练，完成网络的构建和组装；第二阶段则是入侵分析模型的实际运行阶段，将神经网络接收的输入事件与参考的历史行为相比较，判断两者的相似度或偏离度。

神经网络对异常检测来说具有很多优势：由于不使用固定的系统属性集来定义用户行为，因此可自定义属性的选择；神经网络对所选择的系统度量也不要求满足某种统计分布条件，因此与传统的统计分析相比，它具备了非参量化统计分析的优点。

将神经网络应用在入侵检测中也存在一些问题。例如，在很多情况下，系统趋向于形成某种不稳定的网络结构，不能从训练数据中学习特定的知识，也就是说神经网络的学习过程无法收敛形成确定的网络结构。另外，与其他人工智能技术相似，神经网络对判断为异常的事件尚无法提供任何解释或说明信息，即检测结果缺乏可解释性，这导致了用户无法确认入侵的责任人，也无法判定究竟是系统哪方面存在的问题导致了攻击者得以成功入侵。

近年来，随着卷积神经网络（Convolutional Neural Network，CNN）、循环神经网络（Recurrent Neural Network，RNN）、长短期记忆网络（Long-Short Term Memory，LSTM）等深度学习技术的快速发展和大规模应用，研究人员也开始将上述深度学习技术应用于入侵检测领域，例如，将网络流量转换为图像，利用 CNN 进行图像比对，以发现符合特定模式的加密攻击流量，或者是将时序化的流量日志或系统日志作为输入向量，利用 RNN 和 LSTM 对其进行自动学习，以期发现未知的新型攻击模式。这些工作都极大地拓展了 IDS 的检测范围和能力，为入侵检测技术提供了全新的发展思路，本书还将在第 9 章中进一步介绍人工智能技术在网络安全领域的应用。

3.5　安全审计技术

与入侵检测技术关注安全事件的事中发现有所不同，安全审计是一类定位于事后分析的安全技术，通过记录有关安全的事件信息，帮助管理员和安全人员发现系统异常、确定事件原因、认定事件责任。审计系统广泛地存在于操作系统、数据库、应用系统、网络系统中，根据预先定义的审计策略记录相应事件的发生情况。审计系统同时也能够为数字取证、入侵检测、态势感知等提供重要的数据源。

日志（Logging）和审计（Auditing）是两个紧密相关的概念。日志记录可以由任何系统或应用生成，用来记录系统或应用的事件并统计信息，反映使用情况和性能情况。审计系统一般是专门的系统或子系统。审计系统的输入数据可以是日志，也可以是相应事件的报告。审计系统一方面根据日志生成审计记录，提供更清晰明确、更易于理解的系统事件和统计信息，另一方面记录所定义审计事件的发生情况。审计结果的存储需要进行安全保护，以防止遭受意外损坏或恶意篡改。

3.5.1　安全审计功能

不同的审计系统之间存在差异，但审计系统通常需要完成以下工作：审计策略设置、事件记录、记录分析和系统管理。

1. 审计策略设置

审计策略设置的目的是告诉系统需要记录哪些类型的事件，并明确事件记录的格式、内容、记录时间、存储位置等。多数操作系统都在内核和用户态记录系统事件，这些事件分别从系统调用和应用事件的角度反映信息，且用户可以对所支持的审计事件进行配置和选择。应用系统可以通过相应操作系统或应用下的开发包提供审计支持功能。审计事件通常包括系统事件、登录事件、资源访问、操作、特权使用、账号管理和策略更改等类别，如表 3-1 所示。

表 3-1　典型的审计事件

事件类别	审计事件
系统事件	系统启动、关机、重启、发生故障等
登录事件	成功登录、失败登录、当前登录等

（续表）

事件类别	审计事件
资源访问	打开资源、修改资源、关闭资源等
操作	进程创建、进程终止、程序安装、程序删除、外设访问等
特权使用	特权分配、特权使用、特权注销等
账号管理	创建或删除用户/用户组/角色，用户/角色属性修改等
策略更改	审计策略修改、安全策略修改

2. 事件记录

当审计范围内的事件发生时，由审计系统记录相关的信息。相比普通日志，审计日志的生成一般由统一的机制完成，数据存储的结构更一致，层次也更分明。由于受到系统的安全保护（包括日志加密存储、日志访问权限控制等），审计数据的安全性更有保障，这也增加了攻击者篡改审计日志的难度。

审计日志中包含多条记录，每条记录记载了审计范围内的一次事件或统计信息。审计记录的内容一般包括事件主体、相关对象、涉及进程、涉及用户及相应的标识。内核级审计记录还包括系统调用的参数和返回值，应用级审计记录还包括特定用户信息、应用数据等。

3. 记录分析

审计记录可以由管理员进行人工分析，也可以由相应的安全产品进行自动化分析，以期发现系统可能遭受的攻击或出现的异常。管理员可以通过分析审计记录得到新的事件定义，也可以通过记录特定的信息得到一些新的分析方法，从而发现对安全策略的违规操作。

4. 系统管理

审计系统需要提供相应的管理手段，用于管理审计数据存储方式、存储位置和审计参数，对审计系统进行初始化，生成审计报告和浏览审计报告等。

3.5.2 安全审计数据源

1. 基于主机的审计数据源

基于主机的审计数据源可以是操作系统审计记录（Audit Trails），即由专门的操作系统机制产生的系统事件记录；也可以是系统日志，即由系统程序产生的用于记录系统或应用程序事件的文件，通常以文本文件的方式存放。

操作系统的审计记录由包含在操作系统软件内部的专门的审计子系统产生。这些审计记录是用于反映系统活动的信息集合，按照时间顺序组织成一个或多个审计文件。每个审计文件由审计记录组成，每条审计记录描述了一次单独的系统事件。当系统中的用户采取动作或调用进程时，引起相应的系统调用或命令执行，此时审计系统就会产生对应的审计记录。每一条审计记录又包含了若干审计标记，分别用于描述审计记录的不同域。

大多数操作系统的审计记录是按照可信产品评估程序（Trusted Product Evaluation Program，TPEP）的标准设计和开发的。这项评估标准是由美国政府在 1985 年颁布的 TCSEC 给出的，其中，列出了商业操作系统和应用软件需要具备的特性和安全保证。评估过程是根据操作系统或应用程序的可信度定出信任级别。

TCSEC 提出了对审计能力的要求，列出了审计系统必须具备监视能力的事件列表。软件开发商为了满足 C2 级系统所需要达到的审计要求，在各自的产品中都集成了大量针对性很强的审计功能，这也间接导致了各类操作系统审计记录不兼容。

操作系统的审计记录是开展安全审计工作最主要的数据源，同时也可以作为 IDS 的输入数据，原因在于：

（1）操作系统本身为审计子系统及其产生的审计记录提供了实质性的保护，提高了数据源的可信度；

（2）审计子系统从操作系统的层次上获取系统信息，没有经过高层的抽象，因此可以得到系统事件的细节，为安全系统实现精确的模式匹配提供了基础；

（3）如果攻击者试图通过插入伪造的审计记录来达到破坏审计信息的目的，这种低层次的系统审计数据也会使攻击者的行动变得更为困难。

审计数据的低层次和细节化能够提高数据源的可靠性和精准度，但同时也会带来数据量庞大和数据结构复杂的问题，而且，尽管低层次的审计数据使攻击者难以破坏审计信息，但是一旦攻击者达到了目的，要想发现审计信息被篡改同样也是困难的，此时对于攻击者来说，隐藏攻击的痕迹就变得非常简单。

另一类典型的基于主机的审计数据源是系统日志。系统日志是反映各种系统事件和设置的文件。例如，Unix 系统提供了分类齐全的系统日志，且提供通用的服务用于支持产生和更新事件日志。

系统日志的安全性与操作系统的审计记录相比要略差一些，原因在于：产生系统日志的软件通常作为应用程序而不是操作系统的子系统运行，相对于由操作系统内核或专门的审计子系统产生的审计记录来说，更容易遭到恶意的破坏和篡改。另外，系统日志通常存储在系统未经保护的目录中，且以文本方式存储，而审计记录则经过加密和校验处理，为防止恶意的篡改提供了有效的保护机制。

此外，系统日志与审计记录相比更为直观。某些特殊的环境下，可能无法获得操作系统的审计记录或不能对审计记录进行正确的释义，此时系统日志就成为系统安全管理必不可少的信息来源。另外，系统日志作为一种同样来源于主机系统的数据源，能够提供不同的观察角度，从而成为操作系统审计记录的有益补充，帮助管理员发现和确认更为复杂的攻击行为。

2. 数据库审计日志

DBMS 是典型的需要引入审计机制的基础环境。对于大多数组织机构和企事业单位来说，关键的信息资源都是由 DBMS 进行封装并且提供访问接口的。例如，税务部门使用数据库存储纳税人信息和征税数据，医疗部门使用数据库存储病历信息，教育部门使用数据库存储学位、学历信息。

数据库审计日志与操作系统相比，既有类似之处，又有各自的特点，主要表现在以下方面。

1）数据量问题

无论是数据库系统，还是操作系统，审计机制首先面临的就是数据量问题。因此，在使用此类审计数据时，需要考虑以下问题：审计数据的压缩归档、数据精简，审计系统的可控度等。可控度是指系统所提供的针对审计机制的可调整性能够细致到什么粒度。例如，是否可以针对每一项单独的事件类型定义审计策略，还是只能定义针对事件组的审计策略，后者通常会加剧审计数据量的膨胀。

2）时间同步问题

时间同步是产生审计数据过程中的另一个重要问题。数据库软件开发者在决定在何处插入审计代码以产生审计事件记录时，通常有着较大的随意性，这导致了发生事件和记录事件之间存在时间上的差异。如果在每次执行事务的起始点产生审计记录，一方面会影响执行效率，更重要的是很可能在审计记录产生之后，由于某些原因导致了事务的提前终止甚至崩溃，这就使审计记录不能真实地反映系统所发生的事件。然而，如果在事务执行完毕之后再产生审计记录，则不能保证在第一时间检测到系统的异常。

3）抽象级别问题

对于数据库系统和操作系统来说，审计机制的可控度和可理解性通常存在矛盾。数据的抽象层次越低，越可能发现隐秘的攻击行为；抽象层次越高，则产生的事件报告对管理员来说越容易理解。针对 DBMS 进行的事件日志和针对 Unix 操作系统的系统日志存在着相同的问题。如果数据库软件本身被入侵者破坏，那么所产生的事件日志就没有可信度了。尽管如此，由于大多数客户需要重点保护的信息资源都存储在大型数据库中，DBMS 的审计机制仍然是重要的信息来源。

3. 应用日志

前面介绍的审计记录和系统日志都属于从系统级别上收集的审计数据。随着网络系统的迅猛发展，计算性能得到大幅提高，且系统复杂性日益增长，使系统级的安全数据规模也随之不断膨胀。很多系统都采用分布式架构，操作系统层次和数据库层次已经不能反映系统的完整信息，而应用日志通常代表了用户级和服务级的抽象信息，相对于系统级的安全数据来说，去除了大量冗余信息，更易于管理员浏览和理解。目前，许多原来由操作系统进行记录的事件日志也开始逐步移植到应用级层次上。

最为典型的应用日志是 Web 服务器日志。Web 应用是目前最为广泛的网络服务，也是多数电子政务、电子商务、内容服务、网络购物、协同办公的应用平台，主流的 Web 服务器都提供访问日志机制。Web 服务器通常支持两种标准格式的日志文件：通用日志格式（Common Log Format，CLF）和扩展日志文件格式（Extended Log File Format，ELFF），后者除了 CLF 的数据字段，还包括一些附加信息。日志内容主要包括：主机名、用户名、访问时间、访问页面、服务器协议、返回码、返回字节数、URL 地址、浏览器类型及版本等。

4．网络流量和协议日志

网络流量和协议日志是网络审计系统的主要数据源。许多著名的 IDS（如 NFR、NetRanger、Snort 等）都采用或部分采用了网络数据作为入侵分析的数据来源。网络数据源之所以得到如此广泛的应用，正是由于它自身具备以下一些优势。

（1）通过网络监听的方式获取信息，不需要改动原先的系统和网络结构。由于采集设备通常采用旁路模式部署，所以不会影响受保护网络的性能。

（2）网络数据采集设备对网络中的用户是透明的，这降低了设备本身遭受攻击的可能性。

（3）利用网络数据更容易检测到某些基于网络协议的攻击方法，典型的是通过向目标主机发送畸形的或大量的网络包来造成拒绝服务的攻击。

网络中传输的数据包是按照分层的网络协议构造的，为了从中提取出所感兴趣的信息，需要对各层的网络协议有细致的了解。典型的如目前在互联网上广泛应用的 TCP/IP。TCP/IP 自上而下分为四个层次。

1）应用层

应用层是指直接向用户提供服务的应用协议，例如，Telnet、FTP、HTTP、SMTP、POP、SSH 等。在应用层中，用户调用应用程序访问 TCP/IP 互联网络，每个应用程序选择适当的传输服务类型，把数据组织成报文或数据流之后向传输层传送。

2）传输层

传输层协议包括 TCP、UDP、ICMP 等，它的基本任务是提供应用程序之间的端到端的通信服务。例如，TCP 通过在通信两端建立虚电路连接，向应用程序提供可靠的数据流服务。传输层完成的工作还包括：将数据流分组，分别进行差错检查及控制，以及序列号计算等。

3）Internet 层

Internet 层提供的是不可靠的、无连接的分组投递服务。它接收来自传输层的请求，将需要传送的分组封装成 IP 地址数据报，通过访问路由表来决定是直接发送到目标机还是通过路由器转发，然后将封装好的 IP 地址数据报传递给下层的网络接口模块。Internet 层与传输层的区别在于它提供的是面向数据报文（Datagram）的无连接服务。Internet 层的协议主要有 IP、ARP。

4）网络接口层

网络接口层是 TCP/IP 结构的底层，负责接收 IP 地址数据报并通过选定的网络发送。网络接口层通常包括用于对物理通信链路进行管理的设备驱动程序及相关协议。应用比较广泛的网络接口协议有以太网、令牌环网（Token Ring）、光纤分布数据接口（FDDI）、X.25、ATM、综合业务数字网（ISDN）、帧中继（Frame Relay）、串行线路接口协议（SLIP）、端对端协议（PPP）等。

根据上述网络协议层次，利用数据包抓取工具和协议解析工具，可以将网络中传输的原始数据包进行组合及协议还原，形成各个网络层次的协议字段日志，为后续的流量分析和行为分析提供基础。适用于 Windows 系统的工具软件有 Winpcap、Wireshark 等，适用于 Unix/Linux 系统的工具软件有 Libpcap、Tcpdump、BPF/eBPF 等。

3.6 态势感知技术

态势感知是在入侵检测、漏洞扫描、网络测绘、安全审计等一系列监测感知技术的基础上，融入威胁情报、安全预警、追踪溯源、事件处置等一系列安全保护措施，从而发展起来的一项综合性技术平台。态势感知通过采集和探测各类网络安全要素数据（资产、漏洞、事件、情报等），利用大数据和人工智能技术，理解、分析、刻画网络系统安全状态，监测感知网络攻击行为和潜在威胁，预测安全发展趋势，提供全局层面的网络安全决策。

态势感知需要跨领域、多学科紧密耦合的技术体系提供支撑，对环境和上下文信息高度敏感，强调动态性、整体性、主动性和预见性。态势感知面向网络安全协同防护的业务需求，定位于监测、防御、处置境内外网络安全风险和威胁，全方位感知网络安全态势，实现精细感知、协同分析和动态防御，保障关键信息基础设施和重要信息系统免受攻击、入侵、干扰和破坏，促进网络安全良性生态体系的建立。因此，态势感知平台除了已有的监测感知类技术，还需要面向网络安全多源异构数据具备数据组织管理、数据治理、数据分析等方面的关键技术支撑。

3.6.1 数据组织管理技术

态势感知平台需要具备数据资源整合能力，依托网络安全数据资源目录，基于数据汇聚、数据存储、数据集成、数据服务等技术，以提供基础数据支撑。

1. 数据存储

数据存储旨在解决网络安全多源异构数据统一存储的问题，构建满足结构化、半结构化、非结构化数据需求的存储能力，通常分为原始数据层、标准数据层、指标数据层、服务数据层等数据层次。

（1）原始数据层：依据接入数据的原始数据格式存储集成接入的各类网络安全数据。

（2）标准数据层：依据数据资源目录中的数据标准规范，利用数据治理技术，将原始数据转换为符合数据标准的数据。

（3）指标数据层：依据业务应用需求，结合各类数据特点，制定具有统一命名规范、口径、算法的数据指标，并借助数据治理技术完成各项数据指标的分析计算，将结果数据存入指标数据层。

（4）服务数据层：依据业务应用需求，结合标准数据层和指标数据层的数据进行个性化数据加工或组装，以形成上层业务应用可以直接使用的数据。

2. 数据集成

数据集成依据业务应用需求，按需向态势感知平台接入数据，具体包括面向网络安全数据的数据探查、数据定义、数据读取、数据对账等技术。

（1）数据探查：通过对来源数据的存储位置、提供方式、总量及更新情况、业务含义、字段格式语义及取值分布、数据结构、数据质量等进行多维度自动、半自动、混合式的探查分析，为网络安全的数据定义提供依据。

（2）数据定义：依据数据探查结果，结合业务应用需求定义数据获取、接入的处理流程和方法，数据定义结果以元数据的形式描述并输出。

（3）数据读取：从接入数据或从指定位置读取网络安全数据，检查数据是否与数据定义一致，不一致的停止接入并重新进行数据探查和数据定义，进一步接入后对数据进行必要的解密、解压操作，生成作用于数据全生命周期的记录 ID，并对数据进行字符集转换等，形成符合数据处理要求的格式。

（4）数据对账：数据对账是对接入的网络安全数据在某一对账时间点对数据的完整性、一致性、正确性进行核对和核验的过程。如果在某一对账时间点，数据提供方和数据接入方对应的数据条数不一致，则记录对账异常，并在必要时进行告警，通知管理员及时处理。

3. 数据资源目录

数据资源目录从数据输入/输出标准、数据质量统计、数据应用统计等维度对态势感知平台中的网络安全数据进行综合管理，以满足网络安全数据的开发者、管理者、使用者的数据需求。数据开发者可以利用数据资源目录检查平台中是否有重复数据、数据是否有准确定义，并对新的数据能否发布进行判断；数据管理者可以了解拥有哪些数据、数据分布在哪里、数据质量如何、数据的使用情况，并可以对数据进行权限管理；数据使用者可以了解数据是什么、数据在哪里、如何获取数据、如何获取访问权限等。

数据资源目录主要包括数据元管理、数据资源分类与编目、目录注册与注销、目录更新、目录同步、目录服务等。

4. 统一数据服务

统一数据服务接口是网络安全数据资源面向业务应用需求的统一出入口，通过访问控制、负载均衡、熔断降级等机制，为数据服务接口提供了安全访问保障。统一数据服务接口包括对外部服务接口管理、内部服务接口管理等管理类功能，以及数据服务接口生成、服务转发、负载均衡、熔断降级、服务编排、数据订阅等支撑性功能。

3.6.2　数据治理技术

数据治理技术的目的是构建多种多样面向网络安全业务应用需求的数据治理任务，经统一调度引擎自动调度执行，完成网络安全数据的提取、清洗、补全、标记标签、关联、脱敏、质量管理、血缘管理等治理操作。下面介绍典型的数据治理技术。

1. 数据清洗

数据清洗是利用预定义规则、格式校验、内容校验、数理统计等方法，对各类网络安全数据进行检查和校验，目的在于删除或归并重复数据，纠正数据中存在的错误，提高数据的完整性和一致性。数据清洗涉及的技术主要包括以下内容。

1）错误数据检测及清理

利用预定义规则，识别并清除明显错误的数据，例如，大于 255 的 IP 地址网段、超出位数的电话号码或身份证号码，或者是不符合编码规则的文件信息等；也可以利用统计分析方法，识别数据中可能的错误值或异常值，例如，通过均值和方差计算，可以进行数据的偏差分析，识别出明显不符合分布规律的数值。

2）重复数据检测及归并

典型的重复数据是网络安全设备产生的流量告警。如果不对其进行有效的归并，庞大的告警量将会极大占用安全分析人员的宝贵时间。数据库中属性值相同（关键属性值相同）的记录可以被认为是重复记录，通过判断记录间的属性值（关键属性值）是否相等来检测记录是否相等，相等的记录可以合并为一条记录。

3）不一致性数据检测及处理

网络安全数据的特点是多源异构，从多个数据源集成的数据之间可能会产生语义冲突。通常可通过定义数据完整性约束条件，来检测不一致的数据记录，也可通过分析数据发现联系，从而使数据保持一致。

2. 数据补全

数据补全主要是通过预定义的补全规则，或者通过自动发掘数据之间的关联关系，将数据记录中缺失的字段进行补全，为后续分析数据记录提供完整的信息。有些补全工作可以根据常识性规则进行；有些补全工作可以利用知识库完成，例如，针对计算机的 IP 地址进行 IP 地址定位库查询，可以获知计算机所在的地理区域；还有些补全工作可以通过数据字段之间的关联关系完成，例如，若某 Web 服务器使用的是 Microsoft 的 IIS 系统，则该服务器的操作系统大概率是 Windows。

3. 标记标签管理

标记标签管理是指围绕态势感知的业务应用需求，将接入数据进行标签标识，从而方便数据的查询、使用和理解，这具体包括数据标签管理、数据标签规则定义、数据标记模型管理、数据标签生命周期管理。数据的标记标签可以从多个维度开展，例如，业务维度、技术维度、场景维度。

4. 数据质量管理

如果态势感知平台中的数据质量存在问题，则数据治理就失去了意义。数据质量管理是通过数据的事前预判、事中监测、事后反馈、反馈跟踪，以实现对数据资源的细粒度监控、数据模型质量的监控、数据问题的闭环处理、数据质量的统一监控，做到数据质量有标准可依、数据校验及时、数据口径一致。这具体包括数据质量监测指标管理、数据质量统计、数据问题反馈及处理管理等。

5. 数据血缘管理

数据血缘管理的目的是支撑数据溯源工作，使数据进入平台后能够完整记录其来源和被不同组件（应用）的访问过程。数据血缘管理的基础是元数据管理。元数据管理利用元数据抽取工具从结构化和非结构化数据库中抽取元数据（数据逻辑模型）、从数据流转流程中抽取数据上下游信息、从数据操作日志中抽取操作元数据、从业务应用中抽取业务元数据等，对抽取的信息进行集中存储和管理，以供元数据的查询、可视化展示、数据集监测、血缘分析等具体的应用。

3.6.3　数据分析技术

网络安全需要开展大量的安全数据拼接补全、攻击链还原、场景重构、趋势研判的工作。利用人工智能技术进行网络安全数据分析，能够从大量看似无序的网络安全关联数据中挖掘出隐含关系，为安全事件的监测发现、行为判别、安全预警、态势感知、攻击趋势预测等提供参考依据。

态势感知平台中使用的数据分析技术，主要是利用各类机器学习和人工智能技术，开展面向网络安全多维度的自动学习和推理挖掘，围绕网络安全业务重点关注的安全事件、漏洞隐患、攻击组织、保护目标、攻击方式、攻击工具、安全态势等要素，实现全方位、全链条、主动式的感知。它主要包括以下关键技术。

1. 数据挖掘技术

该技术是利用数据分类、聚类分析、关联分析等技术方法，实现网络安全数据知识的挖掘提取。其中，数据分类是按照预定义的类别，针对网络安全数据记录（如数据包、协议日志、审计记录等）进行区分。例如，将当前的数据记录划分为正常访问或特定类型的攻击行为。聚类分析则是根据数据记录之间的差距，将其自动分割为不同的类别。关联分析则是发掘出数据记录中不同字段或不同数据记录之间存在的关联关系，例如，时序关系、因果关系、同源关系等。

2. 深度学习技术

该技术是利用 CNN、RNN 等方法，实现模拟人脑的知识学习过程。将深度学习技术用于网络安全数据分析中，由神经网络通过自动学习形成行为模式，判断出特定的攻击模式或与正常模式的偏离程度。例如，将网络数据包转换为二维图像，利用 CNN 对图像进行学习，从而发现异常流量。此外，也可以将 RNN 用于对连续的安全审计记录进行处理，以挖掘出攻击模式的时序特征。

3. 强化学习技术

该技术是以"试错"方式进行智能学习，构造出可类比人脑判断能力的智能组件。强化学习与深度学习的区别主要在于：深度学习通常依赖大量的标记数据来进行监督学习，强化学习则不依赖标记数据，而是通过与环境的交互和试错来学习。深度学习的目标是提高预测准确性，例如，将其用于图像识别或语音识别任务中，而强化学习的目标是找到最优策略，以最大化学习效果。因此，与深度学习高度依赖大量数据集不同，强化学习更依赖与环境的交互，可以在数据量较少的情况下完成学习过程。网络安全领域通常缺乏大量的标记数据，因此在很多场景下，强化学习提供了新型的机器学习思路。

4. 增量学习技术

增量学习主要是提高机器学习的更新效率，在保证数据更新的前提下，可实现安全知识的动态进化和实时更新，而不需要重新对模型进行全量学习。

5. 集成学习技术

集成学习主要用于分布式场景或需要对网络安全进行多层次判定的场景，通过将多个智能分析组件进行结合，从而获得比单一组件更为显著的泛化性能或精准效果。

3.6.4 态势感知技术典型应用

态势感知技术通过对多源异构网络安全数据的组织管理、治理和分析工作，从中挖掘出隐藏的、未知的网络安全要素关联关系、发展规律和趋势动态。态势感知对于关键信息基础设施、网络平台和重要信息系统的安全运营工作至关重要，它能够围绕信息资产、脆弱性、攻击活动、攻击组织、恶意代码等核心安全要素，提供动态化、纵深化、主动化的安全防护。态势感知支撑的典型业务应用包括监测发现、通报预警、攻击溯源、快速处置等。其中，攻击溯源是态势感知的一项重要应用，有助于在发生网络攻击行为后还原网络攻击链、重建攻击行为场景，并确认攻击行为的真实来源、组织特征和攻击意图，尤其在应对以 APT 攻击为代表的高危入侵破坏行为方面具有重要意义。

APT 攻击多由具有国家背景的网络攻击组织发起，通过向目标网络或计算机系统投放特种木马，利用未公开的安全漏洞，达到窃取国家机密信息、重要企业商业信息、破坏关键基础设施的目的。为了减少 APT 攻击带来的损失和阻止未来潜在的攻击行为，需要进行网络攻击行为溯源，实现对网络攻击行为源头信息的补全，以追究攻击者或攻击组织的罪责。

围绕攻击行为溯源问题，国内外研究人员从追踪回溯技术、蜜罐技术、数字取证技术、恶意代码分析技术、基于情报的溯源技术等多方面开展了大量研究。为了实现针对已知攻击者或攻击组织的溯源，典型的方法是融合威胁情报和网络攻击行为的线索数据。由于网络中的僵尸主机、匿名代理服务器、洋葱路由器、注册隐私制度等隐藏了攻击者的真实身份，增加了网络攻击行为的溯源难度，因此需要进一步增加溯源的分析维度，如攻击者与攻击目标之间的国家关系和地域关系、攻击目标的行业特征等。同时，物联网、智能设备等技术的发展也为攻击者提供了更多的攻击对象和利用跳板。分析维度和数据量的增加，进一步加大了网络攻击行为溯源分析的工作量。

传统的网络攻击溯源难度较大，需要安全专家首先收集网络攻击活动中遗留的各项线索数据，与已知攻击者、历史攻击行为、攻击工具特征、漏洞特征、各种地缘政治和社会文化等相关数据进行关联分析，挖掘多维数据之间的关系，从而判断可能的攻击者或攻击组织。为了克服已有研究工作存在分析特征或推理规则依赖专家经验的问题，研究人员提出了通过挖掘网络攻击行为与攻击者使用的攻击工具、攻击方法、攻击模式、基础设施等特征间存在的隐含关系进行攻击行为溯源的思路。

考虑到图数据结构适用于描述多维数据间的复杂关系，因此将网络攻击相关的多维数据融合形成网络攻击行为溯源关系图。基于图的分析能够挖掘高价值的分析结果（如潜在关系、隐含关系、间接关系等），而图嵌入算法能够在保留图信息的前提下，将图转换为低维空间特征向量，进而利用低维空间特征向量进行高效的图挖掘分析。因此，网络攻击行为的溯源问题可以转换为网络攻击行为面向攻击者的分类问题。

首先，同一攻击者发起的不同的网络攻击行为在攻击方法、攻击工具、攻击动机、攻击目标等方面具有相似性，如果将网络攻击行为及其相关的攻击方法、攻击工具、攻击动机、攻击目标等转换为图模型，那么表示某网络攻击行为的节点与表示攻击者在此网络攻击行为中使用的攻击方法、攻击工具、攻击动机、攻击目标等的节点就具有同质性，具体表现为网络攻击行为的节点与表示攻击方法、攻击工具等的节点间存在边的特征。

其次，同一攻击者发起的不同的网络攻击行为存在结构对等性，具体表现为不同网络攻击行为的节点间存在共同的连接节点，这些共同的连接节点表示不同的攻击行为中使用相同的攻击方法、攻击工具、攻击动机等。

基于上述思路，研究人员提出了一种用于攻击行为溯源的方法：首先构建网络攻击行为溯源本体模型，融合攻击行为中挖掘的线索数据与各种威胁情报数据形成溯源关系图。然后引入图嵌入算法，从溯源关系图中学习网络攻击行为的关联特征向量。接着，利用历史攻击行为的关联特征向量训练 SVM 分类器，进而使用 SVM 分类器完成网络攻击者的判定，从而实现攻击行为溯源。基于图模型的网络攻击行为溯源流程具体包含源数据获取、网络攻击行为溯源关系图生成和攻击者挖掘，如图 3-3 所示。

在源数据获取阶段，主要完成网络安全威胁情报和网络攻击行为线索两类数据的获取。网络安全威胁情报数据主要指从 Twitter 等社交网站、FireEye 等威胁情报源采集攻击者相关威胁情报（如已知攻击者、攻击者动机、攻击工具、基础设施、攻击方法和攻击模式等）和历史网络攻击行为相关的威胁情报（如历史攻击行为涉及的攻击目标、攻击者、攻击目标与攻击者所属区域间的地缘政治关系、恶意 IP 地址、恶意域名、恶意邮件地址、攻击工具、攻击工具利用的脆弱性、攻击方法等）。网络攻击行为线索数据主要指从网络攻击目标的流量日志、告警日志、主机日志等数据源中利用流量检测、行为分析、恶意代码分析和网络取证调查等手段分析提取的攻击者使用的攻击工具指纹、攻击 IP 地址、攻击域名等线索数据。

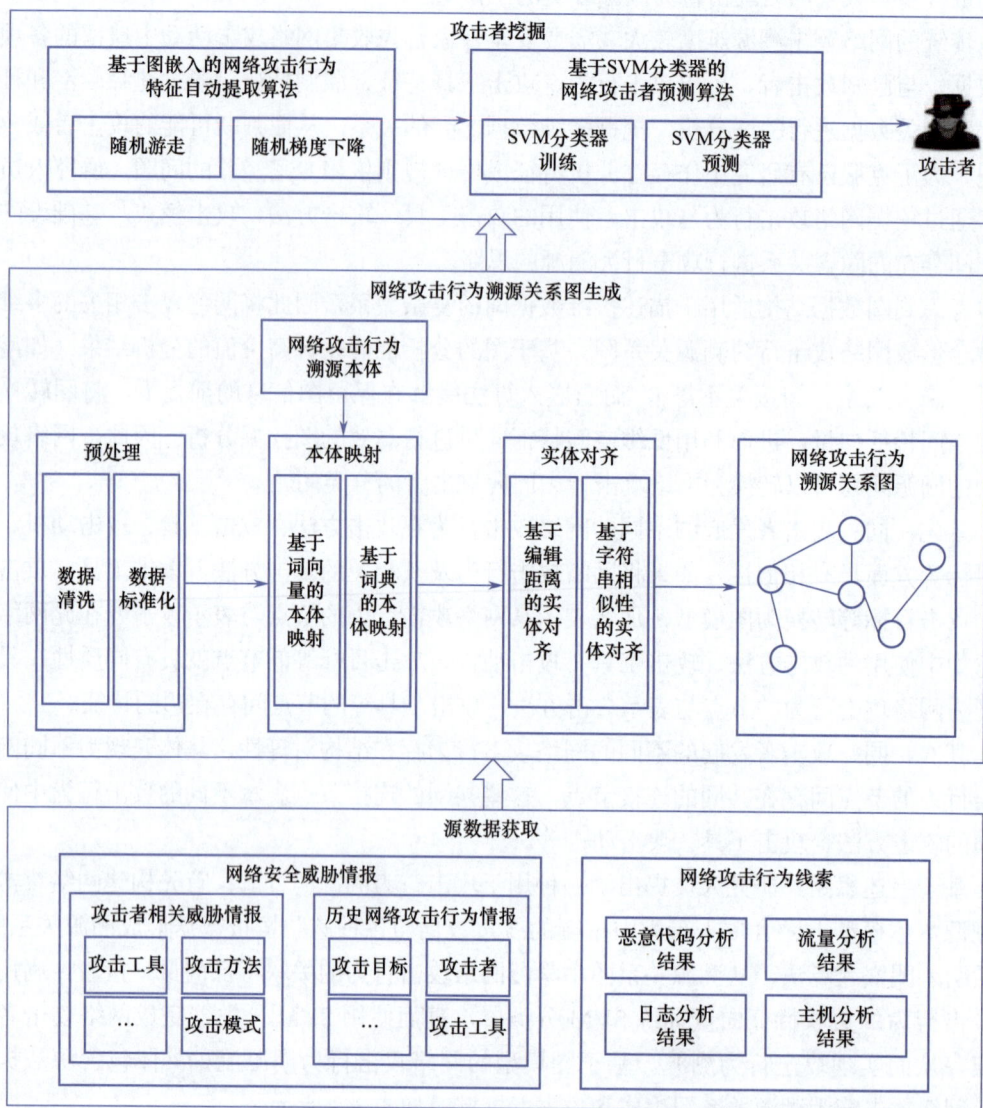

图 3-3　基于图模型的网络攻击行为溯源流程

在网络攻击行为溯源关系图生成阶段，首先对网络安全威胁情报和网络攻击行为线索数据进行数据清洗和标准化处理；然后利用基于词向量的本体映射方法和基于词典的本体映射方法完成本体映射；最后基于编辑距离和字符串相似性，对标准化后的数据进行实体对齐，实现多源异构数据融合，形成网络攻击行为溯源关系图。

在攻击者挖掘阶段，引入基于随机游走的图嵌入算法，在上述生成的网络攻击行为溯源关系图上随机游走，生成网络攻击行为溯源实体序列。基于该实体序列生成网络攻击行为的关联特征向量，并利用历史网络攻击行为的特征向量训练 SVM 分类器，并使用 SVM 分类器实现对已知攻击者/组织的自动溯源[55]。

3.7 网络空间智能认知技术

智能认知（Intelligent Cognition）是机器学习和人工智能领域的重要发展方向。智能认知的目的是使计算机具有主动思考和理解的能力，不用人类事先编程就可以实现自我学习并有目的地进行推理并与人类进行自然交互。人类在语言的基础上形成了概念、推理、观念，所以概念、推理、观念等都是人类智能认知的表现，计算机实现以上能力还有漫长的路需要探索。在智能认知的帮助下，人工智能通过发现世界和历史上海量的有用信息，并洞察信息间的关系，不断优化自己的决策能力，从而拥有专家级别的实力，进而辅助人类做出决策。智能认知将加强人类和人工智能之间的互动，这种互动是以每个个体的偏好为基础的。智能认知通过搜集到的数据，例如，个人身份、家庭信息、社会关系、金融信息、执业信息、教育信息、地理位置、浏览历史、医疗记录、通信数据等，为不同个体创造不同的应用化场景，便于个体进行个性化的学习、工作、交流、购物、娱乐等。

网络空间智能认知技术是态势感知技术的升华和质变，进一步实现了物理空间、社会空间与网络空间的融合。该技术以安全治理为核心目标，通过采集、汇聚、融合、治理、分析来自各个空间、各个维度的网络空间安全相关数据，形成针对网络空间中各类实体、属性、关系及其相关的形态、状态、活动、轨迹、意图、资源、能力、趋势等要素的全方位认知和分析推理结果，实现围绕上述要素的主动学习、主动思考、主动理解和辅助决策能力。

网络空间智能认知技术目前仍处于探索研究阶段，在部分关键点上实现了一定程度的技术突破，但距离成熟的技术体系和实际应用场景还存在很大差距。目前，围绕网络空间智能认知技术的研究工作主要分为实体识别与知识抽取技术、知识挖掘技术、知识推理技术、智能认知模型等方面。

（1）实体识别与知识抽取技术负责从各类结构化数据、半结构化数据和非结构化数据中进行网络空间相关的实体标注、实体消歧、属性抽取、关系抽取等，初步形成描绘网络空间的知识图谱。

（2）知识挖掘技术针对初始的知识图谱，结合网络安全威胁情报等知识数据和参考数据，进行特征分析、信息融合、数据补全、数据挖掘等，得到更为完整精准的网络空间知识内容，刻画网络空间的动态演变规律。

（3）知识推理技术运用证据推理、案例推理、因果推理、图模型推理等方法得到推理结果，掌握网络空间中蕴含的隐蔽关系、间接关系、复杂关系等知识内容。

（4）智能认知模型面向典型的网络空间实体、行为、目标等关键要素，构建智能认知模型，实现典型的网络空间智能认知应用，例如，攻击溯源、安全预警、态势预测等。

随着近年来各类大模型的异军突起，人工智能对于自然语言、图像、音视频的处理能力大幅提高，尤其是生成式人工智能（Generative AI）在计算机与人类之间打开了全新的交互通道，从而为网络空间智能认知技术领域拓展了更多的发展空间。如何利用大模型支撑网络空间智能认知，已成为人们重点关注的研究领域。

3.7.1　网络空间实体识别与知识抽取技术

开展网络空间智能认知的首要工作是完成网络空间实体识别与知识抽取，这需要从结构化数据、半结构化数据或非结构化数据中抽取网络安全实体信息、实体之间的语义关系及特定实体的属性信息，并将形成的高质量表达作为知识存入网络空间知识图谱中。进一步地，基于网络空间知识图谱，实现实体属性和实体关系的补全，并依托知识图谱开展行为推理和智能认知。

网络空间实体识别与知识抽取主要分为以下两个步骤。

第一步，进行网络安全实体标注与属性抽取，通过融合本体结构、知识映射的实体抽取技术，识别出网络安全数据中的安全实体（如单位、网站、工具、漏洞、隐患、IP 地址、攻击组织、恶意外联域名等）并进行标注。通过采用实体消歧、共指消解等实体链接的方法，解决同名实体歧义的问题，实现实体匹配。在此基础上，实现网络安全实体的属性抽取，例如，其 IP 地址、单位地址、所属行业、网站标题、攻击来源、目标地域、组织代号、漏洞级别、漏洞编号、威胁等级等。从不同数据源中采集特定实体的属性信息，并通过对属性的抽取来实现对实体的完整描述。抽取结果可采用基于图数据库的存储，形成描绘网络实体行为的网络安全知识图谱。

第二步，进行网络安全关系抽取，主要目的是抽取得到网络安全实体之间的关联关系，包括但不限于承载关系（如服务器承载了 Web 应用）、同源关系（如来自同一个攻击组织的多种恶意代码）、攻防关系（如攻击者与被攻击目标）、利用关系（如攻击行为与漏洞）、归属关系（如信息系统归属于某单位）等。针对结构化数据，可以通过基于规则的关系抽取方法，将已经预处理的数据片段与规则模式进行匹配判定，完成面向结构化数据的关系抽取。针对半结构化或非结构化数据，可以通过基于本体结构的关系抽取方法，依据定义好的本体模式抽取符合该本体结构的关系。

1. 实体识别与知识抽取数据源

当前主流的网络攻击方式已由传统的漏洞扫描并利用单一入侵或渗透模式转变为恶意代码植入、水坑攻击、鱼叉攻击、网络流量劫持、社会工程等多种攻击方式和技术相结合的方式，且隐藏手段也由单纯的网络代理转变为 VPN、洋葱路由器等多种隐藏手段相结合的方式。新型攻击方式方法的层出不穷和网络安全威胁态势的快速演变，导致传统单点防护的弊端越来越明显，即无法及时准确地应对新出现的网络安全威胁，且攻防不对称的态势也越来越严重。

网络安全威胁情报是一种基于证据的知识，包括现存的或即将出现的可对网络资产造成威胁或危害的情景、机制、指标、影响和防护操作建议。网络安全威胁情报从一定程度上缓解了攻防不对称的态势。结构化网络安全威胁情报的信息准确，规范性强，但由于缺少大量的网络安全威胁背景信息，不易与其他网络安全威胁情报数据关联分析，而具有丰富网络安全威胁背景信息的威胁情报多以非结构化报告的形式呈现，因此需要将这些非结构化网络安全威胁情报报告转换为可机读的结构化网络安全威胁情报。该项工作一般依赖安全专家人工完成，因此耗时耗力。威胁情报是进行网络空间智能认知的关键数据来源，需要采用高效精准的知识抽取技术，从威胁情报中抽取网络安全的相关知识，因此需要重点解决非结构化数据的自动分析抽取问题。

依据涉及的网络安全威胁信息内容，网络安全威胁情报可分为指示器、TTPs（Tactics, Techniques and Procedures）、安全告警、威胁情报报告、工具配置等类型[56]。

（1）指示器是一种指示即将发生的或正在进行的攻击活动的技术或可观察指标，可用于检测或防御潜在的威胁，如可疑命令控制服务器的 IP 地址、可疑域名、指向恶意内容的 URL、恶意代码文件的哈希值、恶意电子邮件的主题文本等。

（2）TTPs 描述网络攻击者的行为，包括攻击者在使用特定恶意代码变种、攻击工具、钓鱼邮件、水坑攻击、漏洞利用代码等方面的偏好或习惯。

（3）安全告警又称为漏洞通告或公告，多指人类可读的针对当前漏洞、利用代码或安全问题的简要技术通报。

（4）威胁情报报告多指描述 TTPs、攻击者、攻击目标系统、攻击手法及其他威胁攻击相关信息的文档，这些信息有利于组织机构掌握当前的网络安全态势。

（5）工具配置多是指为了支持自动收集、交换、处理、分析和使用网络安全威胁信息而设置或使用工具的建议。

指示器类网络安全威胁情报多属于结构化威胁情报，此类情报在缺少必要的网络安全威胁背景信息时，难以与不同来源的网络安全威胁数据进行关联分析，满足不了攻击链还原或攻击场景构建的需求，但是此类威胁情报可直接转换为机读情报，以便将其及时应用于防火墙、IP 地址黑名单等安全防护措施中。然而，如 TTPs、安全告警、威胁情报报告等多以非结构化的形式呈现，此类网络安全威胁情报可在一定程度上与不同来源网络安全威胁情报进行关联分析，实现攻击链还原或攻击场景构建，但是非结构化网络安全威胁情报无法直接与不同来源的威胁情报进行关联分析，需要先将其转换为可机读的结构化威胁情报信息，这正是开展网络安全实体识别与知识抽取工作的目的。

2. 网络安全命名实体标注方法

针对网络安全命名实体标注的问题，研究人员提出了 BIO（Begin, Inside, Other）、IOBES（Inside, Other, Begin, End, Single）等多种标注方案。这些标注方案的核心思路是：为命名实体类型标签添加前缀，以标识某个单词或符号在命名实体中的位置。图 3-4 给出了网络安全命名实体标注的一个示例，其中，B-Vul 表示 Vulnerability 类型的某网络安全命名实体的第一个单词，I-App 表示 Application 类型的某网络安全命名实体的中间单词。

已有研究表明，BIO 标注方案与 IOBES 标注方案相比，在命名实体抽取任务方面具有明显的优势[57]。具体来说，任何网络安全命名实体的第一个单词或符号使用 B 标签，

网络安全命名实体的其他单词或符号使用 I 标签。非网络安全命名实体使用 O 标签。标签的数量为 $2|Type|+1$，其中，$|Type|$ 表示网络安全命名实体的种类。采用上述方法对网络安全命名实体进行标注后，就具备了针对威胁情报文本进行网络安全知识抽取的条件。

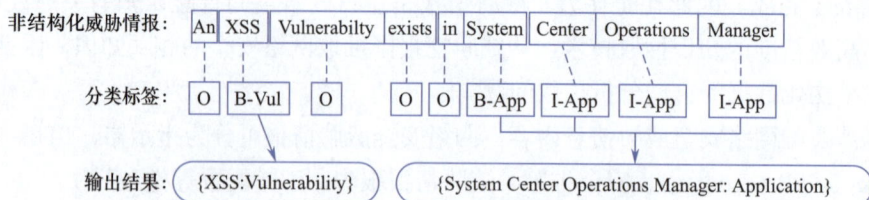

图 3-4　网络安全命名实体标注的一个示例

3. 威胁情报知识抽取方法

如前文所述，威胁情报是开展实体识别与知识抽取的关键数据源。利用威胁情报进行网络安全知识抽取，需要重点解决非结构化数据的自动分析提取问题。为了达到这一目标，国内外相关研究人员尝试利用文本内容识别、语义挖掘和机器学习方法，从非结构化网络安全威胁情报中抽取网络安全实体和实体间关系，进而将网络安全实体和实体间关系转换为机读情报，以实现多源异构数据的关联分析，然后将其进一步应用于网络安全威胁检测或防护中，实现网络空间的智能认知。当前典型的网络安全威胁情报知识抽取方法主要包括基于规则的抽取方法、基于统计学习的抽取方法、基于深度学习的抽取方法等。

1）基于规则的抽取方法

该方法是利用词典列表、领域专家硬编码的正则表达式或与层次性规则等相结合的方式进行知识抽取，典型的如 Liao 等人[58]提出的可自动提取威胁/失陷指示器（Indicator of Compromise，IoC）的 iACE 系统。该系统利用一系列正则表达式和 IoC 相关背景词汇结合的方式提取 IP 地址、MD5 等 IoC 相关命名实体。由于非结构化网络安全威胁情报的特点和网络安全命名实体的多样性，因此依赖专家经验的基于规则的抽取方法很难适用于大规模非结构化网络安全威胁情报的抽取场景。

2）基于统计学习的抽取方法

该方法首先利用人工特征工程，从非结构化网络安全威胁情报中分析预抽取信息在字符、单词、词组等方面的特征，构建人工特征集合。然后，基于人工标注的样本数据和人工特征集合训练或构建统计学习模型。采用的统计学习模型有最大熵模型（Maximum Entropy Model，MEM）、隐马尔可夫模型（Hidden Markov Model，HMM）、支持向量机 SVM、条件随机场（Conditional Random Field，CRF）等。最后，利用训练完成的统计学习模型，从与训练样本数据相似的非结构化网络安全威胁情报数据中抽取可机读的网络安全威胁情报。如 Bridges 等人[59]在网络安全样本数据集上训练 MEM 模型，以识别和分类网络安全实体。从准确度指标上来看，该方法达到了不错的提取效果。Mulwad 等人[60]利用 SVM 分类器区分网络安全漏洞相关描述和不相关描述。Joshi 等人[61]利用 CRF 识别网络安全相关的实体、概念和关系等。Jones 等人[62]采用需要较少样本数据的自助抽样法，从文本中抽取网络安全实体和实体间关系。

由于人工特征工程的局限性，该方法同样需要建立在专家经验的基础上，其抽取能力受限于已知的网络安全威胁场景，因此对于非结构化网络安全威胁情报中隐藏特征或深度特征的挖掘能力仍显不足。

3）基于深度学习的抽取方法

随着 CNN、RNN、LSTMN、Bi-LSTMN 等深度神经网络的提出和发展，深度神经网络可以深度挖掘和提取数据特征，能在一定程度上改善人工特征工程存在的劣势，因此基于深度学习的网络安全威胁情报知识抽取方法逐渐被网络安全研究人员采用。

具体来说，该方法首先训练深度神经网络，从已标注的非结构化网络安全威胁情报语料库中挖掘字符、单词、词组、依赖关系等潜在特征，并基于挖掘的特征学习抽取模型参数，进而生成深度神经网络模型。然后，利用训练阶段生成的深度神经网络模型对新的非结构化网络安全威胁情报进行知识抽取。例如，可以利用分段 CNN，通过少量已标注数据对大量数据集进行自动标注。将机器学习过程视为一个多实例学习问题，使用 CNN 自动学习文本特征，在最后的池化操作中使用分段池化的方法，利用该模型进行网络安全知识抽取。分段 CNN 模型如图 3-5 所示。

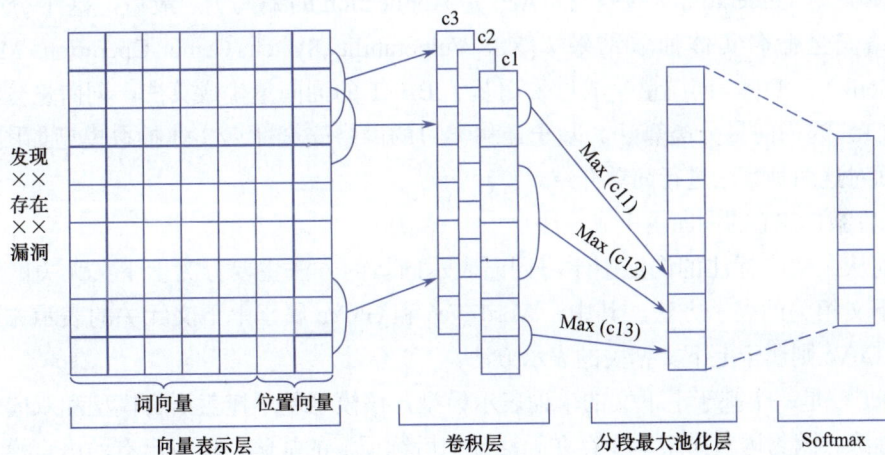

图 3-5　分段 CNN 模型

当前基于深度学习的网络安全威胁情报知识抽取方法虽然在特定数据集上取得了一定的效果，但是由于缺少大规模用于网络安全威胁情报知识抽取训练的非结构化语料库，相对于自然语言领域的知识抽取效果仍具有一定差距，而非结构化语料库跟自然语言领域的语料库的组织形式相同。如何将自然语言领域的知识抽取经验或知识有效地迁移至网络安全领域，以提高网络安全威胁情报的知识抽取效果，正逐渐引起网络安全研究人员的关注。

4. 基于迁移学习的知识抽取模型

在传统的机器学习或深度学习中，为了保证模型的准确性和可靠性，需要满足训练样本与测试样本独立同分布、训练样本的数量可观等条件，而在实际应用中，人们很难全部满足这些学习条件。这些客观困难促使研究人员深入研究如何在少量训练样本的条件下构建一个可靠的模型，并对目标领域数据进行预测或分析，因此人们提出了迁移学习的理念[63]。

迁移学习是将已存在的知识运用到对不同但相关领域问题的求解中的一种新型机器学习或深度学习方法。当前在自然语言命名中有大量的语料库（如英文维基百科、书库等）可供训练词向量模型以生成词向量。非结构化网络安全威胁情报的组织/呈现方法与自然语言相同，但是非结构化网络安全威胁情报中存在大量的只有网络安全人员理解的专用词汇（如 APT、CTI 等），且与这些专用词汇相关的语料较少，不足以支持训练词向量模型，而此类问题正适合引入迁移学习。

基于迁移学习的知识抽取可分为两个主要部分：非结构化威胁情报文本的词向量生成和基于词向量的分类。例如，非结构化威胁情报文本为 "UCtiSen=An XSS Vulnerability exists in System Center Operations Manager"，对该文本进行自然语言处理（Natural Language Procesing，NLP），生成词向量（WVector1, WVector2,…, WVector n）；然后利用分类器基于词向量进行分类，输出每个词的标签（O,B-Vul,…,I-App，其中，Vul 是网络安全命名实体类型 Vulnerability 的缩写，App 是 Application 的缩写）；最后，基于分类标签输出网络安全命名实体抽取结果（{XSS:Vulnerability,System Center Operations Manager: Application}）。其中，词向量生成可采用基于 BERT 的词向量生成算法，词向量分类可采用基于 CRF 的词向量分类算法。基于迁移学习的网络安全命名实体抽取模型如图 3-6 所示，下面对这两种算法进行简单介绍。

1）基于 BERT 的词向量生成算法

当前从大量未标注的词汇中学习词语表示向量的方法主要分为上下文无关的表示方法和上下文相关的表示方法，其中，Word2Vec 和 GloVe 属于上下文无关的表示方法，而 ELMo、CoVe 则属于上下文相关的表示方法。

BERT[64] 是一个基于上下文的单词表示模型，该模型基于掩盖语言模型和双向转换器进行预训练。因为语言模型本身存在无法预知后续词汇的缺陷，所以以已有的语言模型多使用两个单向语言模型结合的方式。因为 BERT 使用掩盖语言模型预测语言序列中随机掩盖的单词，所以 BERT 可以学习双向表示。针对当前诸多 NLP 任务（如命名实体抽取、智能问答等），BERT 仅需要基于特定任务对神经网络框架进行少量修改，就可以达到不错的效果。当前 BERT 具有两种网络框架：BERTbase 模型具有 12 层网络结构，每层网络结构具有 768 个隐藏单元和 12 个自注意力头；BERTlarge 模型具有 24 层网络结构，每层网络结构具有 1024 个隐藏单元和 16 个自注意力头。

基于 BERT 的词向量生成算法首先对输入的非结构化威胁情报进行分词，并将不在语料库词典 CorDict 中的词进行词分片；然后，对每个词计算初始嵌入向量 wordId+wordSeg+wordLoc，其中 wordId 是 word 在语料库词典 CorDict 的词序、wordSeg 标识 word 位于输入串的第几个句子、wordLoc 标识 word 是非结构化威胁情报的第几个词，即

初始嵌入向量将非结构化威胁情报中的词与 PBert 基于的语料库词典 CorDict、威胁情报本身进行了关联；最后，利用预训练完成的 PBert 模型计算非结构化威胁情报 UCtiSen 中每个词 w_i 的词向量 $WVector_{w_i}$。在不包括 PBert 训练时间的情况下，该算法的时间复杂度为 $O(|UCtiSen||CorDict|)$，其中，$|UCtiSen|$ 表示非结构化网络安全威胁情报中词的个数，$|CorDict|$ 表示语料库词典中词的个数。

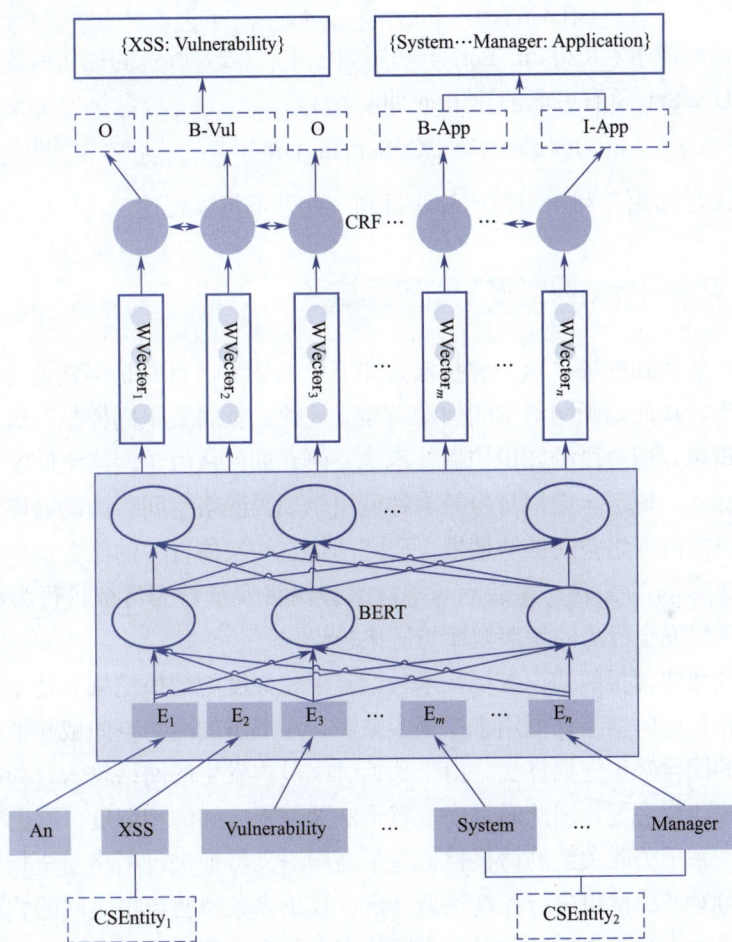

图 3-6　基于迁移学习的网络安全命名实体抽取模型

2）基于 CRF 的网络安全命名实体抽取方法

因为位于同一非结构化网络安全威胁情报中的网络安全命名实体间具有一定的语法、语义的依存关系，所以利用网络安全命名可在一定程度上提高网络安全命名实体的抽取准确率。目前根据词汇间的依赖、转换关系进行命名实体标注的方法主要分为两类：第一类是在每个迭代步长中预测命名实体标签的分布，并使用集束搜索等算法寻求最优的标签序列，如最大熵分类器和最大熵马尔可夫模型；第二类是从整个句子的角度分析而不是单纯依靠某个位置的词汇，典型的代表为 CRF。CRF 针对具有依赖关系的输入数据进行分类或标记。

具体来说，针对输入非结构化网络安全威胁情报的语料 UCtiSen= "$w_1 w_2 \cdots w_n$" 和词标记列表 Tag=($\text{Tag}_{w_1}, \text{Tag}_{w_2}, \cdots, \text{Tag}_{w_n}$)，CRF 的目标函数如公式（3-1）所示，其中，$\boldsymbol{P} \in R^{n \times k}$，$k=2|\text{Type}|+1$，$\boldsymbol{P}$ 可由非结构化网络安全威胁情报词向量列表 WVectorList 内的向量基于线性变换得到；Tag_{w_0} 和 $\text{Tag}_{w_{n+1}}$ 分别为开始标签和结束标签；$\boldsymbol{A}$ 表示由 Tag_{w_i} 向 $\text{Tag}_{w_{i+1}}$ 转换的概率矩阵。

$$s(\text{UCtiSen}，\text{Tag})=\sum\nolimits_{i=0}^{n} \boldsymbol{A}_{\text{Tag}_{w_i} \text{Tag}_{w_{i+1}}} + \sum\nolimits_{i=1}^{n} \boldsymbol{P}_{i, \text{Tag}_{w_i}} \qquad （3\text{-}1）$$

可通过在训练样本 (UCtiSen, Tag) 上利用如公式（3-2）所示的优化函数计算得到，其中，Tag′ 表示 UCtiSen 所有可能的标记序列的集合。

$$\log(p(\text{Tag}|\text{UCtiSen}))=s(\text{UCtiSen},\text{Tag})-\log(\sum\nolimits_{T \in \text{Tag}'} e^{s(\text{UCtiSen},\text{Tag})}) \qquad （3\text{-}2）$$

最终，CRF 的输出可利用维特比算法得到，此处不再详赘述。

3.7.2　网络安全威胁情报知识挖掘技术

网络空间智能认知的第二项关键技术是知识挖掘技术，目的是得到更为完整精准的网络空间知识内容，从而刻画网络空间的动态演变规律。威胁情报同样是开展网络空间知识挖掘的关键数据源。现阶段的知识挖掘技术主要研究如何从海量网络空间情报信息中抽取流量、日志、样本、资产、虚拟身份等多种可用于刻画网络空间行为的高层语义特征，挖掘多来源、多形态的网络空间威胁情报，研究网络空间实体行为的隐含知识挖掘算法，对网络安全行为实现行为关联、追踪溯源等，掌握网络安全行为特征、行为动向和行为轨迹，全面分析网络安全行为的发展规律与演化趋势。

典型的面向威胁情报的知识挖掘技术包括基于相似度的情报挖掘和基于关联关系的情报挖掘。基于相似度的情报挖掘用于挖掘多来源、多形态的网络空间威胁情报和研究网络空间实体行为的隐含知识挖掘算法。由于邻近时间段内发生的网络攻击行为在某些维度的指标上会体现出相似之处，因此通过度量若干威胁情报之间的相似度，有助于挖掘出同一网络攻击行为。基于关联关系的情报挖掘基于高层语义特征进行网络安全行为智能挖掘技术的研究，通过对威胁情报进行深度挖掘分析，找出多条威胁情报之间的关联关系，进而推断出不同网络攻击行为之间的关系，对网络安全行为实现行为关联，掌握网络安全行为特征、行为动向和行为轨迹，全面分析网络安全行为的发展规律与演化趋势。下面对这两类知识挖掘技术进行实例介绍。

1. 基于相似度的情报挖掘

1）伪装攻击挖掘

伪装攻击是近年来发展较快的网络攻击方式，其最基本的形式是仿冒。仿冒常用于实施社会工程攻击，攻击者通过伪装成他人（仿冒他人的身份、账号、凭证等）来获取他人可访问的数据或资源。攻击者可以伪装成单位领导、系统管理员、网络管理员、供货商、用户、代理商、第三方机构人员等。由于攻击者伪装过程中经常会采用欺骗手段（话术），因此在邻近时间段内发生的伪装攻击行为在某些维度的指标上会体现出相似之处。通过度量若干威胁情报之间的相似度，可以挖掘得到针对同一伪装攻击行为的情报信息。基于这一思路，可以对威胁情报中的恶意 URL 对应的域名进行相似性分析。通常采用莱温斯坦距离（Levenshtein Distance，LD）衡量两个域名字符串之间的相似度，并将恶意 URL 中的域名提取出来，从而识别出伪装者。

莱温斯坦距离是一种用于衡量两个字符串之间差异的度量指标，具体指的是将一个字符串转换为另一个字符串所需要的最少单字符编辑操作次数。这些操作包括将字符替换、插入和删除。例如，将"sitten"转成"sitting"可以分解为以下三次操作：

sitten（k → s）;

sittin（e → i）;

sitting（→ g）。

莱温斯坦距离的计算基于动态规划算法，通过比较两个字符串中每个字符的差异，最终得出将一个字符串转换为另一个字符串所需要的最少单字符编辑操作次数。

莱温斯坦距离的概念不仅在学术研究中有所应用，还在实际生活中发挥着重要作用。例如，在文本处理、拼写检查、语音识别等领域，莱温斯坦距离用来衡量文本之间的相似度或差异度。此外，它还在生物信息学中用来比较 DNA 序列或蛋白质序列的相似性，以及在 NLP 中用于衡量词义或句义的相似度。莱温斯坦距离的计算可以通过动态规划算法实现，该算法通过构建一个二维表格来记录从字符串的一个位置到另一个位置所需要的最少单字符编辑操作次数。通过填充这个表格，可以最终得到两个字符串之间的莱温斯坦距离。算法的时间复杂度和空间复杂度都与字符串的长度有关。

莱温斯坦距离的概念不仅在理论研究中有所应用，还在实际案例中得到了体现。例如，在知识产权保护领域，莱温斯坦距离用来衡量两个商标或品牌名称之间的相似度，从而判断是否存在侵权行为。这种技术在法律诉讼中起到了关键作用。这里我们将莱温斯坦距离应用于比较两个域名字符串之间的相似度，依此判断是否存在伪装攻击。

2）恶意文件挖掘

恶意文件是常见的网络攻击方式。为了躲避安全检测系统的查杀，攻击者在进行攻击之前通常会对恶意文件进行免杀处理，即通过变异、加密、淆乱等方式，消除恶意文件中原先包含的特征码。由于恶意文件自身的破坏性要求、定位目标系统的方式及编程习惯等因素，即使这些文件经过了免杀处理，原始恶意文件与其演化形成的一系列恶意文件之间仍然存在一定的相似性。基于这种相似性和恶意文件的构成特征，研究人员提出将二进制恶意文件转换成灰度图进行分析，并将恶意文件的相似性分析转换为对图片的相似性分析。同家族的恶意代码在图像整体上呈现出相似性，不同家族的恶意代码则呈现出不同的纹理结构。恶意文件灰度图如图 3-7 所示。恶意文件转换成的灰度图能够有效取代恶意文件本身，成为另一种表现形式。

首先，使用 B2M 算法将恶意文件转换成灰度图。对于给定的恶意代码可执行文件（二进制文件），人们将其内容按 8 位读取为一个无符号的整数（范围为 0～255），然后将固定的行宽视为一个向量，即将整个文件组织成一个二维数组。将此数组进行可视化处理形成一个灰度图像，该二维数组中每个元素的范围为 0～255，正好为灰度图像中每个像素的取值范围，即每个数组元素对应图像中的一个像素。

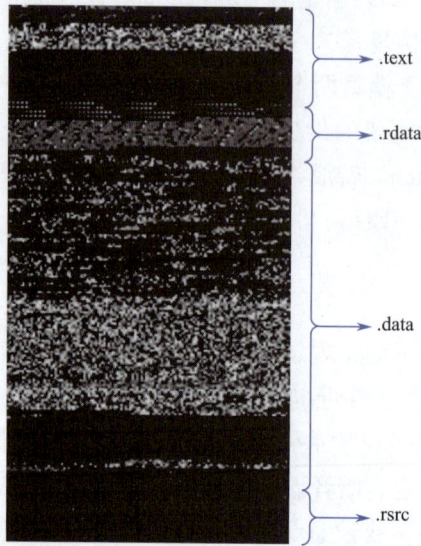

图 3-7　恶意文件灰度图

接着，采用 N-gram 模型对特征进行提取。设定滑动窗口长度 (字节片段长度为 N)，对恶意文件内容按字节特征大小进行滑动，每一个字节片段称为 gram；统计 gram 出现的概率，并设定阈值进行归一化。N-gram 模型的第 n 个单词仅与其前 n-1 个单词相关，整个句子出现的概率等于各个单词出现的概率乘积，这样可以快速地完成相似度比对。

随着 CNN 等深度学习算法在图像处理领域的成功应用，针对上述恶意文件生成的灰度图，同样可以采用 CNN 进行智能化识别，以判断恶意文件之间的相似性，实现针对网络安全威胁情报的知识挖掘。

2. 基于关联关系的情报挖掘

1）后门文件潜在联系挖掘

互联网地下黑产是当前网络空间面临的主要威胁之一。黑产组织通过技术手段或社会工程手段传播后门文件入侵主机，组织起庞大的僵尸网络，并利用僵尸网络实施攻击破坏、数据窃取、敲诈勒索等非法活动。后门文件是黑产组织实施非法活动的主要技术手段，植入成功后通常通过连接 C&C 服务器的域名来监听控制指令。后门文件中硬编码少量 C&C 服务器的域名，然后自动化下载最近的 C&C 服务器列表。通过静态分析后门文件中硬编码的域名、关联域名和文件之间的关系，可以挖掘出后门文件之间的潜在联系。下面给出的示例是在测试样本中记录的若干组文件和 C&C 服务器的域名的对应关系：

```
Md5=file001,domain=domain1
Md5=file001,domain=domain2
```

```
Md5=file001,domain=domain3
Md5=file001,domain=domain6
Md5=file002,domain=domain2
Md5=file002,domain=domain3
Md5=file002,domain=domain4
Md5=file002,domain=domain5
```

其中，"Md5"表示后门文件的 Md5 哈希值，"domain"表示 C&C 服务器的域名。后门文件之间的潜在联系如图 3-8 所示。

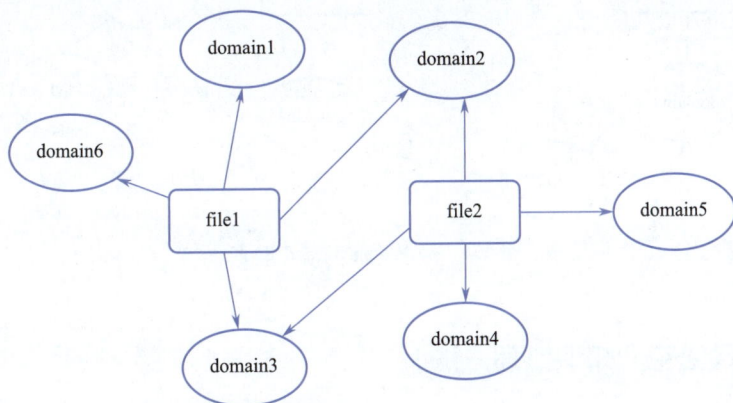

图 3-8　后门文件之间的潜在联系

2）域名潜在联系挖掘

黑产组织为了便于控制大规模的僵尸网络，同时降低被安全系统封堵过滤的可能性，通常会注册大量的域名用于 C&C 服务器或钓鱼网站，注册域名时会登记注册人的邮箱账号等信息。通过对域名注册过程中的 IP 地址、邮箱账号、域名信息等进行关联分析，可以挖掘出域名之间存在的潜在联系。下面给出的示例是在测试样本中记录的若干组 IP 地址、注册邮箱、注册域名的对应关系：

```
email=email1,domain=domain1,ip=ip1
email=email1,domain=domain3,ip=ip2
email=email2,domain=domain2,ip=ip1
email=email2,domain=domain4,ip=ip2
email=email2,domain=domain5,ip=ip3
```

其中，"email"表示注册邮箱，"domain"表示注册域名，"ip"表示注册域名对应的 IP 地址。域名之间的潜在联系如图 3-9 所示。

从图 3-9 中可以看出，邮箱 email1 和 email2 分别注册了域名 domain1、domain3 和 domain2、domain4、domain5，其中，domain1 和 domain2 都指向 ip1,domain3 和 domain4 都指向 ip2，初步怀疑 email1 和 email2 被同一个黑产组织控制，domain1～domain4 被同一个黑产组织控制，并很可能用于同一用途。

以上仅给出了围绕后门文件、域名之间的潜在联系所开展的知识挖掘工作，针对各个维度（如 IP 地址、归属地、控制指令、通信协议等）都可以开展类似的知识挖掘工作，以便进一步扩展智能认知的知识来源。

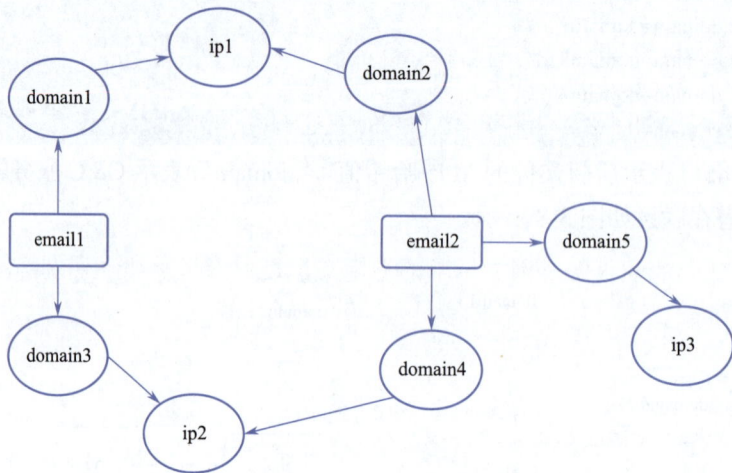

图 3-9　域名之间的潜在联系

3.7.3　网络空间知识推理方法

网络空间知识推理是指引入已有的知识推理模型，以达到扩展网络空间数据分析范围、提高分析能力的目的。知识推理是网络空间安全技术体系的重要发展方向。当前，网络安全相关的知识推理包括基于证据理论的推理、基于图模型的推理、因果推理、案例推理、层次化推理和基于本体的推理等多种类型，下面对典型的知识推理方法进行介绍。

1. 基于证据理论的知识推理方法

证据理论是 Dempster 于 1967 年首先提出，由他的学生 Shafer 于 1976 年进一步发展起来的一种不精确推理理论，也称为 Dempster/Shafer 证据理论 (D-S 证据理论)，属于人工智能范畴，最早应用于专家系统中，具有处理不确定信息的能力。

证据理论旨在利用信任函数替代精确概率，尝试解决由未知引起的不确定性问题。由于网络安全威胁往往存在一定的未知因素，例如，未知的安全漏洞、未知的攻击渠道，或者是未知的系统配置，网络安全研究人员将证据理论引入网络安全知识推理中，用于对网络安全威胁信息进行融合，并基于融合结果进行网络安全态势预测、攻击溯源等。典型的如 Qu 等人 [65] 利用 D-S 证据理论融合不确定信息进行不确定性推理，以达到量化评估网络安全态势的目的。

2. 基于图模型的知识推理方法

基于图模型的知识推理方法，根据图的形式又可分为贝叶斯网络等不同类型，主要是通过有向图的状态转换来分析攻击活动对网络造成的影响。典型的如 Xie 等人 [66] 利用贝叶斯网络，基于网络中的"不确定性因素"进行建模，通过计算攻击成功的概率，实时地评估攻击的严重程度。Piotr SZWED 等人 [67] 利用模糊逻辑和神经网络结合的方法，在认知图的基础上提出了模糊认知图（Fuzzy Cognitive Maps，FCM），进而基于 FCM 获取网络中重要资产的依赖关系，并将其作为网络安全威胁危害程度的评估要素之一。

3. 因果推理方法

因果推理是识别因果关系的过程，多基于已有的因果知识对未来的事件进行预测，或者基于已观察的结果推理原因。典型的如 Almukaynizi 等人[68]设计提出了 DARKMENTION 系统，该系统针对暗网论坛或地下交易市场中的信息，使用因果推理和逻辑编程学习关联规则，进而利用这些关联规则的推理结果预测可能发生的网络攻击行为。另外，Zhang 等人[69]基于恶意代码活动可触发网络请求的因果知识进行因果推理，识别隐蔽的恶意代码活动。

4. 案例推理方法

案例推理是一种基于知识的问题求解和学习方法，旨在寻找与当前问题相似的历史案例，然后利用从历史案例学习的经验或知识解决当前问题。典型的如 Han 等人[70]基于每个攻击者或攻击组织在攻击目的、攻击方法、攻击目标等方面具有独特特征的假设，利用案例推理技术构建了 Web 黑客行为分析（Web-Hacking Profiling，WHAP）系统，该系统针对攻击活动进行分析，提取攻击的独特特征，并将其作为判断攻击者或攻击组织的依据，从而实现网络攻击溯源。案例推理由于受到历史案例覆盖范围的限制，需要对案例库进行不断的积累扩充，否则将失去推理依据。

5. 层次化推理方法

层次化推理主要是将网络安全威胁信息按照一定规则进行分类分层，如 Wen 等人[71]将数据分为三类：第一类主要为告警日志、监测数据、威胁情报等安全数据；第二类主要为扫描、渗透、社会工程等攻击行为；第三类为攻击行为。然后，基于不同层次的威胁数据，构建分析规则进行推理分析，以检测或预测 APT 攻击行为。Wang 等人[72]为了进行网络取证分析，基于证据图提出了层次化知识推理框架，该框架分为局部推理和全局推理两个层次，其中局部推理旨在从局部观察情况推断网络实体的功能状态，而全局推理则从证据图结构中识别重要网络实体，并基于攻击场景抽取紧密相关的参与者。

6. 基于本体的推理方法

基于本体的推理是基于本体推断知识或获得事实的过程。本体是一种数据建模的主要语义技术组件，可用于人类与软件间共享信息结构、分析领域知识、分离领域知识与操作知识、重用领域知识、推断高级知识等。典型的如 CHOI 等人[73]通过分析电力物联网云计算环境中电力系统的安全漏洞，构建网络安全背景本体和本体上的推理规则，而后基于该本体和推理规则进行电力物联网云计算环境中的攻击检测。CHORAŚ 等人[74]对关键基础设施中的监督控制与数据采集（Supervisory Control And Data Acquisition，SCADA）系统的漏洞和威胁信息构建本体描述，然后利用本体对关键基础设施中的漏洞及威胁进行分类、关联和推理。

3.7.4　网络空间智能认知模型

网络空间智能认知模型是在上述实体识别与抽取技术、知识挖掘技术和知识推理技术的基础上，应用人工智能算法分析网络空间目标和行为规律，实现网络空间智能认知。网络空间安全知识图谱本体模式如图 3-10 所示。

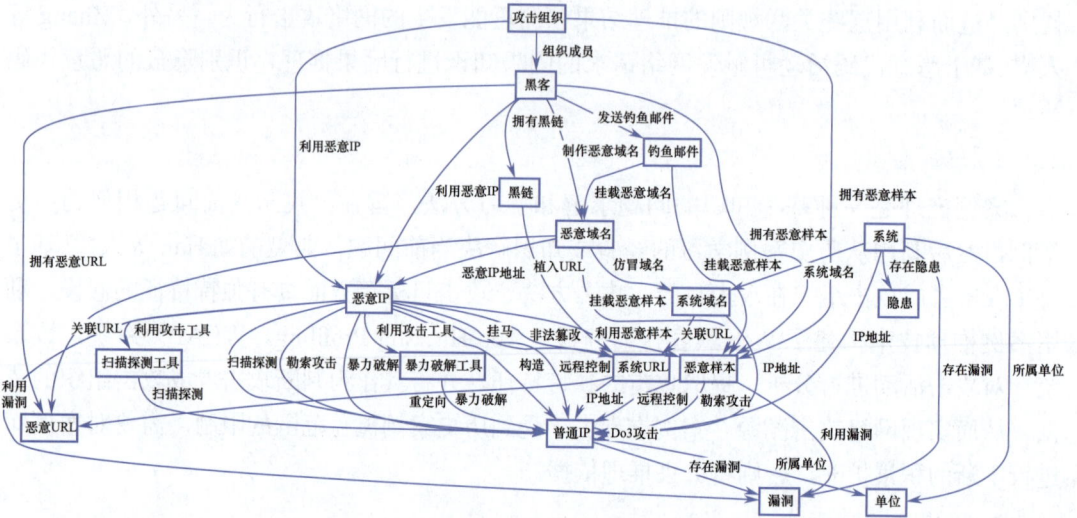

图 3-10　网络空间安全知识图谱本体模式

网络空间智能认知的目的是能够智能化识别、感知、掌握和应对网络空间的安全威胁及其关联因素。通过对不同类型网络攻击活动的行为模式进行深入分析，可以形成融合多点位、多层次、多维度网络空间要素的知识图谱本体模式，定义出网络空间中攻击方从资源要素、攻击过程、脆弱性等方面与受害方之间的要素关联关系，依此实现对网络空间目标、行动、态势的全方位掌控。

行为是网络空间智能认知任务中最主要的认知对象，通过网络安全行为智能认知，有助于开展针对网络安全事件的刻画与分析，如图 3-11 所示，形成综合性、多维度的行为画像，全面刻画网络空间安全态势。

网络行为认知模型首先围绕攻击活动的行为特征（包括 IP 地址特征、数据包特征、日志特征、传播方式特征、流量特征、主机特征等），从整体画像、图层画像、三方视角画像这三方面对网络行为进行完整刻画，然后分别从隐含关系推理、受影响实体挖掘、事件关联分析等方面，对网络行为进行智能认知，为网络攻击行为的感知、预警、意图分析等工作提供支撑。

网络行为认知模型主要关注网络攻击行为，由于每一类攻击活动所关联的网络空间要素都有所区别，包括涉及的网络资源、漏洞、攻击流量、攻击方式、攻击方、受害方等。因此，下面针对互联网中典型的 10 类攻击行为，分别阐述其对应的智能认知模型，包括暴力破解行为、僵尸网络行为、远程控制行为、非法篡改行为、网站挂马行为、拒绝服务攻击行为、挖矿攻击行为、扫描探测行为、病毒传播行为、数据泄露行为。

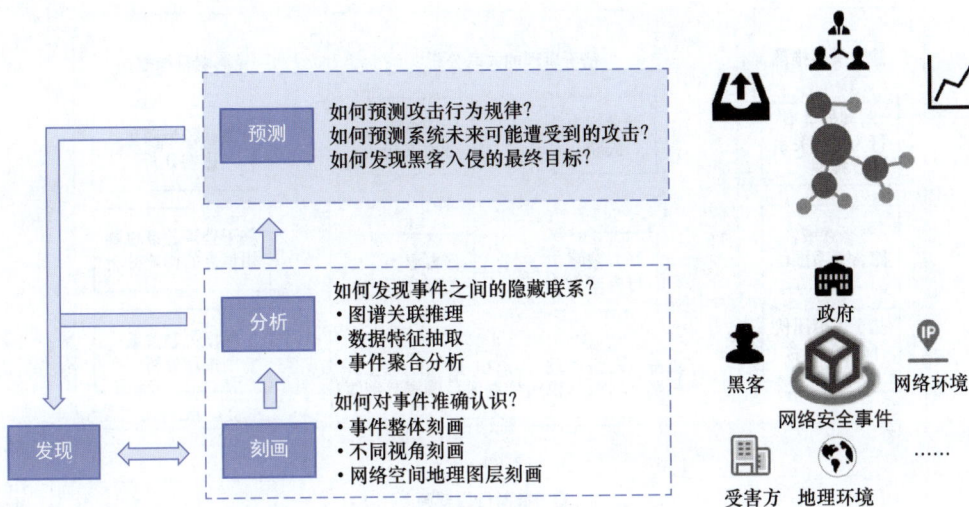

图 3-11　网络安全行为智能认知技术思路

1. 暴力破解行为智能认知模型

暴力破解是一种不断尝试密码（口令）组合来获取系统访问权限的攻击方式。这种攻击方式的本质是基于不断的尝试。攻击者通过自动化工具或脚本，迭代尝试各种密码（口令），直到找到正确的一组为止。暴力破解通常是黑客攻击中最简单但又非常有效的方法，防范此类攻击对于网络安全工作来说至关重要。暴力破解的常用方法有字典攻击、暴力攻击、彩虹表攻击等。围绕上述暴力破解行为，可以构建暴力破解行为智能认知模型，在网络安全知识图谱与地理图层建模的基础上，通过智能推理分析挖掘暴力破解行为的规律，如图 3-12 所示，其中，攻击行为特征包括攻击方 IP 地址特征、数据包特征、暴力破解日志特征等。从网络空间地理要素角度出发，形成包括地理环境图层、网络环境图层、虚拟主体图层的画像。进一步地，基于网络空间地理图谱，从对暴力破解行为的分析角度出发，形成包括隐含关系推理、基于事理的关联分析、受影响目标挖掘的行为智能认知。

具体而言，通过人为定义或基于若干相同要素提取实现基于词法规则的隐含关系推理，包括与其他类型行为隐含关系推理、与恶意域名隐含关系推理、基于虚拟团伙向量的隐含关系推理等。通过对暴力破解相关实体的公共属性、关联关系进行相似度比对，实现基于实体相似度的隐含关系推理。通过对实体进行不同要素类型的聚类，挖掘实体之间的潜在联系，实现基于实体聚类的隐含关系推理。最后通过实体属性关联分析，对暴力破解行为的潜在受影响目标进行挖掘，以便后续针对它们提供有针对性的安全预警。

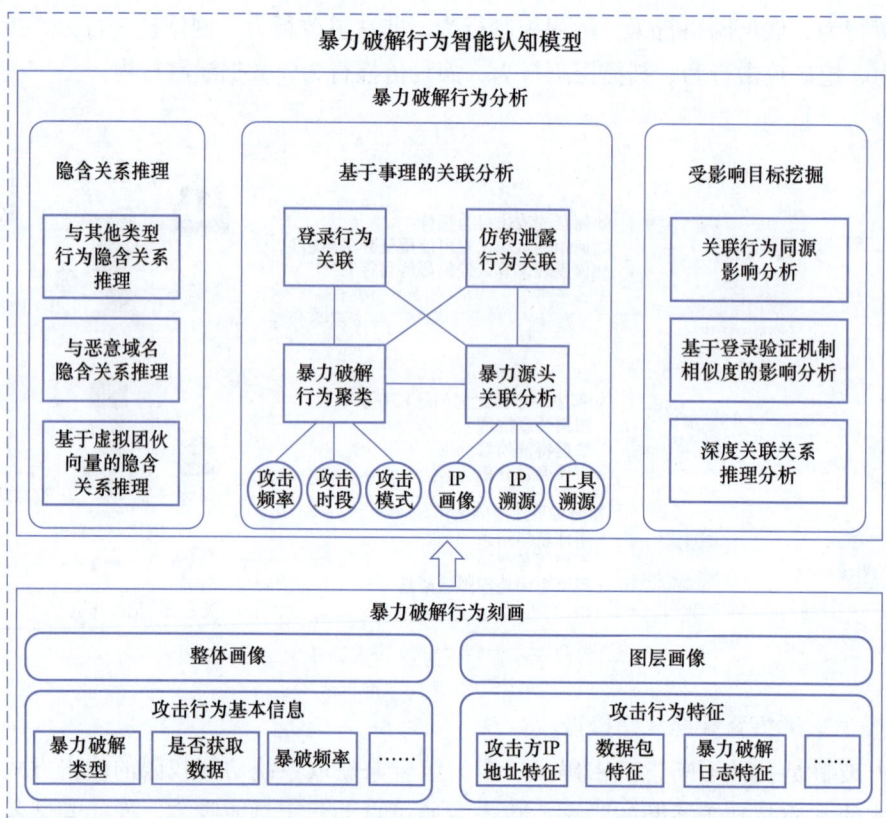

图 3-12　暴力破解行为智能认知模型

2. 僵尸网络行为智能认知模型

僵尸网络是一种由攻击者通过传播恶意程序并感染漏洞主机，从而形成的一个可一对多（多对多）控制的网络。这些被感染的主机称为"僵尸主机"（"傀儡机""肉机"），它们通过专门的控制信道接收攻击者的指令，并在指令的驱动下实施各类破坏行为（如密码破解、拒绝服务、仿冒欺诈、勒索攻击等），从而形成一个庞大的、具有协作能力和破坏能力的网络。僵尸网络对于网络空间具有很大的危害性，众多的计算机在不知不觉中如同僵尸群一样被攻击者驱赶和指挥，成为被攻击者利用的工具和平台。攻击者可以通过各种途径传播恶意程序并感染互联网上的大量主机，如通过电子邮件、即时通信软件、网站等各种途径传播钓鱼邮件和恶意链接，利用社会工程学技巧诱导邮件接收者、网站访问者或即时通信用户点击恶意链接或打开钓鱼邮件的内容，有时还会利用计算机本身存在的漏洞，使用网络蠕虫病毒直接进行传播。

围绕上述僵尸网络行为，可以构建僵尸网络行为智能认知模型，在网络安全知识图谱与地理图层建模的基础上，通过智能推理分析挖掘僵尸网络传播和控制行为的规律，如图 3-13 所示。

首先，从僵尸网络行为刻画出发，形成包括攻击行为基本信息和攻击行为特征的画像，包括僵尸主机特征、控制端 IP 地址、受控端 IP 地址、恶意样本特征、传播方式特征等。从网络空间地理要素角度出发，形成包括地理环境图层、网络环境图层、虚拟主体图层的画像。

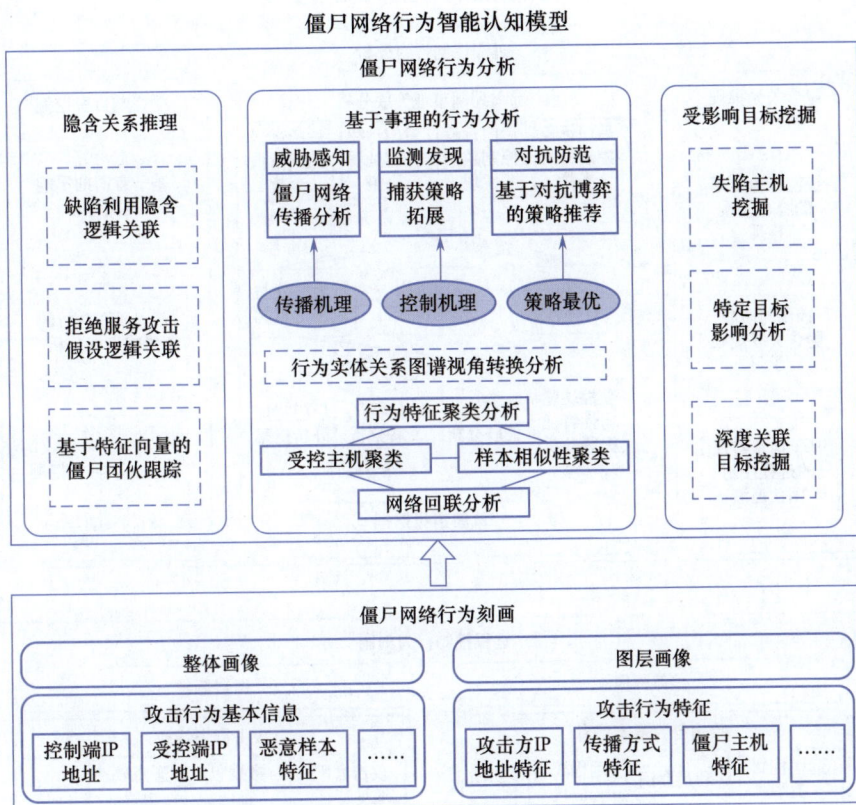

图 3-13　僵尸网络行为智能认知模型

进一步地，基于网络空间地理图谱，对僵尸网络行为进行认知推理，形成包括受影响目标挖掘、隐含关系推理、基于事理的行为分析等的智能认知组件，为僵尸网络行为的威胁感知、监测发现、对抗防范提供直接或间接的手段支持。

3. 远程控制行为智能认知模型

典型的远程控制行为是利用远程访问木马（Remote Access Trojan，RAT），对目标计算机进行远程访问和控制。攻击者需要事先在目标计算机上植入远程访问木马，然后可以在目标计算机上执行各项操作，包括监视用户行为、访问敏感数据和机密信息、激活摄像头和录音录像、截取屏幕内容、安装病毒或其他恶意软件、进行硬盘格式化，以及删除、下载或改变文件和文件系统等。远程访问木马通常难以被用户发现，因为它们不会在正在运行的程序或任务列表中出现。远程控制行为的危害性很大，对于关键信息基础设施和重要信息系统而言更是如此。

围绕上述远程控制行为和远程访问木马，可以构建远程控制行为智能认知模型，在网络安全知识图谱与地理图层建模的基础上，通过智能推理分析挖掘远程控制行为的规律，如图 3-14 所示。

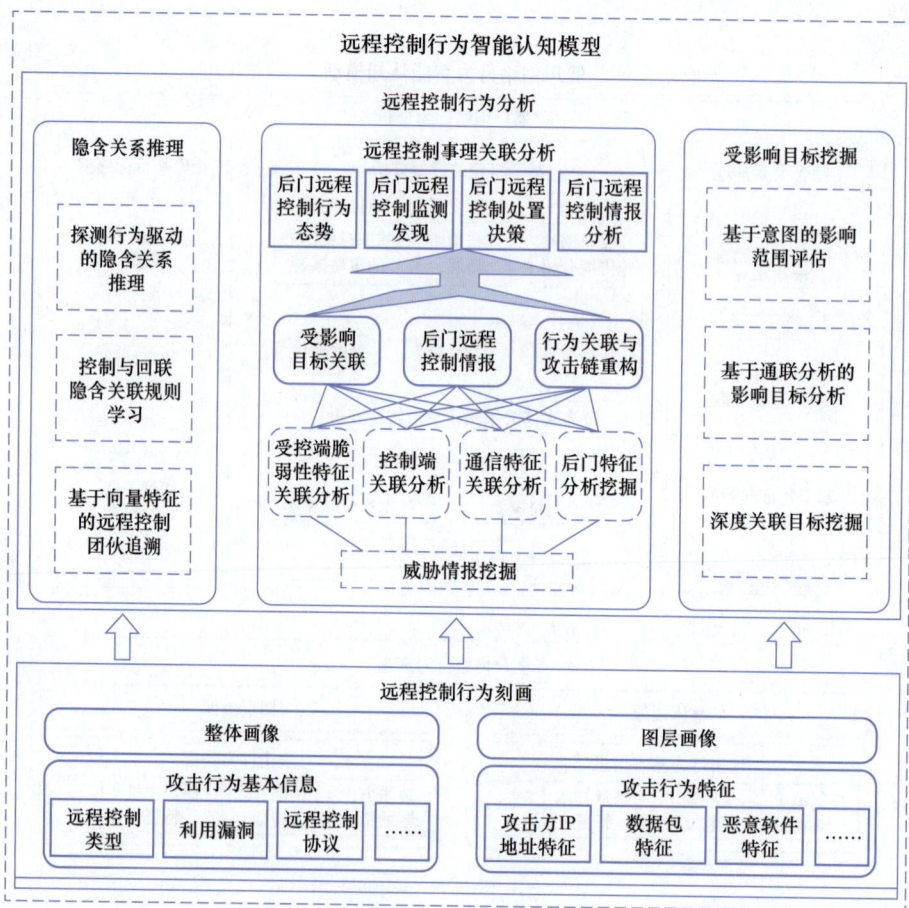

图 3-14   远程控制行为智能认知模型

首先，从远程控制行为刻画出发，形成包括攻击行为基本信息和攻击行为特征的画像，包括恶意软件特征、远程控制类型、远程控制协议、攻击方 IP 地址特征等。从网络空间地理要素角度出发，形成包括地理环境图层、网络环境图层、虚拟主体图层的画像。

进一步地，基于网络空间地理图谱，对远程控制行为进行认知推理，形成包括隐含关系推理、远程控制事理关联分析、受影响目标挖掘的行为智能认知结果，发掘出可能会遭受远程控制破坏的潜在受影响目标，分析实施远程控制行为的违法团伙特征，或者是对远程控制行为的行为过程、行为规律进行分析总结。

4. 非法篡改行为智能认知模型

非法篡改是一种常见的网络安全威胁，指的是未经授权的第三方对数据、信息或通信进行修改/篡改的行为。这种攻击方式可以导致严重后果，包括数据损坏、信息泄露、系统或服务瘫痪等。攻击者可以利用各种技术手段（如恶意软件、网络钓鱼、系统入侵、中间人攻击等）来实施非法篡改。攻击者可能会篡改电子邮件、网页内容、数据库记录、文件、系统配置等，从而产生误导性、虚假的信息。非法篡改的类型包括数据篡改、网页篡改、软件篡改等。

围绕上述非法篡改行为，可以构建非法篡改行为智能认知模型，在网络安全知识图谱与地理图层建模的基础上，通过智能推理分析挖掘非法篡改行为的规律，如图 3-15 所示。

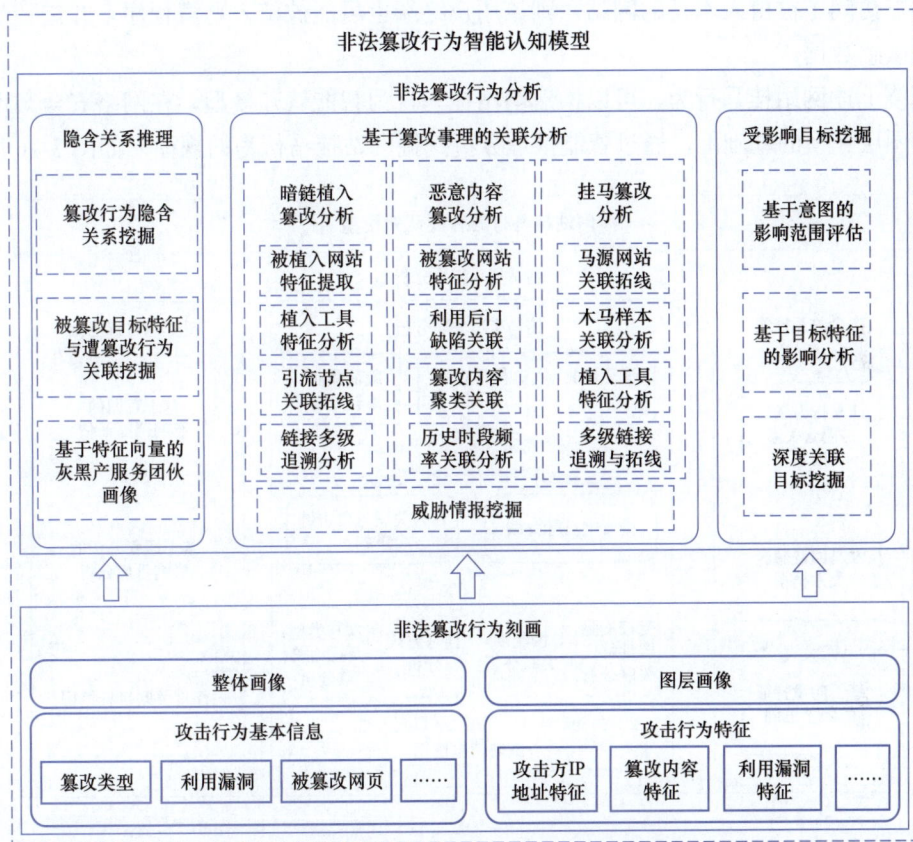

图 3-15　非法篡改行为智能认知模型

首先，从非法篡改行为刻画出发，形成包括攻击行为基本信息和攻击行为特征的画像，包括篡改内容特征、攻击方 IP 地址特征等。从网络空间地理要素角度出发，形成包括地理环境图层、网络环境图层、虚拟主体图层的画像。

进一步地，基于网络空间地理图谱，对非法篡改行为进行认知推理，形成包括隐含关系推理、基于篡改事理的关联分析、受影响目标挖掘等的行为智能认知模型，重点针对不同类型的非法篡改行为（如暗链植入篡改、恶意内容篡改、挂马篡改等），有针对性地进行行为的关联分析，认知其细粒度特征，发掘潜在受影响的被篡改目标和影响范围，并进一步挖掘篡改行为的深层次关联信息，为针对非法篡改行为的监测发现、研判处置、追踪溯源提供技术手段支持。

5. 网站挂马行为智能认知模型

网站挂马行为是指攻击者利用各种手段，在目标服务器网站中植入恶意程序（木马），这些恶意程序用于获取系统权限或窃取敏感信息。挂马行为通常是利用网站服务器存在的SQL注入、文件上传、远程代码执行等漏洞实现的。攻击者利用这些漏洞,在目标服务器网站中上传恶意文件,并通过一定的手段使其在服务器网站中执行。网站被挂马攻击,表示黑客已经成功入侵该网站,且可以获取该网站用户的账号口令、业务数据等敏感信息。如果用户访问了被植入木马的网站,则该用户终端也可能被植入恶意程序,并进一步窃取用户的敏感数据。

围绕上述网站挂马行为,可以构建网站挂马行为智能认知模型,在网络安全知识图谱与地理图层建模的基础上,通过智能推理分析挖掘网站挂马行为的规律,如图3-16所示。

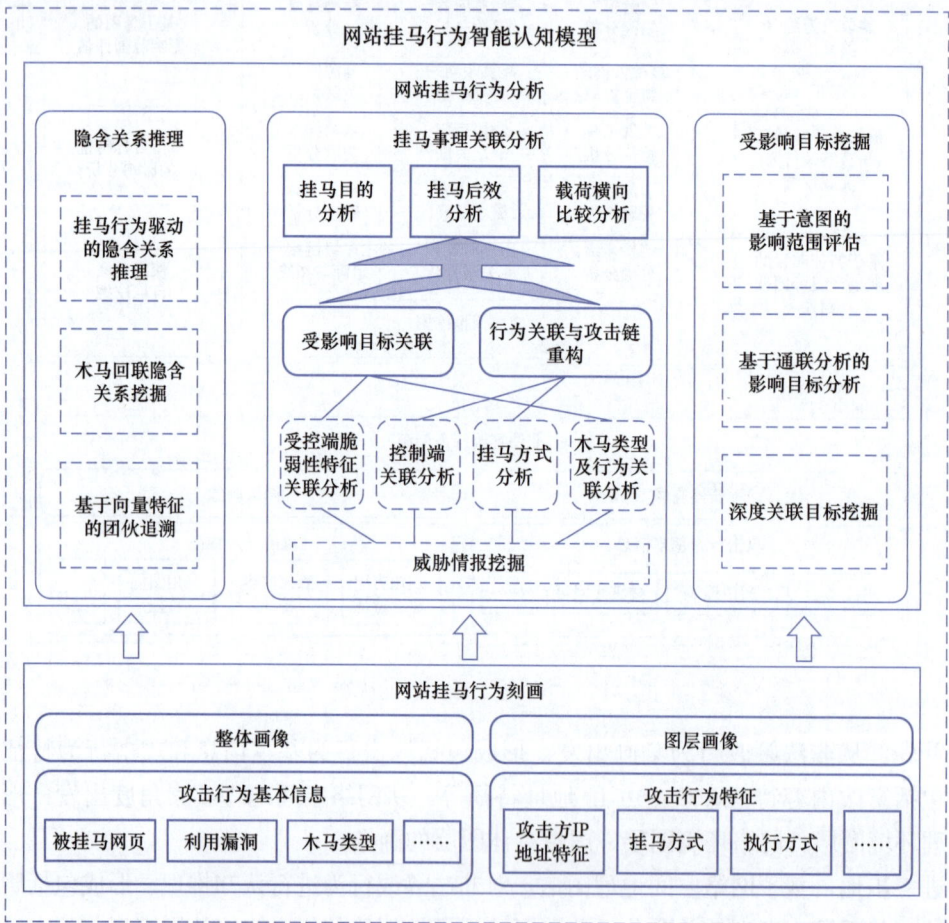

图3-16 网站挂马行为智能认知模型

首先,从攻击行为基本信息和攻击行为特征两个角度对网站挂马行为进行刻画,包括被挂马网页、利用漏洞、木马类型、攻击方IP地址特征、挂马方式、执行方式等内容。然后从网络空间地理要素角度出发,形成包括地理环境图层、网络环境图层、虚拟主体图层的画像。

进一步地,基于网络空间地理图谱,对网站挂马行为进行认知推理,从隐含关系推理、挂马事理关联分析、受影响目标挖掘三个层面，对攻击团伙、攻击目的、攻击方式、攻击效果、潜在受影响目标等进行深入分析，挖掘不同网络攻击行为中的潜在关联关系，为针对网站挂马行为的监测发现、安全预警、木马回联溯源等提供技术支撑。

6. 拒绝服务攻击行为智能认知模型

拒绝服务攻击是指攻击者通过发送大量的服务请求或操作请求，耗尽系统或应用服务的资源，使其出现难以正常运行的情况，无法为正常用户提供服务。导致拒绝服务的攻击方式有多种，攻击者可以利用系统漏洞、协议漏洞、应用服务漏洞或使用大量正常的访问请求来达到拒绝服务的目的。

围绕上述拒绝服务攻击行为，可以构建拒绝服务攻击行为智能认知模型，在网络安全知识图谱与地理图层建模的基础上，通过智能推理分析挖掘拒绝服务攻击行为的规律，如图 3-17 所示。

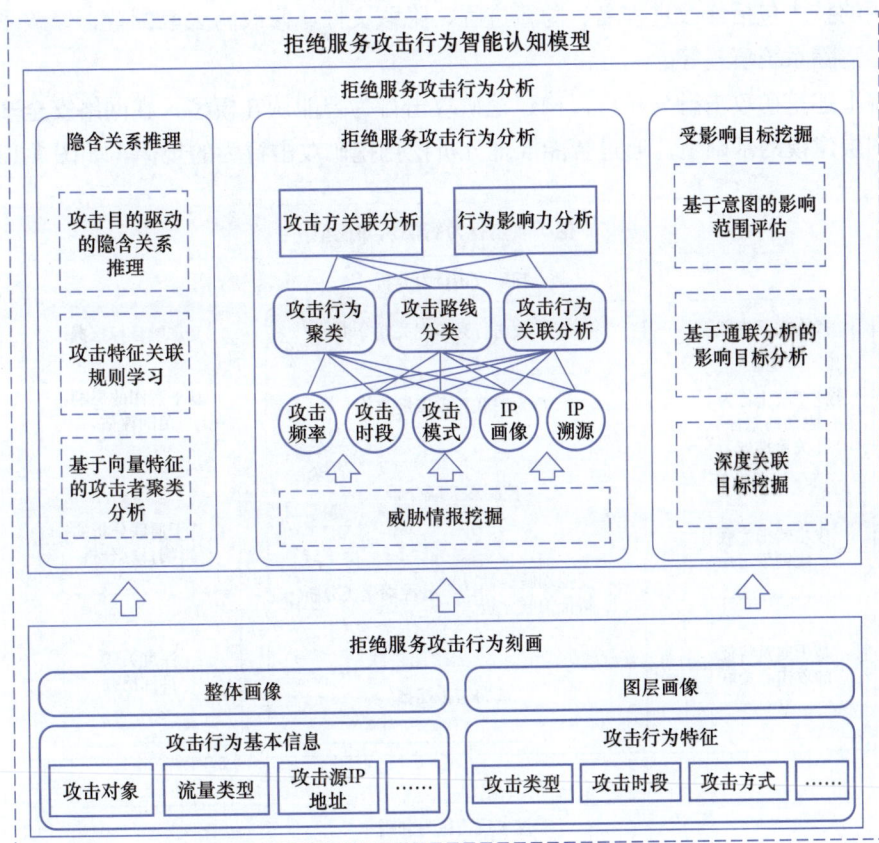

图 3-17　拒绝服务攻击行为智能认知模型

首先，基于拒绝服务攻击行为的特征，对其展开详细刻画，涵盖攻击行为基本信息和攻击行为特征。其中，攻击行为基本信息包括攻击对象、流量类型等；攻击行为特征包括攻击类型、攻击时段、攻击方式等。然后基于网络空间地理要素角度，构建地理环境图层、网络环境图层、虚拟主体图层的画像。

进一步地,基于网络空间地理图谱,对拒绝服务攻击行为进行认知推理,从隐含关系推理、拒绝服务攻击行为事理关联分析、受影响目标挖掘三种途径,重点对实施拒绝服务攻击的攻击团伙、攻击目的、攻击影响范围、攻击破坏效果、潜在受影响目标等进行深入分析,挖掘不同网络攻击行为之间的潜在关联关系,为拒绝服务攻击行为的数据聚合、定位、溯源、处置、防御和预警提供技术支撑。

7. 挖矿攻击行为智能认知模型

攻击者通过各种手段将挖矿程序植入受害者的计算机中,在受害者不知情的情况下,利用受害计算机的计算资源进行挖矿,从而获取利益。这类非法植入用户计算机的挖矿程序就是挖矿木马,利用挖矿木马实施的攻击就称为挖矿攻击。挖矿木马一般是攻击者通过对目标网络或系统进行自动扫描、攻击,植入挖矿程序的脚本。挖矿木马为了能够长期在受害计算机中驻留,通常会采用多种技术来躲避或对抗系统中的安全机制(如杀毒软件),具体采用的技术包括修改进程名、隐藏进程、隐藏文件、修改防火墙配置、修改系统动态链接库、清除系统痕迹等。

围绕上述挖矿攻击行为,可以构建挖矿攻击行为智能认知模型,在网络安全知识图谱与地理图层建模的基础上,通过智能推理分析挖掘挖矿攻击行为的规律,如图 3-18 所示。

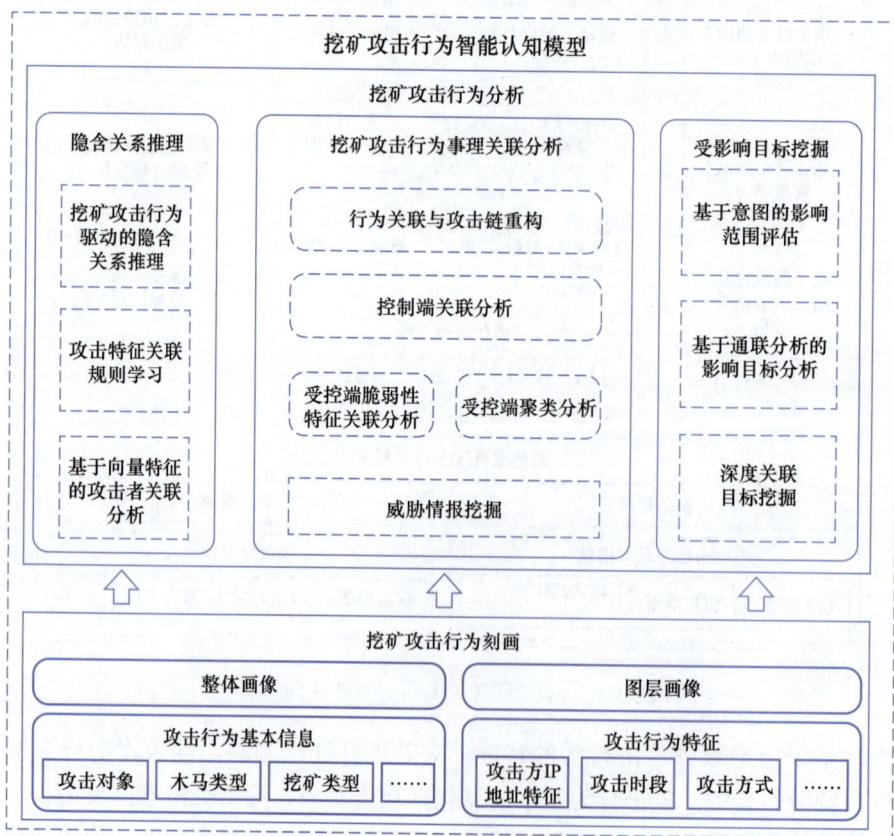

图 3-18　挖矿攻击行为智能认知模型

首先，基于挖矿攻击行为特性，对其展开详细刻画，涵盖攻击行为基本信息和攻击行为特征。其中，攻击行为基本信息包括攻击对象、木马类型、挖矿类型等；攻击行为特征包括攻击方 IP 地址特征、攻击时段、攻击方式等。然后基于网络空间地理要素角度，构建地理环境图层、网络环境图层、虚拟主体图层的画像。

进一步地，基于网络空间地理图谱，从挖矿攻击行为隐含关系推理、挖矿攻击行为事理关联分析、受影响目标挖掘三个角度，重点对实施挖矿攻击行为的攻击团伙、控制端特性、受控端特性、关联威胁情报信息、潜在受影响目标等进行攻击行为关联分析，深入挖掘不同网络攻击行为的潜在关联关系，实现对挖矿攻击行为的认知推理，以支撑针对挖矿攻击行为的监测感知和预警处置。

8. 扫描探测行为智能认知模型

扫描探测是攻击者实施攻击前为了进行情报搜集而开展的一系列工作。早期的扫描探测主要是通过发送特定类型协议的网络数据包进行，根据被探测设备反馈的数据内容来获取设备信息，包括设备存活性、IP 地址、开放端口等。近年来扫描探测的功能进一步扩展，除了获取设备基本信息，还可以探测目标设备的操作系统信息、应用服务信息、用户信息、脆弱性（漏洞）、网络拓扑结构等，因此可以进行更为全面的网络测绘工作。

围绕上述扫描探测行为，可以构建扫描探测行为智能认知模型，在网络安全知识图谱与地理图层建模的基础上，通过智能推理分析挖掘扫描探测行为的规律，如图 3-19 所示。

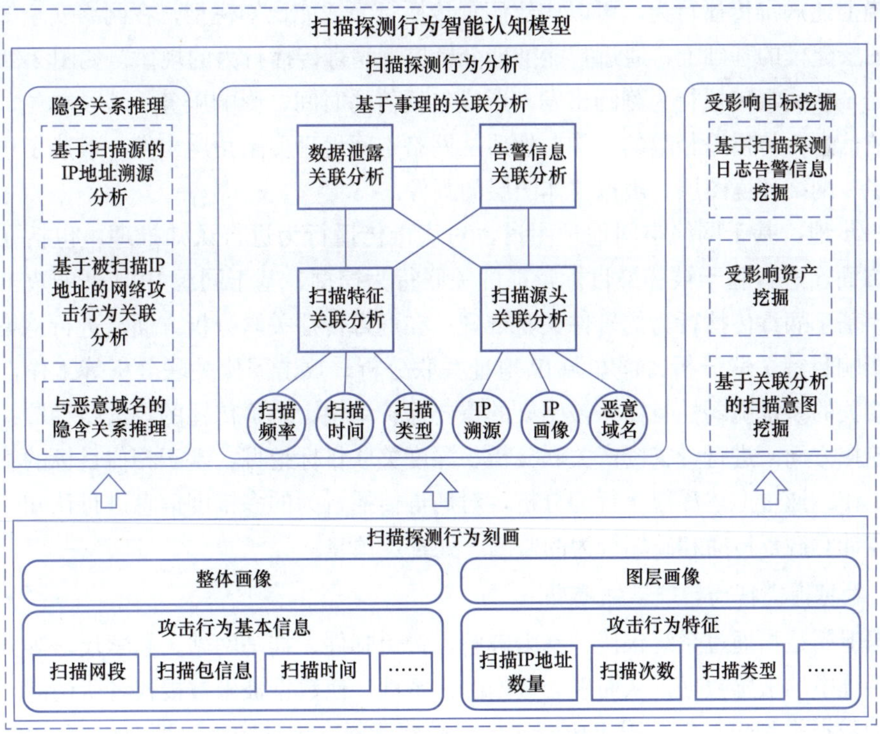

图 3-19　扫描探测行为智能认知模型

首先，从扫描探测行为刻画出发，形成包括攻击行为基本信息和攻击行为特征的画像，包括扫描网段、扫描包信息、扫描时间、扫描 IP 地址数量、扫描次数、扫描类型等。然后从网络空间地理要素角度出发，形成包括地理环境图层、网络环境图层、虚拟主体图层的画像。

进一步地，基于网络空间地理图谱，对扫描探测行为进行认知推理，包括从隐含关系推理方面，进行基于扫描源的 IP 地址溯源分析、基于被扫描 IP 地址的网络攻击行为关联分析、与恶意域名的隐含关系推理等工作。从受影响目标挖掘方面，进行基于扫描探测日志告警信息挖掘、受影响资产挖掘、基于关联分析的扫描意图挖掘等工作。从基于事理的关联分析方面，进行扫描探测行为与数据泄露、告警信息、扫描源头、扫描特征等因素的关联分析。通过上述深层次行为分析，对扫描探测行为的多维度信息进行认知，从而更好地支撑针对扫描探测行为的监测、处置及预警。

9. 病毒传播行为智能认知模型

病毒传播行为可以泛称为恶意代码传播行为。恶意代码或恶意软件是指以危害信息或信息系统的安全等不良意图为目的的程序，它们一般潜伏在受害计算机系统中实施破坏或窃取信息。常见的恶意代码包括计算机病毒、蠕虫病毒、特洛伊木马、后门软件、勒索软件等。病毒传播的主要途径是利用系统漏洞、协议漏洞、应用服务漏洞进行远程攻击后植入，或者通过钓鱼邮件、钓鱼网页、钓鱼链接等渠道实施社会工程攻击后植入。

围绕上述病毒传播行为，可以构建病毒传播行为智能认知模型，在网络安全知识图谱与地理图层建模的基础上，通过智能推理分析挖掘病毒传播行为的规律，如图 3-20 所示。

首先，从病毒传播行为刻画出发，形成包括传播时间、影响服务、涉及单位、病毒类型、传播信息、传播途径等的画像。然后从网络空间地理要素角度出发，形成了包括地理环境图层、网络环境图层、虚拟主体图层的画像。

进一步地，基于网络空间地理图谱，对病毒传播行为进行认知推理，包括在隐含关系推理方面，进行基于被感染目标特征的关联行为挖掘、基于同源 IP 地址的攻击团伙画像分析、基于病毒传播行为的事件关联推理；在病毒传播关联分析方面，进行感染风险分析、受影响目标关联分析、样本源 IP 地址关联分析、攻击团伙关联分析等工作，刻画病毒传播相关的系统脆弱性特征、被感染的重要保护单位、病毒传播的攻击路径等；在受影响目标挖掘方面，进行受害资产关联分析、深度关联目标挖掘、基于相似目标的感染风险评估等工作。通过上述深层次行为分析，对病毒传播行为的多维度信息进行认知，从而更好地支撑针对病毒传播和破坏行为的监测、处置及预警。

10. 数据泄露行为智能认知模型

数据泄露是指通过系统入侵、暴力破解、钓鱼邮件、挂马网站、勒索攻击等方式获取或泄露系统中的敏感数据，从而破坏数据的机密性，使数据被未被授权者所访问。可能遭受泄露的数据类型包括但不限于机密文件、敏感资料、设计图纸、商业机密、系统信息、网络拓扑、安全配置、用户信息、个人隐私数据等。

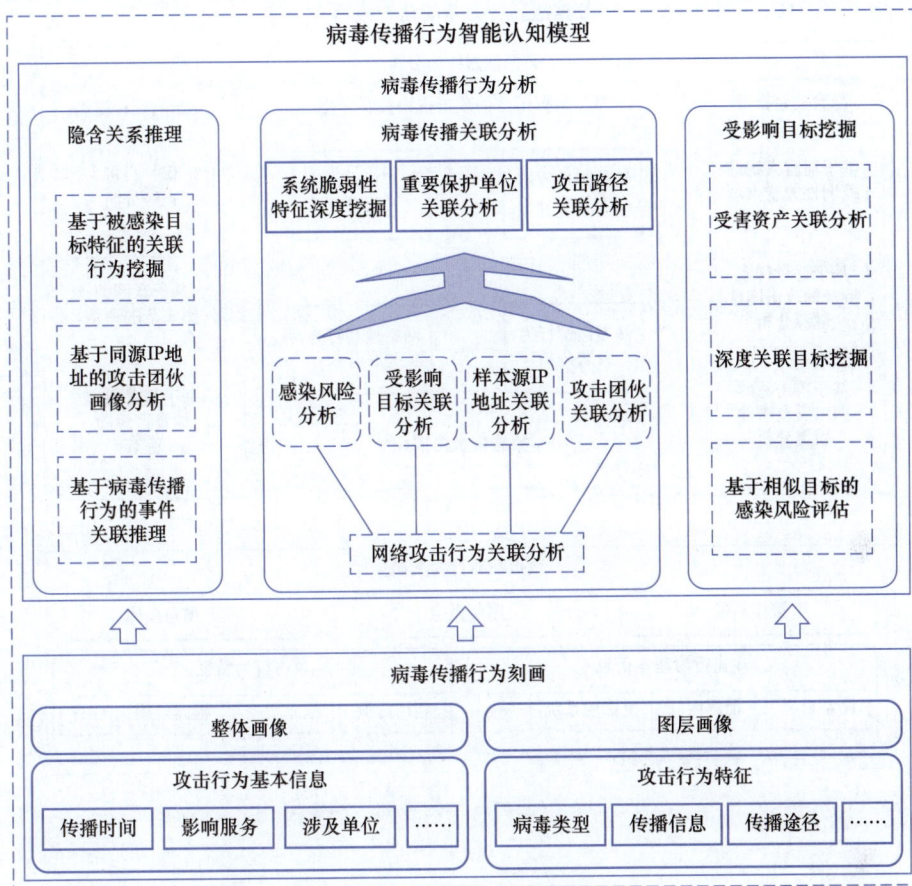

图 3-20 病毒传播行为智能认知模型

围绕上述数据泄露行为，可以构建数据泄露行为智能认知模型，在网络安全知识图谱与地理图层建模的基础上，通过智能推理分析挖掘数据泄露行为的规律，如图 3-21 所示。

首先，从数据泄露行为刻画出发，形成包括泄露时间、勒索目标、受影响系统、利用漏洞、泄露类型、泄露规模等在内的针对数据泄露行为的画像。然后从网络空间地理要素角度出发，形成了包括地理环境图层、网络环境图层、虚拟主体图层的画像。

进一步地，基于网络空间地理图谱，对数据泄露行为进行认知推理，包括在隐含关系推理方面，进行基于泄露系统的脆弱性关联推理、基于恶意样本特征的攻击团伙溯源分析、基于攻击源的网络安全事件聚类分析等工作；在基于数据泄露的攻击行为关联分析方面，进行数据泄露行为与钓鱼邮件攻击行为、勒索攻击行为、暴力破解行为、网站挂马行为等不同类型攻击行为之间的关联分析；在受影响目标挖掘方面，进行保护目标态势分析、基于意图的影响范围评估、基于泄露载体的资产风险筛查等工作。通过上述深层次行为分析，对数据泄露行为的多维度信息及其关联的攻击行为进行全面认知，从而更好地支撑针对数据泄露及其关联行为的监测、处置及预警。

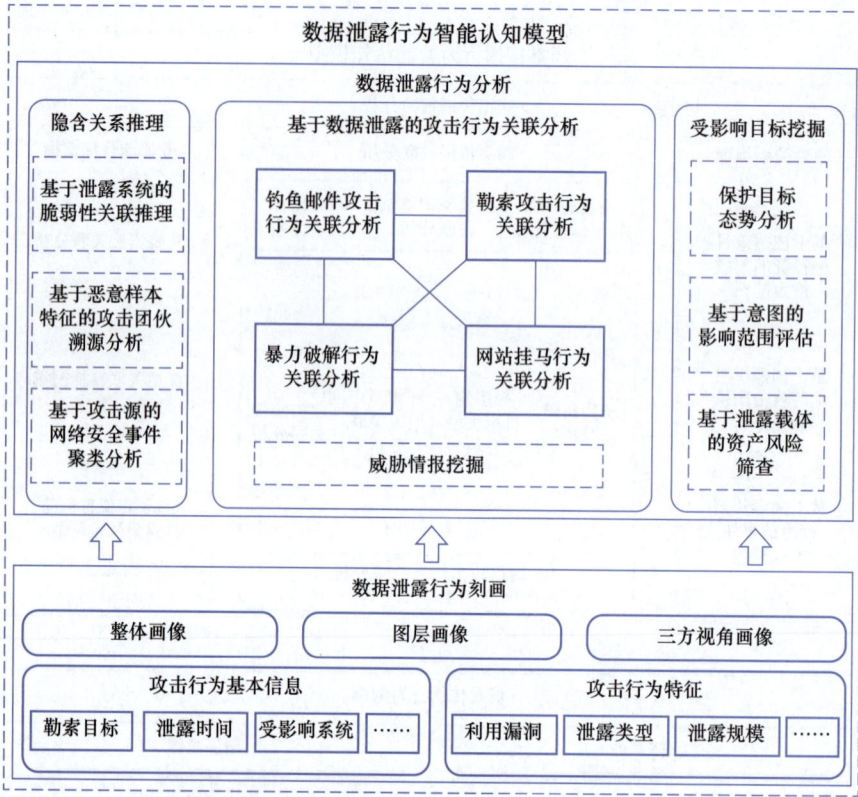

图 3-21　数据泄露行为智能认知模型

3.7.5　大模型在网络空间智能认知中的应用前景

本质上讲，大模型综合运用了前面介绍的各类机器学习技术，包括传统的机器学习、深度学习、强化学习、增量学习等。由于大模型在自然语言处理（Natural Language Processing，NLP）、图像处理、音视频处理及各类生成式任务中获得了极大的成功，研究人员开始将其应用于网络安全领域，即利用大模型强大的泛化能力、理解能力和生成能力，将网络流量、安全报警、系统日志、协议日志、威胁情报等网络安全数据交由大模型进行识别和结果生成，从而提高对网络空间的智能认知能力。

当前围绕该领域的主要研究工作可以划分为以下方向。

一是在开源模型的基础上，通过收集和标注网络安全领域的语料库，自行训练形成面向网络安全应用的大模型。该研究方向需要配备较高的算力资源、用于训练的海量网络安全数据集及进行数据集标注的专家资源。

二是针对通用领域的大模型（如大语言模型）进行微调，包括部分参数微调、降维微调等，实现网络安全知识在大模型中的知识嵌入，使其能够适应下游的网络安全任务。

三是将通用领域的大模型与网络安全的专业领域模型相结合，例如，将专业领域模型的输出作为大模型的提示词（Prompt），并将其作为优先级更高的参考输入，这样使大模型能够输出更符合网络安全需求的结果。

上述方向所取得的技术成果，都能为网络安全监测感知、网络空间行为认知，乃至整个网络安全领域的关键任务提供有力的支撑，包括但不限于网络攻击检测、攻击溯源，恶意代码识别分析，APT 攻击识别，网络空间测绘，网络安全态势感知、态势预测，安全预警，应急处置等。

习　题

1. 监测感知技术的基本含义是什么？
2. 漏洞扫描技术的作用是什么？
3. 分析互联网测绘技术与专网测绘技术的技术特点和差异。
4. 入侵检测技术的作用是什么？
5. 分析误用检测技术与异常检测技术的优点和缺点。
6. 简述新型检测技术。
7. 什么是安全审计技术？其作用是什么？
8. 什么是网络空间智能认知技术？
9. 简述网络安全态势感知平台的技术体系。
10. 简述威胁情报知识抽取方法。
11. 网络安全威胁情报知识挖掘技术的作用是什么？
12. 简述网络空间知识推理方法。
13. 如何构建网络空间智能认知模型？
14. 构建一个拒绝服务攻击行为智能认知模型。
15. 简述网络空间智能认知的技术体系，分析未来可能的技术发展方向。

第 4 章
攻防对抗技术

本章介绍网络攻防对抗技术，包括攻击者常用的口令破解、拒绝服务、缓冲区溢出、后门、APT、勒索等攻击方式，并对网络攻防场景中典型的漏洞挖掘、恶意代码攻防、应急响应、勘查取证、蜜罐/蜜网等技术进行概述，为读者深入了解漏洞机理、恶意代码机理、攻击反制、攻防对抗博弈等内容奠定基础。"知己知彼，百战不殆"，攻防对抗技术是网络安全主动防御的核心能力，是网络空间安全技术体系的关键组成部分。本章的重点是对网络攻击技术、恶意代码攻防技术等进行分析。

4.1 攻防对抗技术基本含义

攻防对抗技术是构建网络安全主动防御体系的核心技术，涉及漏洞机理、恶意代码机理、攻击诱捕方法、应急处置方法等内容，是网络攻防对抗技术的实战化运用。本章阐述其中具有代表性的技术类型，包括网络攻击技术、恶意代码攻防技术、应急响应技术、数字勘查取证技术和蜜罐/蜜网技术（见图 4-1）。

4.2 网络攻击技术

4.2.1 口令破解攻击

口令破解攻击是指攻击者试图获得正常用户的账户口令而采取的攻击方式。最有效的破解方式是口令截获，即通过读取网络流量、系统数据或应用数据，直接截获用户输入的口令。最暴力的破解方式是枚举法，即逐一列举所有可能的口令字符，直到找到通过系统验证的口令。最常用的破解方式是字典攻击，即预先构造一个口令字典库，逐一尝试字典库中的口令。此外，还可以通过社会工程获取或猜测口令。

口令破解攻击通常有在线破解和离线破解两种模式。在线破解模式是指每次输入一个口令，在线等待系统验证，如果验证通过则说明破解成功；离线破解模式则是事先获取系统的账户数据，例如，某些版本的 Windows 系统和 Unix/Linux 系统会将用户口令的单向杂凑值或加密值存储在容易得到的文件中，攻击者事先获取这些文件，然后将各种可能的口令组合经过相同的单向杂凑或加密算法进行计算，检查是否能得到与口令文件中匹配的内容。

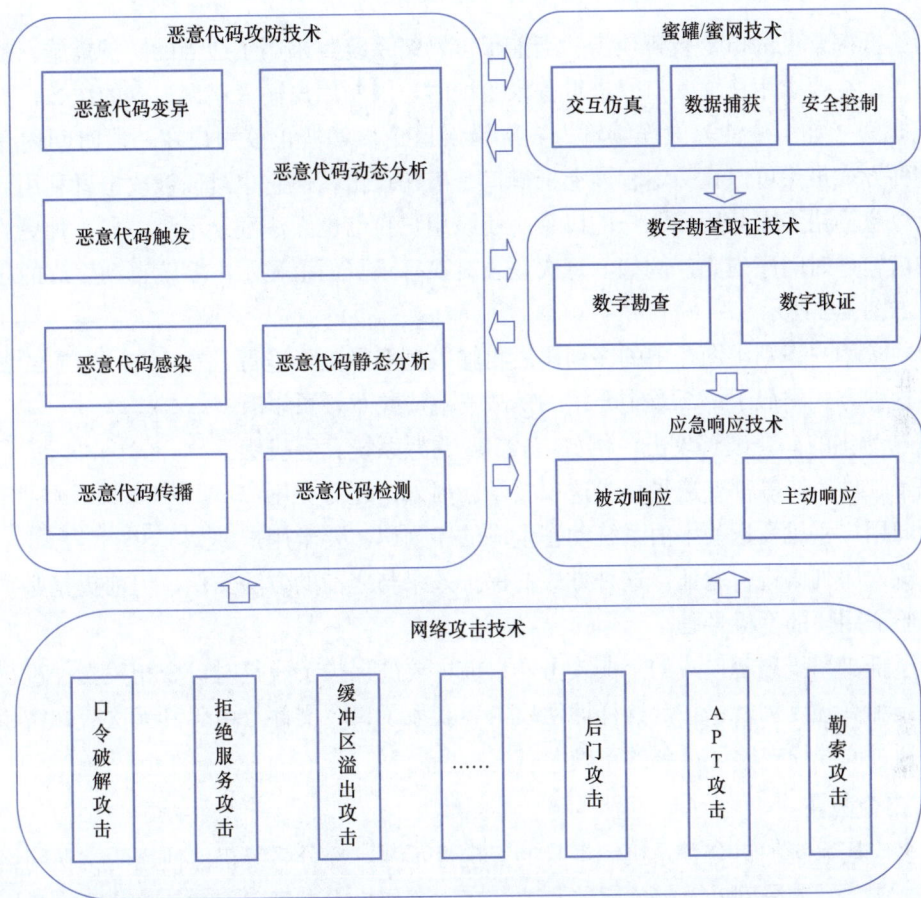

图 4-1　攻防对抗技术

下面对口令破解攻击的相关技术进行介绍。

1. 字典攻击

字典攻击使用一个字典库生成用于猜测的口令，字典库中存放了一些可以组成口令的词根，用于在一定的规则下组成猜测的口令，例如，常见的弱口令有 admin，guest，root，passwd，0000，111111，123456，!@#$%^，asdf，qazwsxedc 等。由于用户和管理员平时需要记忆大量的账户口令，因此有很高比例的人员会选择使用容易记忆的口令。字典库中词根的选取就是参考人们设置口令时常用的习惯并经过大量统计得到的。因此，用这些词根组成的猜测口令有可能在很短的时间内得到正确的结果。

John the Ripper 是经典的口令破解工具，它采用字典攻击的方法生成猜测口令，提供了 4 种猜测口令的模式：个人模式（Single Mode），即根据用户名、昵称等个人信息，结合已有的词根进行口令猜测；字库模式（Wordlist Mode），即以字库中的词根根据一定的组合与变形规则生成猜测的口令；增量模式（Incremental Mode），即按照一定的字符组合顺序穷举所有的口令；外部模式（External Mode），即允许用户编写自定义规则进行口令猜测。

为了抵御常见的口令破解攻击，当前很多网络系统都采用了适当的防护措施。最常见的措施是：在要求用户输入口令进行登录验证时，限制用户输入错误口令的次数，如果用户在短时间（如 1 分钟）内连续输入 3 次错误口令，就禁止该用户在一段时间内登录系统。这种方式虽然可以在一定程度上抵御口令破解攻击，但它也可以被攻击者利用。攻击者可以故意输错多次某用户账户的口令，使该用户自己也无法登录系统。另一种更为有效的防护措施是时间序列码，例如，每次登录时在登录页面上显示由系统自动生成的序列码图片，如图 4-2 所示。

它要求用户识别出图片中的序列码后再输入到登录页面进行验证，这种方式类似于第 2 章中介绍的挑战—响应技术，可以有效防范自动化的口令破解攻击，例如，12306 购票系统、手机银行、电子邮件系统等都普遍采用了这项技术。另外，还有在用户登录时向用户手机发送一串由系统动态生成的序列码，要求用户

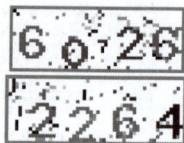

图 4-2　采用时间序列码防范口令破解攻击

登录时输入序列码进行验证，这种方式的保护效果与之前的方法类似，但前提是必须预先设定并验证用户的手机号码。

为了抵御离线破解模式的字典攻击，目前主要的保护手段是对口令相关文件进行访问权限控制和高强度加密保护，这样即便攻击者获取了口令文件，由于其无法获知密钥，也就难以通过离线模式验证口令的正确性。

2. 口令截获

很多应用系统的口令登录机制本身的安全性不强，部分系统仍然使用明文在网络中传输口令，例如，部分网站、邮件系统和数据库，这使攻击者可以通过简单的网络嗅探方式截获口令。攻击者也可以在操作系统或应用程序中截获到口令或与口令密切相关的信息，例如，浏览器通常采用 Cookie 来记录客户与服务器之间的会话情况。为了帮助用户更方便地登录系统并控制用户的访问页面，这类文件可能直接记录了用户口令，因此这也是潜在的口令泄漏源头。另外，攻击者还可能使用一些欺骗方法，例如，恶意网页和恶意邮件。当用户将恶意网页或恶意邮件下载到本地运行时，这些恶意内容可能会窃取包括口令在内的用户敏感信息。

3. 社会工程

社会工程是指利用非信息技术的手段获得口令或口令的编制规律。由于多数用户倾向于使用便于记忆的字符组合作为口令（如自己的生日、电话号码、门牌号码等），或者在多个不同的应用系统中使用相同的口令，或者将口令记录在纸张、笔记本、手机或计算机中，因此攻击者通过窃取这些信息，可以直接获取口令或提高口令破解的成功率。

4.2.2　拒绝服务攻击

拒绝服务攻击是指攻击者通过发送大量的服务请求或操作请求，耗尽系统或应用服务的资源，使其出现难以正常运行的情况，导致无法为正常用户提供服务。导致拒绝服务的攻击方式有多种，下面对其进行简要介绍。

1. 利用系统漏洞

利用系统（主要是操作系统）漏洞的拒绝服务攻击类似于普通的网络攻击。由于这些系统在网络协议栈的设计、实现或配置上存在漏洞，因此攻击者能够发送特定的网络包，使系统进入异常状态或无法提供服务。

早期的很多操作系统都存在类似的漏洞，典型的攻击方式有：Winnuke 攻击通过调用 Windows 套接字开发包提供的 Send 函数并设置特殊的参数，使接收数据的 Windows 系统出现蓝屏；Kiss of Death 攻击将一个 IGMP 包分成 11 个分片并逆序发送，使接收系统的 TCP/IP 协议栈出现异常；Teardrop 攻击对数据包进行特殊分片处理，使目标系统的 TCP/IP 协议栈出现异常。

2. 利用网络协议漏洞

一些网络协议在设计时仅考虑了双方通信的要求，完全没有考虑可能遭受的攻击方式。针对这些协议，攻击者可以向其发送大量网络连接请求或虚假的广播询问包等，这会引起主机崩溃或网络拥塞。这类攻击往往利用了网络协议需要消耗系统资源的特点，而攻击者自身则采用非常规的方法减少自己的消耗。

例如，针对熟知的 TCP，正常情况下通信双方需要进行三次握手才能够建立 TCP 连接，并通过 TCP 连接传输数据。在三次握手过程中，通信双方都需要消耗相应的系统资源（如内存、CPU 时间）。攻击者利用这个特点，向攻击目标发送大量的 TCP 连接请求（SYN 包，第一次握手），当目标服务器返回应答消息（SYN/ACK 包，第二次握手）后，攻击者故意不回送第三次握手的确认消息（ACK 包），导致目标服务器始终有大量的连接请求在等待确认，从而占用目标服务器大量的存储资源，极端情况下会造成服务器无法响应正常用户的连接请求。这种攻击被称为同步洪流攻击（SYN Flood）。由于攻击者不需要完成三次握手，不需要接收目标服务器返回的应答消息（SYN/ACK 包），因此攻击者通常采用虚假的 IP 地址发送连接请求。

另一种典型的利用协议漏洞的攻击方式是 Smurf 攻击。在局域网中，发向广播地址的数据包会被其地址范围内的全部主机接收。Smurf 攻击者假冒被攻击主机的 IP 地址，将该 IP 地址作为数据包的源地址，向局域网广播地址发送一个 ICMP Echo 请求包（Ping），该广播地址范围内的所有主机都会收到这个请求包并对其做出响应，而响应数据包都会被发送至攻击者假冒的被攻击主机的 IP 地址中，从而导致被攻击主机接收到来自局域网范围内大量主机的响应数据包，最终造成被攻击主机的崩溃。

3. 利用合理服务请求

上述利用系统漏洞和网络协议漏洞的拒绝服务攻击都存在一定的特征模式，容易被网络安全体系发现并阻断。因此，攻击者尝试利用大量合理的服务请求来消耗目标系统的服务资源，从而达到拒绝服务攻击的目的。合理的服务请求包括访问网页、上传/下载文件、网页下载、服务登录等。这种攻击方式本质上是资源的比拼，攻击方的网络带宽和计算能力需要超过目标系统的资源，攻击才能取得明显的效果。此类攻击在互联网中较为常见，攻击者通过购买带宽等方式放大自身的攻击资源，对目标服务器进行拒绝服务攻击，作为下一步实施恶意竞争、勒索、欺诈等违法行为的基础。

4. DDoS 攻击

分布式拒绝服务（Distributed Denial of Service，DDoS）攻击使用大量已控制的计算资源对同一个（同一组）目标实施拒绝服务攻击。历史上首次引发重大关注的 DDoS 攻击发生在 2000 年 2 月，黑客对美国各大网站的 DDoS 攻击造成了十几亿美元的损失，被称为"电子珍珠港事件"。遭到攻击的大型网站有微软、雅虎、亚马逊、eBay、CNN 等。

DDoS 攻击利用高带宽的主机，使用多种拒绝服务攻击方式（如 SYN Flood）同时攻击某个目标，使目标消耗掉大量的系统资源从而无法正常工作。实施 DDoS 攻击之前，攻击者必须首先控制大量具有带宽资源的主机，这类主机通常被称为"傀儡机"或"肉机"。攻击者通过在"傀儡机"上安装代理程序，从攻击端向代理程序发送指令，使"傀儡机"按照攻击端的指令向目标主机发动攻击。

DDoS 攻击的检测和防范较为困难。由于"傀儡机"发动攻击时通常都使用了伪造的 IP 地址，因此即使检测到了攻击数据包，也难以及时地做出反应。通常可以根据以下方法对 DDoS 攻击进行检测。

（1）攻击者实施 DDoS 攻击前通常要解析目标主机的域名，根据 DNS 服务器（其他类型的域名服务器）接收到的域名解析请求，有助于提早发现可能的 DDoS 攻击。

（2）对一个目标站点进行 DDoS 攻击时，会出现明显超出该站点正常工作时极限流量的现象，此时可以在主干路由器端建立访问控制规则，以监测和过滤这些攻击流量。

（3）检测超大的 ICMP 和 UDP 数据包。明显超大的 UDP 或 ICMP 数据包很可能是攻击端发送给"傀儡机"代理程序的控制指令，其中包含加密后的目标主机地址和一些命令参数。

（4）检测不属于正常连接通信的 TCP 和 UDP 数据包。隐蔽的 DDoS 攻击随机使用多种通信协议（包括基于连接的协议和无连接的协议），精心配置的防火墙和路由规则有可能发现这些异常的数据包。另外，端口号高于 1024 且不属于常用网络服务目标端口的数据包也需要引起警惕。

（5）检测数据段内容只包含文字和数字字符（没有空格、标点和控制字符）的数据包。这往往是数据经过 base64 编码后只含有 base64 字符的特征。

4.2.3　缓冲区溢出攻击

缓冲区溢出（Buffer Overflow）攻击是危害性最大的攻击类型之一。一旦程序被成功实施缓冲区溢出攻击，攻击者植入的恶意代码将能够获得程序原有的权限。由于很多系统进程是以管理员或根用户权限运行的，因此恶意代码同样可以获取管理员或根用户权限。

操作系统运行时，通常将内存划分为程序段、数据段和堆栈段，如图 4-3 所示。程序段用于存储程序运行代码和一些只读数据，一般由指令指针（Instruction Pointer，IP）指向当前程序正要执行的指令；数据段用于存储程序运行所需要的各种静态和动态数据；堆栈段用于临时分配内存，尤其是在执行函数调用时，栈用于缓存函数调用的参数、函数返回地址、基地址指针（Base Pointer，BP）和局部变量等。这些数据的存储区被称为缓冲区，其中，BP 用于记录栈指针（Stack Pointer，SP）在调用前的数值。栈的内存分配顺序是从高地址到低地址，遵照"先入后出"的原则，这样安排有利于系统充分利用全部的内存。

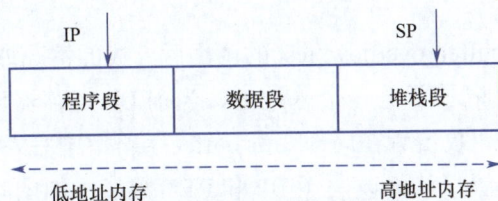

图 4-3　操作系统管理的内存结构

缓冲区溢出攻击属于一种针对主机系统的攻击，它利用了以上的栈结构，通过在以上缓冲区写入超过预定长度的数据，造成溢出，从而改写栈中的缓存数据，特别是改写栈中存放的函数返回地址，使程序在函数调用返回时跳转到攻击者指定的执行位置，而攻击者事先已经在该位置植入了希望系统执行的恶意代码。这些代码在执行时往往具有与当前程序进程相同的权限。缓冲区攻击通常需要完成以下三个步骤。

1. 预先植入攻击代码

为了使缓冲区溢出后截获程序的执行权限，攻击者需要预先在系统中植入攻击代码。在一般情况下，攻击者需要一定的权限才能进行这类操作。攻击代码可以安置在数据段或堆栈段（前提是操作系统没有对数据段和堆栈段进行保护），也可以使用已经存在的程序，这些程序主要包括一些系统调用程序，攻击者可以通过它们执行预先设置的程序。若不能植入有效的攻击代码，或者攻击者没有精准地控制溢出位置，则缓冲区溢出攻击可能会引起内存出错，并造成系统崩溃。

2. 发现并利用缓冲区溢出

攻击者向存在缓冲区溢出漏洞的程序输入一段精心构造的超长数据，造成破坏缓冲区结构的问题。这段数据中包含对函数返回地址的修改数据，因此，被攻击代码在返回时将跳转到攻击者指定的地址。如果缓冲区附近还存在函数指针或转跳地址，攻击者或其控制的程序也可以利用特定方法修改程序指针，使其指向所希望的地址。

3．执行预先植入的代码

在程序指针已经指向攻击者预先植入的代码时，这段攻击代码开始被执行，并具有和被攻击代码相同的权限。如果被攻击代码是拥有超级用户权限的系统进程，则攻击代码同样具有这样的权限。

下面给出一个针对 C 语言代码的缓冲区溢出漏洞示例：

```
void buffer_overflow_test(int x, int y)
{
 char buffer[8];
 ……
 return;
}
void main()
{
 buffer_overflow_test(1,2);
}
```

主程序执行对函数 buffer_overflow_test 的调用后，栈的情况如图 4-4 (a) 所示，其中，RET 表示返回地址，BP 记录了上一个基地址，当前 BP 寄存器已经被更新。在 buffer_overflow_test 函数执行时，攻击者在局部变量 buffer 字符串中写入了超长的特殊数据，延伸并覆盖到了 RET 的位置，从而改写了 BP 和 RET 数值，如图 4-4 (b) 所示，使 buffer_overflow_test 函数在返回时将程序转跳到攻击者设置的代码位置。

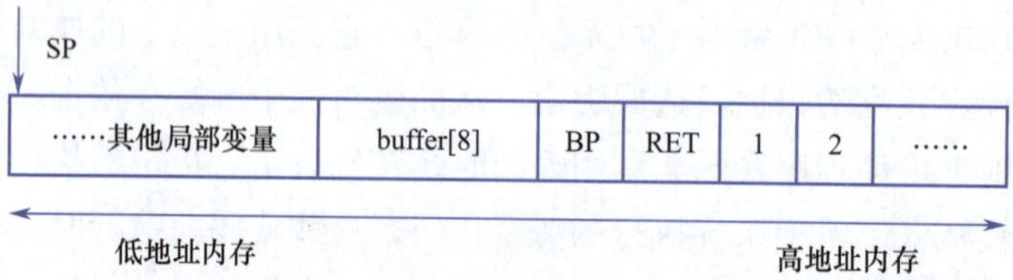

（a）溢出前

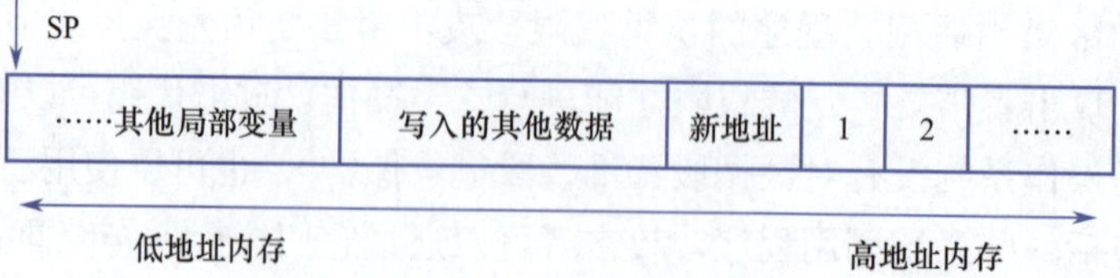

（b）溢出后

图 4-4　缓冲区溢出示例

上面的示例给出了缓冲区溢出的基本原理，在实际的攻防场景中，攻击者需要调节输入数据以精准控制溢出位置，才能达到缓冲区溢出攻击的目的。针对缓冲区溢出攻击的检测工作，通常是根据攻击代码的代码特征来设置规则的，检查代码中是否出现具有攻击代码特征的二进制数字。另一种常用的方法是检测代码中是否包含大量 NOP 指令（空指令），这是因为在编写缓冲区溢出程序时，由于不能准确确定返回地址，经常需要在溢出代码中添加若干 NOP 指令来帮助对齐溢出位置。例如，在经典的 IDS——Snort 中，针对缓冲区溢出就设置了这样一条规则：

```
alert tcp !$HOME_NET any -> $HOME_NET any (msg:"OVERFLOW-NOOP-X86";flags:PA; content:"
| 9090 9090 9090 9090 9090 9090 9090 9090 | ";)
```

4.2.4　后门攻击

攻击者获得系统管理员或根用户等超级用户权限后，会千方百计地保持这个权限，以便后续可以持续地访问目标系统。为了达到目的，通用的方式是在系统中安装后门（Backdoor）。后门仅对攻击者可知或可见，攻击者通过特定的端口、特定的 URL、特定的账号口令等参数，确保其他人无法访问该后门，同时尽量降低后门的可见性，以避免被用户或管理员发现。

当谈到后门时，有一种误解是将其等同于特洛伊木马。本质上讲，"后门"强调的是攻击者在系统中给自己预留了后续访问的隐蔽通道，而"木马"强调的是伪装成正常程序的恶意程序。两者定义的维度并不相同，但也存在相互联系。攻击者可以利用木马程序来达到在系统中安装后门的目的，但后门也可以通过其他方式来安装，例如，攻击者直接入侵系统后植入后门代码，而不是将后门代码作为木马来欺骗并引诱用户安装。特洛伊木马的成功依赖用户的疏忽，如果系统安装了较好的杀毒软件或防火墙，或者用户具有较高的安全意识，特洛伊木马通常是难以成功的。

4.2.5　APT 攻击

高级持续性威胁（Advanced Persistent Threat，APT）攻击是攻击组织针对高价值目标实施的具有针对性、持续性、高威胁性的攻击行为。APT 攻击通常针对特定目标进行精细策划，利用目标的 0 day 漏洞，使用复杂的高对抗性恶意软件进行突破，长期潜伏或监控目标，并不断获取数据信息。因此，APT 攻击具有精准打击、高强度打击等特点，是网络战中的制导武器[74]。0 day 漏洞是当前 APT 攻击的关键武器库资源，例如，2023 年上半年，Chrome、Safari 浏览器与对应平台 Windows、MacOS、iOS 下的提权/逃逸漏洞占所有漏洞近八成的比例[76]。

全球范围内，部分地区的 APT 攻击随着热点地缘政治事件变得活跃，俄乌冲突等传统军事冲突中也频繁出现 APT 攻击的现实案例，APT 攻击成为一种新的作战形态。美国 CISA 持续关注 APT 攻击，通过发布 APT 活动报告和漏洞利用警告，不断建设和完善 APT 防御体系。在最近的报道中，美国政府通过建设漏洞披露共享服务和平台，帮助联邦机构发现并解决了 1000 多个可能被黑客利用的漏洞[77]。

我国也面临严重的 APT 攻击威胁。2023 年，海莲花、蔓灵花、毒云藤、响尾蛇、Winnti、APT-Q-27、Lazarus 等 APT 组织对我国频繁发动攻击，涉及政府、能源、科研教育、金融商贸等重点领域[76]。为了更好地应对 APT 攻击，我国不断加强网络空间安全体系建设，包括出台相关法律法规、开展技术改造、推动漏洞治理等。

4.2.6 勒索攻击

2017 年，随着蠕虫病毒 WannaCry 的出现，勒索攻击在短时间内引起全球范围内的广泛关注。WannaCry 是攻击者利用 NSA 泄露的"永恒之蓝"漏洞实施的攻击。据不完全统计，当时有 150 多个国家和地区的超过 30 万台计算机遭到了勒索病毒的攻击和感染，造成损失达 80 亿美元，影响了金融、能源、医疗、政府机关等众多行业，俨然形成了一场全球性的互联网灾难。中国也有很多用户计算机遭到感染。例如，校园网用户大量的实验数据和科技资料被锁定加密，部分大型企业的应用系统和数据库文件被加密。

当用户主机被 WannaCry 勒索软件入侵后，将会弹出勒索对话框，如图 4-5 所示，提示勒索的目的并向用户索要比特币。用户主机上的重要文件都被加密，且后缀名被统一修改为".WNCRY"。由于勒索软件采用了高强度的加密算法，当时并没有有效手段可以破解。用户主机一旦被勒索软件渗透，只能通过重装系统的方式来解除勒索行为，但用户数据文件无法直接恢复。

图 4-5 WannaCry 勒索软件感染系统后的提示图片

WannaCry 主要利用了 Windows 系统的漏洞来获得自动传播的能力，能够在数小时内感染一个系统内的全部计算机。勒索病毒被漏洞远程执行后，会在资源文件夹下释放一个压缩包，此压缩包会在内存中解密并释放文件。释放出的文件包含了后续弹出勒索框的可执行程序、桌面背景图片文件、各国语言的勒索文本，以及辅助攻击的两个执行文件。WannaCry 利用 445 端口进行传播，并具有自我复制、主动传播的特性。

勒索攻击通常利用漏洞入侵受害者的信息设备，以非法手段控制或窃取受害者的敏感数据。在早期的勒索攻击中，攻击者通常强行加密目标数据，要求受害者支付赎金以获取解密密钥。通过定期备份数据可以避免或减少此类勒索攻击造成的损失。近年来，勒索攻击进一步升级演变为双重勒索和三重勒索。双重勒索使受害者面临敏感数据泄露的威胁，三重勒索中攻击者通过联系受害者的客户、合作者等利益相关者逼迫受害者交付赎金。

2023 年勒索攻击在全球范围内持续高发，仅上半年就有 48 个勒索软件组织攻击并公开勒索 2200 多名受害者，波及众多国家的政府、金融、教育、医疗等行业。例如，勒索软件团伙 Clop 分别利用 GoAnywhere MFT 软件的 0 day 漏洞 (CVE-2023-0669)、MOVEit Transfer 的 SQL 注入漏洞 (CVE-2023-34362) 攻击并窃取了百余家组织的数据；福特公司遭受黑客组织 8base 的双重勒索攻击，由于未在规定期限内支付赎金，包括客户个人档案、雇佣合同、交易发票等在内的近 10 GB 业务敏感信息被公布；英国曼彻斯特大学遭受三重勒索攻击，攻击者复制了校方的众多敏感数据，包含学校教职工和学生的隐私信息及校方为研究目的收集的英国国民医疗服务体系（NHS）中超过百万患者的隐私信息，逼迫校方支付赎金；2023 年 10 月，波音公司遭受勒索组织 LockBit 的攻击，大量敏感数据被窃取，导致公司的零部件和分销业务受到影响。

4.3　恶意代码攻防技术

恶意代码或恶意软件主要是指以危害信息或信息系统的安全等不良意图为目的的程序，它们一般潜伏在受害计算机系统中实施破坏或窃取信息。常见的恶意代码包括计算机病毒、蠕虫病毒、特洛伊木马、后门软件、勒索软件等，它们以各种方式入侵计算机或网络系统，对系统的正常使用造成了极大危害，主要包括：

（1）攻击并恶意控制系统；

（2）窃取敏感数据，泄露文件、配置或隐私信息；

（3）篡改数据，影响系统运行、参数配置和过程控制；

（4）非法占用系统资源；

（5）影响应用服务，例如，网站、电子邮件、电子商务、政务服务等。

4.3.1　恶意代码攻防技术特点

恶意代码有类似于普通计算机程序的性质，但在更多方面是不同的。恶意代码的技术特点主要体现在以下方面。

（1）破坏性：恶意代码由人编制而成，或者由计算机程序根据人设定的规则或模式自动生成。恶意代码对软硬件设备或网络系统具有破坏性，这是恶意代码与普通程序的最大区别。

（2）潜伏性：恶意代码在入侵目标主机时可能并未引起注意，而是过一段时间等条件具备时再实施破坏，在此期间它可能进行了大量的传染和攻击准备工作。这一点与很多危害人体的生物病毒有相似性。

（3）传染性：恶意代码可以借助一些计算机系统的机制，复制自身到其他系统或载体中，从而呈现类似于生物病毒传染的过程。

（4）针对性：恶意代码通常针对一类或多类具体的系统或应用，例如，针对 Windows 系统的计算机病毒并不能感染 Unix/Linux 系统，很多恶意代码还与具体的软硬件版本密切相关。

（5）隐蔽性/欺骗性：恶意代码在传播和运行过程中通常具有隐蔽性或欺骗性，以避免被管理员或用户发觉。

（6）变化性：恶意代码具有很强的变化能力，能够适应不同的传播环境，并且能够在传播过程中变异，从而躲避安全软件基于代码特征的检测，这点同样类似于生物病毒的变异能力。

恶意代码的生命周期主要包括制作、传播、感染、触发、运行、变异等环节。恶意代码机理主要是指恶意代码生命周期各个环节中的机制：传播机制是指恶意代码散布和入侵受害系统的方法，它包括恶意代码自我复制和传播的情况，也包括恶意代码被复制和被传播的情况；感染机制是指恶意代码依附于宿主或隐藏于系统中的方法，前提是恶意代码已经入侵受害系统；触发机制是指使已经入侵或感染到受害系统中的恶意代码得到执行的方法、条件或途径。其中，恶意代码的执行条件可以是客观的技术约束条件，也可以是恶意代码的设计者为了实现潜伏性或等待破坏时机而主观设置的条件。恶意代码机理还包括恶意代码的运行和破坏机制。

4.3.2 恶意代码分析检测

针对恶意代码的分析检测工作一直是网络安全领域的研究和应用热点。防范 APT 攻击的重点也聚焦为针对 APT 攻击样本的分析工作。传统的恶意代码检测方法是利用特征库（病毒库），通过扫描文件样本，检查其中是否有符合特征库中病毒样本的程序段，从而判断文件样本是否属于特定的病毒代码。这种方法应用的前提是拥有完备、精准的特征库，且需要对特征库进行实时更新，以便及时检测到新出现的恶意代码样本。另外，也有方法是通过计算文件样本的校验值（如哈希值），将计算结果与已知病毒的校验值进行比较，从而判断两者是否相同。已知病毒的校验值可以来源于预先设定的知识库，也可以来源于动态更新的威胁情报。

由于很多高危的恶意代码（如 APT 攻击代码）都利用尚未公布的 0 day 漏洞，因此针对此类恶意代码，需要由专业技术人员对代码的各项特性进行分析，包括程序段、运行环境、运行机理、触发机制、资源访问情况、网络特性等，从中提取出代码特征和校验值，作为检测此类恶意代码的依据。

恶意代码分析通常借助于一些专业的跟踪工具、反汇编工具和程序调试工具，例如，Debug、ProView、IDA 等，分析方法主要分为静态分析和动态分析两种。其中，静态分析是指利用反汇编工具将二进制的恶意代码转换为反汇编后的源代码程序进行分析。利用静态分析方法可以发现恶意代码的软件架构、组件模块、调用方法、感染方法，以及用于检测恶意代码的特征序列。动态分析是指在恶意代码执行时，利用程序调试工具对恶意代码的行为进行跟踪和观察，确定恶意代码的工作过程和运行机理。

目前主流的动态分析方法是沙箱（Sandbox），通过在沙箱中构造出与真实运行环境相类似的虚拟环境，将恶意代码置入其中运行，对运行过程中恶意代码的各类行为进行记录、提取和分析，包括但不限于读写文件情况、调用系统 API 情况、使用系统中断情况、打开网络端口情况、连接外部主机情况等，从而全面掌握代码的行为特征。沙箱是目前市场上用于病毒检测、APT 攻击检测的主流技术手段。沙箱应具备完善的系统仿真能力，能够逼真地模拟各种类型的操作系统、数据库、应用软件。技术水平较高的恶意代码可以探测到自身处于沙箱环境中，此时恶意代码可能会强制退出以躲避沙箱的分析过程，或者故意输出一些迷惑性的操作行为，此类恶意代码被称为带有反沙箱功能的恶意代码。因此，沙箱模拟运行环境的逼真程度及对抗反沙箱恶意代码的能力是衡量沙箱质量的重要指标之一。此外，沙箱还需要确保自身的安全性，避免被恶意代码攻击，否则它不但会失去代码分析能力，甚至还会成为恶意代码新的受害者和传播者。

4.4 应急响应技术

在检测到网络攻击或系统入侵后，需要立即采取应对措施，包括阻断或缓解攻击、断开网络连接、追踪攻击来源、留存攻击证据，或者对被攻击系统进行恢复，这些应对措施统称为应急响应。应急响应主要分为被动响应和主动响应。

4.4.1 被动响应

被动响应是指当检测到攻击后进行日志记录并报警，为网络管理员或用户提供信息，由他们决定采取的措施。在被动响应中，攻击按照其危害程度一般被分为不同的级别，后者是管理员或用户重要的决策依据，例如，当同时存在多个攻击时，需要优先响应具有高级别危害的攻击。

TCP/IP 族中的 SNMP 被大量的网络设备和主机操作系统所支持，用于对 IP 网络的设备进行统一管理。SNMP 陷阱是指部署在网络设备或主机上的 SNMP 代理向 SNMP 管理程序用 UDP 发送报警。SNMP 陷阱原来主要用于反映网络故障，但也适用于反映网络攻击报警。另外，还可以采取多种模态的信息进行攻击报警，包括但不限于声音、图像、短信、邮件、App 推送等。

4.4.2　主动响应

主动响应是按照预先配置的响应策略，阻断攻击过程，或者以其他方式影响、制约攻击过程，并防止攻击的再次发生。主动响应措施主要包括针对攻击者的措施及针对被攻击系统的措施。

1. 针对攻击者的措施

针对攻击者的措施主要包括：调查追踪攻击的发起地，采取禁止攻击者继续攻击或禁止其主机连接网络等措施，但这样做可能存在一些风险，例如，攻击者可能盗用了其他主机的网络地址，可能使用了虚假的网络地址，也可能系统根据错误的报警发起了响应措施，这样会造成无辜主机被阻断。因此，针对攻击者的措施也包括一些相对温和的抵御方法，包括断开攻击者与被攻击系统的会话、通知防火墙阻断类似的通信等。

针对攻击者的措施中，难度较高的是追踪攻击者的真实来源。攻击者为了隐藏自身的破坏行为，通常会采取多次跳转的方式实施攻击。因此，安全报警中提供的攻击者 IP 地址通常是最末端跳板机的地址，此外，还需要对其进行攻击路径还原（攻击溯源），以探知发起攻击的真实来源。由于无法获知完整的跳板机日志和流量日志，因此攻击溯源过程难度较大，需要借助多方数据资源和技术力量才有可能完成。

2. 针对被攻击系统的措施

针对被攻击系统的措施是根据已发现的攻击行为，对被攻击系统进行修正。例如，安装补丁，以弥补引发攻击的自身漏洞或缺陷，并防止攻击者后续利用漏洞再次发动攻击。安装补丁的过程多数情况下需要对系统或服务进行重启，但对于某些实时应用场景（如工业控制系统），需要采用热修复技术，即在不需要重启系统和服务的前提下，对软件或硬件补丁进行在线安装和启用。

另外，针对被攻击系统的措施还包括对系统进行紧急恢复，例如，操作系统恢复、应用服务恢复和数据恢复。部分恢复工作需要借助灾难备份手段，具体取决于系统本身的服务需求。例如，有些系统对外提供的服务不能够中断，此时就需要系统热备，即可以将系统服务实时切换到备份系统上，并保证备份系统与原始系统之间的数据同步。

4.5　数字勘查取证技术

数字勘查取证的对象是电子数据，电子数据的由来与计算机和信息技术的发展密切相关。2016 年，最高人民法院、最高人民检察院、公安部根据《中华人民共和国刑事诉讼法》等有关法律规定，结合司法实际，制定了《关于办理刑事案件收集提取和审查判断电子数据若干问题的规定》（以下简称《规定》）。《规定》第一条第一款将电子数据定义为："电子数据是案件发生过程中形成的，以数字化形式存储、处理、传输的，能够证明案件事实的数据。"

电子数据包括但不限于下列信息、电子文件：

（1）网页、博客、微博客、朋友圈、贴吧、网盘等网络平台发布的信息；

（2）手机短信、电子邮件、即时通信、通信群组等网络应用服务的通信信息；

（3）用户注册信息、身份认证信息、电子交易记录、通信记录、登录日志等信息；

（4）文档、图片、音视频、数字证书、计算机程序等电子文件。

数字勘查和传统的现场勘查不同。现场勘查主要是对物理空间的勘查，在发生事故、违法、灾害等事件后，由政府及其执法部门相关人员前往现场进行调查、勘验、测量、拍照等一系列工作，以获取事件发生的相关证据和信息；数字勘查特指对存储、处理、传输电子数据的存储介质进行搜查、提取、扣押或查封、冻结等工作。

数字取证又称电子数据取证，是指使用合法、合理、规范的技术或方法，从存储介质中提取、固定、分析和展示电子数据的过程。

数字勘查和数字取证是两个不同的概念，数字勘查侧重于电子数据及其存储介质的收集过程，数字取证则侧重于电子数据的提取与解析过程。但在实践中，数字勘查和数字取证并没有截然分开，而是统一用"数字勘查取证"来表示。数字勘查取证主要针对两类数据存储介质：一是对电子数据的永久性存储介质进行勘查，二是对临时存放数据或在网络之间传输数据等非永久性存储介质进行勘查。

数字勘查取证技术尽管主要是为了支持侦查打击网络犯罪和解决事后追责问题，但仍被作为构建网络空间安全保障体系的重要组成部分。随着取证技术逐步向智能化方向发展与应用，该技术在预防网络安全风险、提高应急响应能力、打击网络犯罪，以及维护网络空间秩序等方面发挥的作用更加凸显。

数字勘查取证技术的发展，必然要顺应信息技术的新发展和勘查取证环境的新变化。随着电子数据数量的指数级增长，以及电子数据载体不断向智能化方向迭代更新，未来的数字勘查取证技术将更加注重对海量电子数据处理与分析的智能化、标准化、规范化及跨平台性，它涉及云平台取证、区块链取证、移动端取证、物联网取证、工业互联网取证等各个领域，同时，也会更加注重勘查取证过程中的隐私保护和安全性等问题。

4.6　蜜罐 / 蜜网技术

蜜罐是一种主动式的网络空间安全技术，通过模仿真实的网络主机和应用服务，引诱攻击者对其进行探测和攻击，并对探测和攻击行为进行监测、分析和记录，以便掌握攻击者和攻击活动的特点、方式和规律。

在外部用户看来，蜜罐是一台存在可利用漏洞的主机，不同类型的蜜罐用来识别不同类型的威胁。蜜罐是网络安全研究人员、攻防对抗技术人员、安全运营管理人员的有力武器，在网络空间安全技术体系和整体策略中占有重要的地位。通过监测进入蜜罐系统的流量和操作行为，可以评估攻击者采用的攻击手法、攻击工具、攻击来源，攻击者感兴趣的目标系统或数据内容，安全措施对于防范攻击的实际效果等。

与前文所述的沙箱技术类似，蜜罐技术也需要依托仿真技术来诱骗攻击者，但蜜罐技术更强调攻击者与仿真环境间的交互性。按交互方式分类，蜜罐可以分为低交互蜜罐和高交互蜜罐。低交互蜜罐使用的资源较少，仅收集有关威胁的级别、类型，以及威胁来源等基本信息。低交互蜜罐通常只模拟一些基本的 TCP/IP 和网络服务。高交互蜜罐则需要构建复杂的系统和应用服务环境，且在攻击者对系统和应用服务进行探测访问时，能够给出真实感较高的应答，例如，网站页面设置、网页链接、后台数据库内容、用户登录选项等方面的真实感。使用蜜罐技术的过程也是与攻击者相互试探、相互博弈和开展技术对抗的实战过程。

蜜网是在蜜罐技术上逐步发展起来的一个新的概念，又称为诱捕网络。所有进出蜜网的流量都受到严格的监控、捕获及控制。蜜网技术实质上还是一类研究型的蜜罐技术，其主要目的仍是收集有关攻击者和攻击行为的信息。蜜网与传统蜜罐技术的差异在于，蜜网构成了一个黑客诱捕网络体系架构，这个架构中可以包含一个或多个蜜罐，分别用于模拟仿真不同的真实环境，以便收集攻击者在面对不同类型目标系统时的操作手法，并保证整个网络的高度可控性。

蜜罐/蜜网系统通常包括交互仿真、数据捕获和安全控制三个模块：交互仿真模块属于攻击者可见部分，通过在网络中暴露自身的虚假服务或资源，诱导攻击者进行网络探测、漏洞利用等恶意行为；数据捕获和安全控制模块属于攻击者不可见部分，其中，数据捕获模块通过对网络、系统和应用业务等方面的监测，捕获网络连接记录、原始数据包、系统行为数据、恶意代码样本等高价值的威胁数据；安全控制模块通过阻断、隔离和转移攻击等手段，确保蜜罐系统不被攻击方恶意利用，防止引发蜜罐系统对外发起恶意攻击。

习 题

1. 攻防对抗技术都包含哪些技术？
2. 如何进行口令破解攻击？
3. 简述拒绝服务攻击的主要方式和后果。
4. 简述缓冲区溢出攻击的技术原理，在系统中如何防范此类攻击行为。
5. 什么是后门攻击、APT 攻击、勒索攻击？
6. 什么是恶意代码？恶意代码的危害有哪些？
7. 恶意代码攻防技术有哪些特点？

8. 针对代码样本的安全性分析技术主要有哪些类型，可以起到什么作用？

9. 什么是应急响应技术？

10. 什么数字勘查取证技术？其作用有哪些？

11. 什么是蜜罐/蜜网技术？

12. 结合网络安全攻防知识，谈一谈如何提高蜜罐/蜜网技术的实用效果。

第 5 章

安全检测评估技术

本章介绍网络安全检测评估技术，该技术包括安全测试技术和安全评估技术两部分，其中，安全测试技术包括测试环境构造与仿真、有效性测试、合规性测试、性能测试、渗透性测试，安全评估技术包括形式化分析验证、风险评估技术、供应链安全评估技术等内容。安全检测评估技术能够帮助人们分析、度量、评判信息技术产品、网络和信息系统、关键信息基础设施的安全性，是网络空间安全技术体系的重要组成部分。本章的重点是对合规性测试、渗透性测试、风险评估技术、供应链安全评估技术进行分析。

5.1 安全检测评估技术基本含义

"网络安全检测评估"简称"安全测评"，是指对网络安全模块、产品或信息系统的安全性进行验证、测试、评价和定级，以规范它们的安全性[78]。

安全测评技术能对模块和产品的设计、研发、集成、使用，以及信息系统的规划、设计、建设、运营、维护等工作提供安全性指导。

安全测评技术能够系统、客观、准确、全面地测试并评价模块、产品或信息系统的安全性并给出量化评估结果，包括测试和评估两方面的技术，前者通过分析或技术手段对测试对象（模块、产品或信息系统等）的安全性进行检测和验证，以获得测试对象的网络安全度量指标；后者包括一系列标准化的流程和方法，用于在测试的基础上对测试对象的安全性进行客观、公正的评价和估算，如图 5-1 所示。

当前，安全测评技术正在迅速发展，出现了大量的技术、手段和工具。安全测评技术的流程、步骤、方法等内容一般由安全测评的标准、规范和准则给出。

5.2 安全测试技术

用于反映产品或信息系统安全性相关度量的检测对象称为测试指标。安全测试技术需要准确、全面地为安全测试人员提供测试对象的指标或对应的计算结果，这些指标反映了产品或信息系统在与安全相关的合规性、一致性、有效性、兼容性等方面的状况，为发现产品或信息系统的安全隐患、确定安全整改方向、评估安全等级提供了依据。

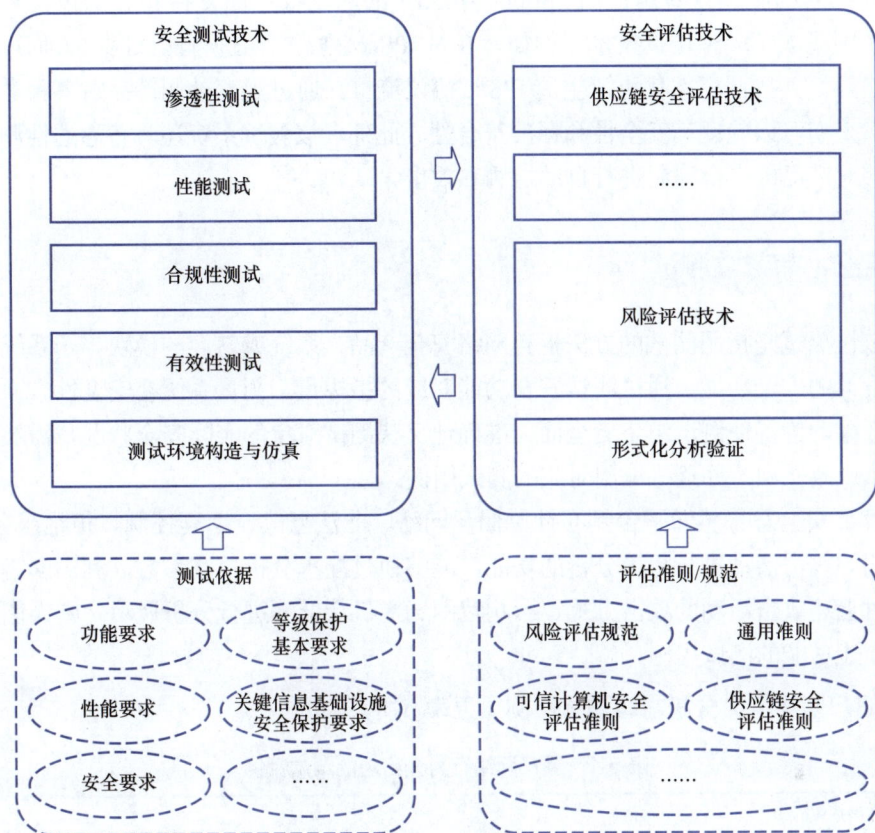

图 5-1　安全测评技术

5.2.1　测试环境构造与仿真

　　传统的测试技术主要依靠构造实际运行环境进行测试，测试人员可以对测试对象进行检查和操作，查看测试对象的配置信息，或者通过专用的软硬件工具获得测试对象的结果。随着网络应用的普及及运行环境的复杂化，构造实际运行环境的代价越来越高。例如，测试服务器性能时需要大量客户端进行访问操作、测试云服务平台时需要搭建云计算环境、测试工业互联网时需要部署工控软硬件设备。同时，在实际运行环境中产生、采集、传输和分析数据也不够方便。

　　因此，为了更好地适应安全测试的需求，出现了测试环境仿真技术，主要由各类专业的测试仪器实现。例如，流量仿真技术可以模拟不同带宽、不同协议、不同数量、不同内容的网络流量，形成针对测试对象的背景流量和处理流量，以便观察测试对象；环境仿真技术能够模拟实际的软硬件运行环境（如操作系统、应用软件等），通过测试对象在仿真环境中的运行来获取测试结果；攻击仿真技术可以模拟攻击者的操作手法，探测测试对象的安全漏洞及隐患，并验证漏洞的可利用性。

业界知名的测试设备制造商 Spirent 和 IXIA 的测试仪产品支持相关的仿真测试，并在测试仪中集成了多种仿真技术。例如，在对 IPSec 网关产品进行测试时，人们可以仿真模拟网络环境并按照标准化协议生成 IPSec 协议流量。通过观察被测产品对各种类型流量的反馈，人们可以验证其安全性和标准符合性。此外，该测试系统还具备渗透性测试的功能，能够对产品的安全漏洞进行自动检测和攻击尝试。

5.2.2　有效性测试

有效性测试是指用测试的方法检查网络安全产品、系统或它们的模块、子系统是否完成了所设计的安全功能，通过测试安全功能对应的指标量，衡量系统在安全性方面的完成程度和效果。为了使测试结果更全面、准确地反映测试对象的实际安全状况，需要针对安全功能形成测试项，并逐一编制对应的测试用例。

假设某安全态势感知平台具有针对僵尸网络、非法篡改、远程控制、拒绝服务攻击、扫描探测等攻击活动进行行为分析的功能，能够通过配置分析检测参数，利用网络安全事件数据对上述攻击活动的攻击方式、影响范围、主机特征等进行分析展示，则人们可以建立针对上述功能的测试用例。

1. 僵尸网络行为分析功能测试用例（见表 5-1）

表 5-1　僵尸网络行为分析功能测试用例

测试编号：JSWL-001
测试项目：僵尸网络行为分析功能
测试目的：验证是否能够根据僵尸网络行为分析模型，实现传播方式特征、僵尸主机特征等维度的分析
测试配置： ◇ 操作系统：Windows 10 ◇ 应用软件：网络安全态势感知平台 V3.0 ◇ 用户已成功登录系统
测试步骤： 1. 单击行为分析菜单，进入"网络安全事件"页面，在该页面搜索栏的"事件类别"下拉列表中选择僵尸网络类别，单击查询按钮 2. 在"网络安全事件"页面搜索栏的"事件 ID"文本框中输入"JSWL-20240501-001"，单击查询按钮 3. 在查询结果表格中，选择事件 ID 为"JSWL-20240501-001"的僵尸网络事件，单击该事件右侧的行为分析按钮，进入"僵尸网络行为分析"页面 4. 在"模型流程配置"面板中，选择"传播方式特征""僵尸主机特征"标签页，单击模型流程中的模型节点，设置该节点的模型参数 5. 在配置完模型节点的相关参数后，单击模型运行按钮，等待僵尸网络行为分析模型运行完成 6. 进入"行为图谱"标签页，以图谱形式查看僵尸网络行为涉及的实体与关系的推理结果；进入"地理图层"标签页，以地图形式查看攻防两方关联信息；进入"行为主体"标签页，查看该僵尸网络行为涉及的行为主体及关系推理结果；进入"网络图层"标签页，查看该僵尸网络行为涉及的网络类型节点及节点关系推理结果；进入"业务图层"标签页，从业

（续表）

务场景维度查看该僵尸网络行为涉及的业务相关节点及关系推理结果

7. 进入"传播方式特征"标签页，查看"传播方式特征"模型的输出结果

8. 进入"僵尸主机特征"标签页，查看"僵尸主机特征"模型的输出结果

预期结果：

步骤 1 后，可在"行为分析"——"网络安全事件"页面，观察僵尸网络类别的安全事件列表

步骤 2 后，可在"僵尸网络事件"列表中，查看事件 ID 为"JSWL-20240501-001"的僵尸网络事件

步骤 3 后，可进入事件 ID 为"JSWL-20240501-001"的僵尸网络事件的行为分析页

步骤 4 后，能够完成"传播方式特征""僵尸主机特征"模型流程中各个模型节点的自定义模型参数配置

步骤 5 后，等待不超过 5 秒的时间，系统弹出模型运行结果信息，提示模型运行成功或错误提示信息

步骤 6 后，在"行为图谱"标签页，能够以图谱形式展示出该僵尸网络行为涉及的实体与关系的推理结果；在"地理图层"标签页，能够从地理环境维度展示出该僵尸网络行为的攻防两方关联信息；在"行为主体"标签页，能够展示出该僵尸网络行为涉及的行为主体及关系推理结果；在"网络图层"标签页，能够展示出该僵尸网络行为涉及的网络类型节点及节点关系推理结果；在"业务图层"标签页，能够从业务场景维度展示出该僵尸网络行为涉及的业务相关节点及关系推理结果

步骤 7 后　在"传播方式特征"标签页，可看到"传播方式特征"模型输出的僵尸主机传播拓扑图

步骤 8 后　在"僵尸主机特征"标签页，可看到"僵尸主机特征"模型输出的僵尸主机传染趋势特征图

2. 非法篡改行为分析功能测试用例（见表 5-2）

表 5-2　非法篡改行为分析功能测试用例

测试编号：JSWL-002

测试项目：非法篡改行为分析功能

测试目的：验证是否能够根据非法篡改行为分析模型，实现篡改内容分析、权限提高分析等维度的分析

测试配置：
◇ 操作系统：Windows 10
◇ 应用软件：网络安全态势感知平台 V3.0
◇ 用户已成功登录系统

测试步骤：

1. 单击行为分析菜单，进入"网络安全事件"页面，在该页面搜索栏的"事件类别"下拉列表中选择非法篡改类别，单击查询按钮

2. 在"网络安全事件"页面搜索栏的"事件 ID"文本框中输入"JSWL-20240501-002"，单击查询按钮

3. 在查询结果表格中，选择事件 ID 为"JSWL-20240501-002"的非法篡改事件，单击该事件右侧的行为认知按钮，进入"非法篡改行为分析"页面

4. 在"模型流程配置"面板中，选择"篡改内容分析""权限提高分析"标签页，单击模型流程中的模型节点，设置该节点的模型参数

5. 在配置完模型节点的相关参数后，单击模型运行按钮，等待非法篡改行为分析模型运行完成

6. 进入"行为图谱"标签页，以图谱形式查看非法篡改行为涉及的实体与关系的推理结果；进入"地理图层"标签页，以地图形式查看攻防两方关联信息；进入"行为主体"标签页，查看该非法篡改行为涉及的行为主体及关系推理结果；进入"网络图层"标签页，查看该非法篡改行为涉及的网络类型节点及节点关系推理结果；进入"业务图层"标签页，从业务场景维度查看该非法篡改行为涉及的业务相关节点及关系推理结果

7. 进入"篡改内容分析"标签页，查看"篡改内容分析"模型的输出结果

8. 进入"权限提高分析"标签页，查看"权限提高分析"模型的输出结果

（续表）

预期结果：
步骤 1 后，可在"行为分析"——"网络安全事件"页面，观察非法篡改类别的安全事件列表
步骤 2 后，可在"非法篡改事件"列表中，查看事件 ID 为"JSWL-20240501-002"的非法篡改事件
步骤 3 后，可进入事件 ID 为"JSWL-20240501-002"的非法篡改事件的行为分析页
步骤 4 后，能够完成"篡改内容分析""权限提高分析"模型流程中各个模型节点的自定义模型参数配置
步骤 5 后，等待不超过 5 秒的时间，系统弹出模型运行结果信息，提示模型运行成功或错误提示信息
步骤 6 后，在"行为图谱"标签页，能够以图谱形式展示出该非法篡改行为涉及的实体与关系的推理结果；在"地理图层"标签页，能够从地理环境维度展示出该非法篡改行为的攻防两方关联信息；在"行为主体"标签页，能够展示出该非法篡改行为涉及的行为主体及关系推理结果；在"网络图层"标签页，能够展示出该非法篡改行为涉及的网络类型节点及节点关系推理结果；在"业务图层"标签页，能够从业务场景维度展示出该非法篡改行为涉及的业务相关节点及关系推理结果
步骤 7 后，在"篡改内容分析"标签页，可看到"篡改内容分析"模型输出的被篡改内容分析结果
步骤 8 后，在"权限提高分析"标签页，可看到"权限提高分析"模型输出的攻击者权限提高分析结果

3. 远程控制行为分析功能测试用例（见表 5-3）

表 5-3　远程控制行为分析功能测试用例

测试编号：JSWL-003
测试项目：远程控制行为分析功能
测试目的：验证是否能够根据远程控制行为分析模型，实现恶意软件特征和交互特征分析等维度的分析
测试配置： ✧ 操作系统：Windows 10 ✧ 应用软件：网络安全态势感知平台 V3.0 ✧ 用户已成功登录系统
测试步骤： 　1. 单击行为分析菜单，进入"网络安全事件"页面，在该页面搜索栏的"事件类别"下拉列表中选择远程控制类别，单击查询按钮 　2. 在"网络安全事件"页面搜索栏的"事件 ID"文本框中输入"JSWL-20240501-003"，单击查询按钮 　3. 在查询结果表格中，选择事件 ID 为"JSWL-20240501-003"的远程控制事件，单击该事件右侧的行为认知按钮，进入"远程控制行为分析"页面 　4. 在"模型流程配置"面板中，选择"恶意软件特征""交互特征分析"标签页，单击模型流程中的模型节点，设置该节点的模型参数 　5. 在配置完模型节点的相关参数后，单击模型运行按钮，等待远程控制行为分析模型运行完成 　6. 进入"行为图谱"标签页，以图谱形式查看远程控制行为涉及的实体与关系的推理结果；进入"地理图层"标签页，以地图形式查看攻防两方关联信息；进入"行为主体"标签页，查看该远程控制行为涉及的行为主体及关系推理结果；进入"网络图层"标签页，查看该远程控制行为涉及的网络类型节点及节点关系推理结果；进入"业务图层"标签页，从业务场景维度查看该远程控制行为涉及的业务相关节点及关系推理结果 　7. 进入"恶意软件特征"标签页，查看"恶意软件特征"模型的输出结果 　8. 进入"交互特征分析"标签页，查看"交互特征分析"模型的输出结果
预期结果： 　步骤 1 后，可在"行为分析"——"网络安全事件"页面，观察远程控制类别的安全事件列表 　步骤 2 后，可在"远程控制事件"列表中，查看事件 ID 为"JSWL-20240501-003"的远程控制事件 　步骤 3 后，可进入事件 ID 为"JSWL-20240501-003"的远程控制事件的行为分析页

步骤 4 后，能够完成"恶意软件特征""交互特征分析"模型流程中各个模型节点的自定义模型参数配置

步骤 5 后，等待不超过 5 秒的时间，系统弹出模型运行结果信息，提示模型运行成功或错误提示信息

步骤 6 后，在"行为图谱"标签页，能够以图谱形式展示出该远程控制行为涉及的实体与关系的推理结果；在"地理图层"标签页，能够从地理环境维度展示出该远程控制行为的攻防两方关联信息；在"行为主体"标签页，能够展示出该远程控制行为涉及的行为主体及关系推理结果；在"网络图层"标签页，能够展示出该远程控制行为涉及的网络类型节点及节点关系推理结果；在"业务图层"标签页，能够从业务场景维度展示出该远程控制行为涉及的业务相关节点及关系推理结果

步骤 7 后，在"恶意软件特征"标签页，可看到"恶意软件特征"模型输出远程控制行为的恶意软件特征信息

步骤 8 后，在"交互特征分析"标签页，可看到"交互特征分析"模型输出回联方式特征分布

4. 拒绝服务攻击行为分析功能测试用例（见表 5-4）

表 5-4　拒绝服务攻击行为分析功能测试用例

测试编号：JSWL-004
测试项目：拒绝服务攻击行为分析功能
测试目的：验证是否能够根据拒绝服务攻击行为分析模型，实现攻击连接数分析、攻击持续时间分析等维度的分析
测试配置： ◇ 操作系统：Windows 10 ◇ 应用软件：网络安全态势感知平台 V3.0 ◇ 用户已成功登录系统
测试步骤： 1. 单击行为分析菜单，进入"网络安全事件"页面，在该页面搜索栏的"事件类别"下拉列表中选择拒绝服务攻击类别，单击查询按钮 2. 在"网络安全事件"页面搜索栏的"事件 ID"文本框中输入"JSWL-20240501-004"，单击查询按钮 3. 在查询结果表格中，选择事件 ID 为"JSWL-20240501-004"的拒绝服务攻击事件，单击该事件右侧的行为认知按钮，进入"拒绝服务攻击行为分析"页面 4. 在"模型流程配置"面板中，选择"攻击连接数分析""攻击持续时间分析"标签页，单击模型流程中的模型节点，设置该节点的模型参数 5. 在配置完模型节点的相关参数后，单击模型运行按钮，等待拒绝服务攻击行为分析模型运行完成 6. 进入"行为图谱"标签页，以图谱形式查看拒绝服务攻击行为涉及的实体与关系的推理结果；进入"地理图层"标签页，以地图形式查看攻防两方关联信息；进入"行为主体"标签页，查看该拒绝服务攻击行为涉及的行为主体及关系推理结果；进入"网络图层"标签页，查看该拒绝服务攻击行为涉及的网络类型节点及节点关系推理结果；进入"业务图层"标签页，从业务场景维度查看该拒绝服务攻击行为涉及的业务相关节点及关系推理结果 7. 进入"攻击连接数分析"标签页，查看"攻击连接数分析"模型的输出结果 8. 进入"攻击持续时间分析"标签页，查看"攻击持续时间分析"模型的输出结果
预期结果： 步骤 1 后，可在"行为分析"——"网络安全事件"页面，观察拒绝服务攻击类别的安全事件列表 步骤 2 后，可在"拒绝服务攻击事件"列表中，查看事件 ID 为"JSWL-20240501-004"的拒绝服务攻击事件 步骤 3 后，可进入事件 ID 为"JSWL-20240501-004"的拒绝服务攻击事件的行为分析页 步骤 4 后，能够完成"攻击连接数分析""攻击持续时间分析"模型流程中各个模型节点的自定义模型参数配置 步骤 5 后，等待不超过 5 秒的时间，系统弹出模型运行结果信息，提示模型运行成功或错误提示信息 步骤 6 后，在"行为图谱"标签页，能够以图谱形式展示出该拒绝服务攻击行为涉及的实体与关系的推理结果；在"地理

（续表）

图层"标签页，能够从地理环境维度展示出该拒绝服务攻击行为的攻防两方关联信息；在"行为主体"标签页，能够展示出该拒绝服务攻击行为涉及的行为主体及关系推理结果；在"网络图层"标签页，能够展示该拒绝服务攻击行为涉及的网络类型节点及节点关系推理结果；在"业务图层"标签页，能够从业务场景维度展示出该拒绝服务攻击行为涉及的业务相关节点及关系推理结果

步骤 7 后，在"攻击连接数分析"标签页，可看到"攻击连接数分析"模型输出拒绝服务攻击行为时间范围内的连接数特征，包括成功连接数、失败连接数等

步骤 8 后，在"攻击持续时间分析"标签页，可看到"攻击持续时间分析"模型输出该攻击持续的时间趋势

5. 扫描探测行为分析功能测试用例（见表 5-5）

表 5-5　扫描探测行为分析功能测试用例

测试编号：JSWL-005
测试项目：扫描探测行为分析功能
测试目的：验证是否能够根据扫描探测行为分析模型，实现流量协议分析、扫描工具分析等维度的分析
测试配置： ◇ 操作系统：Windows 10 ◇ 应用软件：网络安全态势感知平台 V3.0 ◇ 用户已成功登录系统
测试步骤： 1. 单击行为分析菜单，进入"网络安全事件"页面，在该页面搜索栏的"事件类别"下拉列表中选择扫描探测类别，单击查询按钮 2. 在"网络安全事件"页面搜索栏的"事件 ID"文本框中输入"JSWL-20240501-005"，单击查询按钮 3. 在查询结果表格中，选择事件 ID 为"JSWL-20240501-005"的扫描探测事件，单击该事件右侧的行为认知按钮，进入"扫描探测行为分析"页面 4. 在"模型流程配置"面板中，选择"流量协议分析""扫描工具分析"标签页，单击模型流程中的模型节点，设置该节点的模型参数 5. 在配置完模型节点的相关参数后，单击模型运行按钮，等待扫描探测行为分析模型运行完成 6. 进入"行为图谱"标签页，以图谱形式查看扫描探测行为涉及的实体与关系的推理结果；进入"地理图层"标签页，以地图形式查看攻防两方关联信息；进入"行为主体"标签页，查看该扫描探测行为涉及的行为主体及关系推理结果；进入"网络图层"标签页，查看该扫描探测行为涉及的网络类型节点及节点关系推理结果；进入"业务图层"标签页，从业务场景维度查看该扫描探测行为涉及的业务相关节点及关系推理结果 7. 进入"流量协议分析"标签页，查看"流量协议分析"模型的输出结果 8. 进入"扫描工具分析"标签页，查看"扫描工具分析"模型的输出结果
预期结果： 步骤 1 后，可在"行为分析"——"网络安全事件"页面，观察扫描探测类别的安全事件列表 步骤 2 后，可在"扫描探测事件"列表中，查看事件 ID 为"JSWL-20240501-005"的扫描探测事件 步骤 3 后，可进入事件 ID 为"JSWL-20240501-005"的扫描探测事件的行为分析页 步骤 4 后，能够完成"流量协议分析""扫描工具分析"模型流程中各个模型节点的自定义模型参数配置 步骤 5 后，等待不超过 5 秒的时间，系统弹出模型运行结果信息，提示模型运行成功或错误提示信息 步骤 6 后，在"行为图谱"标签页，能够以图谱形式展示出该扫描探测行为涉及的实体与关系的推理结果；在"地理图层"标签页，能够从地理环境维度展示出该扫描探测行为的攻防两方关联信息；在"行为主体"标签页，能够展示出该扫描探测行为涉及的行为主体及关系推理结果；在"网络图层"标签页，能够展示出该扫描探测行为涉及的网络类型节点及节点关系

（续表）

推理结果：在"业务图层"标签页，能够从业务场景维度展示出该扫描探测行为涉及的业务相关节点及关系推理结果 　步骤 7 后，在"流量协议分析"标签页，可看到"流量协议分析"模型输出该扫描探测行为涉及的流量协议分布特征 　步骤 8 后，在"扫描工具分析"标签页，可看到"扫描工具分析"模型输出使用的扫描探测工具特征

开展有效性测试时，测试数据的设计、生成、采集和使用是关键问题，测试数据在设计和准备时需要考虑边界值等极端情况。包含典型输入数据和边界值的测试数据被称为测试序列。当前，出现了一些根据软硬件产品设计方案（测试方案）描述语言或源代码自动生成测试用例和输入数据的技术，极大地提高了有效性测试的效率，但自动生成的测试用例并不能完全替代专业测试人员的工作，特别是一些涉及专业领域知识、极限条件、分析展示效果的测试工作，以及需要进行交互式测试的内容，仍然需要在专业人员的指导或实际操作下开展。

5.2.3　合规性测试

合规性测试是针对网络安全模块、产品或信息系统等测试对象，按照预先确定的标准或规范要求，逐一检测测试对象是否符合标准规范的内容。例如，市场销售的 IDS 产品需要符合国家标准《信息安全技术 网络入侵检测系统技术要求和测试评价方法》（GB/T 20275-2021）的相关要求。因此，需要由第三方检测机构对安全厂商生产的网络入侵检测产品进行合规性测试，测试的依据就是该项国家标准。又如，各单位的网络系统需要进行网络安全等级保护定级备案，确定系统的安全保护等级后，需要委托等级测评机构，依据国家标准《信息安全技术 网络安全等级保护基本要求》（GB/T 22239-2019）进行合规性测试，测试通过后方可上线运行。

合规性测试采用的测试方法和步骤与有效性测试类似，区别在于，前者是依据已有的国家/行业/企业标准，对产品或信息系统的安全功能进行检查验证，后者则是依据产品或信息系统自身的设计要求，对产品或信息系统的安全功能进行检查验证。另外，合规性测试工作根据所依据标准的不同，可能会包含下面介绍的性能测试、渗透性测试等内容。

合规性测试工作也包括针对测试对象在接口、协议等方面与其他配套产品、信息系统或模块、子系统的互操作情况，确定它们是否符合相关的接口、协议设计和规范。

5.2.4　性能测试

网络安全产品和信息系统通常都接入互联网或其他网络，需要接收、存储、处理和使用的数据量较大，数据类型复杂，对产品或信息系统的性能具有较高要求，包括但不限于网络性能、存储性能、处理性能、人机交互性能等。

性能测试通常需要使用专业的测试设备，例如，可以模拟高带宽网络流量的测试仪，通过输入不同带宽、不同速度的数据或建立不同类型、不同数量的通信连接，得到测试对象的数据处理能力指标值和指标之间的相互影响情况。例如，最大带宽、吞吐量、最大处理速度、最大连接数、通信时延、单位时间新建连接数、丢包率等，另外还包括数据存储量、日志留存时间、操作响应时间等。

一般情况下，有些指标取决于被测对象的内存大小，例如，最大连接数；有些指标取决于被测对象的计算能力，例如，单位时间新建连接数；有些指标取决于被测对象的网络协议栈处理能力，例如，吞吐量；有些指标取决于被测对象的其他参数，例如，硬盘大小决定了数据存储量；另外一些指标则可能受多方面参数的影响，例如，通信时延就受到网络协议栈处理能力和计算能力的影响。

性能测试也包括在测试对象可能出现各类故障的情况下，对故障环境及故障类型等进行的测试工作，此类测试的结果可以反映测试对象运行的稳定性（鲁棒性）。例如，向测试对象故意输入错误的数据，观察测试对象在遇到错误数据时的系统鲁棒性；在与通信相关的测试中，可以利用特殊的设备引入线路噪声、损伤或丢弃一定数量的通信包，借此测试通信双方抵御通信故障的性能；对一些特殊用途的安全设备，由于其运行环境可能比较恶劣，因此还可以采用非常规变化电压或电流强度等措施，以测试这些设备抵抗外力环境变化的性能。

5.2.5 渗透性测试

渗透性测试是指采用网络攻击、漏洞利用、口令破解攻击、密码分析等手段，检测网络安全设备、软硬件模块、网络服务、信息系统等测试对象在网络攻防实战环境下的安全性，验证测试对象防范和抵御攻击破坏的能力。

第 3 章介绍的漏洞扫描技术、网络测绘技术，以及第 4 章介绍的网络攻击技术、恶意代码攻防技术等都可应用于渗透性测试工作中，以便测试防火墙、网关、IDS、VPN、操作系统、DBMS、Web 服务、邮件服务、远程登录服务、关键信息基础设施及其他各类测试对象的安全特性。部分渗透性测试工作可以借助专业的测试仪器进行，一些测试仪器也允许测试人员在其基础上进行二次开发和定制。测试人员可以根据测试对象的特性，自行编制渗透性测试的脚本、代码或其他工具，从而实施更有针对性的测试攻击。读者可参考专业测试仪器的技术文档和相关资料，此处不再赘述。

5.3 安全评估技术

安全评估技术与安全测试技术相比，前者更突出测评所依据的安全模型、策略和流程规范，后者则更强调测评所使用的技术方法。典型的安全评估技术有形式化分析验证、风险评估技术、供应链安全评估技术等。

5.3.1　形式化分析验证

分析验证是指基于数学建模、逻辑推导等分析手段，验证安全产品或信息系统中不存在相应的安全隐患，或者安全漏洞的不可达性。测试对象的控制流、数据流和边界值等是需要重点分析的对象。通常分析验证需要形式化方法，例如，针对高安全等级的操作系统，需要对其进行形式化建模，并利用数学方法进行安全性推导验证。

形式化方法是指用语义符号、数学模型来描述所研究或设计的方法或系统，它们便于推理并得出严谨的结论。当前，已经可以采用安全模型、协议形式化分析和可证明安全性方法等手段对安全策略、安全协议或密码算法进行验证。

1. 安全模型

安全策略是在系统安全较高层次上对安全措施的描述，其表达模型常被称为安全模型 [32,34]，是一种安全方法的高层抽象，它独立于软硬件的具体实现方法。2.4 节中介绍了一些访问控制模型，它们是最典型的一类安全模型。不难看出，安全模型有助于建立形式化的描述和推理方法，因此可以基于它们验证安全策略的性质和性能。

2. 协议形式化分析

针对安全协议进行形式化分析是形式化分析验证的一项重要内容，分析方法主要有基于逻辑推理、攻击结构性及证明结构性的三类方法 [79]。基于逻辑推理的分析方法运用了逻辑系统，从协议各方的交互出发，通过一系列的推理验证安全协议是否满足了安全目标。典型代表是由 Burrows、Abadi 和 Needham 提出的 BAN 逻辑。基于攻击结构性的分析方法从协议的初始状态开始，对正常用户和攻击者的执行路径进行搜索或分析，以期找到协议可能的错误或漏洞，这类分析方法通常采用形式化语言或数学方法描述和验证协议。它通常借助自动化的分析工具，常用的分析工具包括 FDR 和 Murϕ 等。基于证明结构性的分析方法主要在形式化语言或数学描述的基础上对安全性质进行证明，典型方法有 Paulson 归纳法、秩函数法和重写逼近法等。

3. 可证明安全性方法

针对密码算法和安全协议的安全性，越来越多的研究人员使用可证明安全性方法对其进行分析验证 [80]。这种方法在一定的安全模型下，将密码算法和安全协议的安全性归结于伪随机函数、分组密码等已被认可的算法或函数的安全性，这在一定程度上增强了设计者对安全性的把握和控制，提高了密码算法和安全协议的设计水平。

目前，采用形式化分析验证的方法主要针对的是密码算法、安全协议及高等级操作系统内核。这些测试对象的特点是安全内聚性高、功能较为单一，是信息系统中最为关键的安全核心模块，本身具有较好的安全防护能力，受外界干扰和影响较小。然而，对于网络应用、信息系统、基础设施等覆盖范围大、功能复杂、用户交互频繁的测试对象，对其进行完整的数学建模和形式化推导的难度和复杂度太大，因此还处于研究探索阶段。

5.3.2 风险评估技术

网络安全风险来自网络空间中人为或自然的威胁，它是指威胁利用信息资产的脆弱性造成安全事件的可能性，以及安全事件可能对信息资产造成的负面影响。风险评估（Risk Assessment）是指对网络安全威胁进行分析和预测，评估这些威胁对信息资产造成的影响[81]。信息系统的管理者可以依据风险评估的结果，参考信息资产的价值，做出相应的安全决策。

风险评估的形式可以是组织机构自身开展的自我评估，也可以是委托专业的风险评估机构进行评估，或者是由上级机关或监管部门执行的检查性评估。风险评估的方法主要分为定性方法、定量方法和定性与定量相结合的方法。在定性方法中，由评估者根据知识、经验、指导性文件等对评估对象存在的风险进行分析、判断和推断，从而给出风险评估结果；在定量方法中，由评估者根据信息资产、脆弱性、安全威胁的相关数据，利用预定义的模型或公式进行分析推导，评估结果通常以量化形式表达。定性评估结果相对比较粗略，受评估者的主观性影响较大，而定量评估则能够提供量化依据，但缺乏对评估结果的描述解释能力，因此出现了将两者相结合的风险评估技术。自 20 世纪末期以来，风险评估得到了越来越多的重视，ISO 先后颁布了 ISO/IEC 27002《信息技术 信息安全管理实施细则》、ISO/IEC TR 13335《信息技术 安全技术 信息产业安全管理指导方针》和 ISO/IEC 27005《信息安全风险管理》，促进了风险评估的发展。我国于 2022 年修订发布的《信息安全技术 信息安全风险评估方法》（GB/T 20984-2022）代替了 2007 年发布的旧版标准，对风险评估的基本概念、要素关系、分析原理、实施流程和评估方法做出了明确的定义，是当前我国开展风险评估工作的主要依据。

根据《信息安全技术 信息安全风险评估方法》（GB/T 20984-2022）标准要求，风险评估主要分为以下五个环节。

1. 资产识别

基于业务的范围和边界，对业务资产、系统资产、系统组件和单元资产进行识别与分析赋值。业务是风险评估的最高管控对象。此阶段需要判断被评估对象的资产及哪些资产与网络安全风险相关，主要考虑以下方面的内容：

（1）信息资产，例如，数据库、数据文件、电子文件等各类文档；

（2）软件资产，例如，应用软件、系统软件、开发工具、信息和通信服务等；

（3）硬件资产，例如，服务器、终端、网络设备、安全设备、存储设备等；

（4）人员资产，例如，开发人员、管理人员、安全技术人员等；

（5）系统资产，例如，处理和存储信息的信息系统。

2. 威胁识别

从威胁的来源、主体、动机等角度出发，根据威胁的行为能力和频率，结合威胁的不同时机进行识别和分析。一般情况下，可以根据信息资产所处的环境、历史遭受的攻击活动、特定的规程、安全经验或统计数据等推断可能的威胁，评估威胁发生的可能性。威胁发生的可能性主要受资产对攻击者的吸引力、资产转换为收益的复杂度、攻击者利用脆弱性成功实施攻击的难易程度等因素影响。

3. 已有安全措施分析

人们通常将安全措施进行保护性和预防性的分类，结合威胁对已有安全措施的有效性进行分析。

4. 脆弱性识别

从管理和技术两个角度出发，对脆弱性被威胁利用的难易程度及脆弱性被利用后对资产造成的损失进行分析。威胁不一定造成安全事件，只有当攻击者成功利用脆弱性后才会造成安全事件，因此识别脆弱性是风险评估的必要环节。脆弱性与采用的系统架构、网络拓扑、管理体系、基础设施、软硬件平台、应用服务等密切相关，评估者需要根据这些具体情况，结合所识别的威胁，分析每个威胁可能利用的脆弱性，并根据脆弱性的特点，估计它们能够被威胁所利用的可能性。

5. 风险分析与评价

依据风险计算模型对单个资产的风险进行风险值的计算与等级划分，并按照一定的规则，从资产的风险现状推断出业务的整体风险情况。由于安全风险源于威胁、脆弱性及其相互作用所造成的影响，因此安全风险可表示为威胁发生的可能性（PT）、脆弱性被成功利用的可能性（PV）和威胁的潜在影响（I）三个要素的函数。

有关风险评估过程中采用的具体计算方法，请读者参见国家标准《信息安全技术 信息安全风险评估方法》（GB/T 20984-2022）的相关内容，此处不再赘述。

5.3.3　供应链安全评估技术

当前，全球信息技术供应链日趋复杂，不同厂商生产的设备、模块、系统软件、应用软件、开发组件、中间件、工具、脚本等共同成为网络系统的组成部分。其中，任意部件如果存在安全漏洞或隐患，轻则影响系统稳定运行，重则导致系统被渗透控制。系统面临来自对手的供应链攻击风险（特别是利用假冒部件、恶意软件或不可信产品进行攻击的安全风险）越来越大。此外，由于跨国并购信息系统供应商和集成商的趋势不断加快，因此无法将企业所有权和控制权单独作为确保供应链安全的基础，且并购的加速也降低了信息技术产品供应链的透明度和可追溯性。

供应链包括产品和信息系统的全生命周期，包含规划、设计、开发、部署、集成、运营、维护、废弃等各个环节。人员、过程、服务、产品及构成产品的组件都会影响供应链。供应链攻击可能发生在信息技术产品和信息系统生命周期的任何环节。供应链攻击使攻击者可以实现单点突破，导致关键数据和技术被盗、系统/基础设施损坏和/或关键任务操作失效。

供应链安全是纵深防御的概念，应该应用到整个信息系统的生命周期中，并根据系统的性能、代价和安全需求，选择相应的措施。由于信息系统及其组件产品的日益国际化，保证供应链安全可以防止产品中存在的有意/无意的安全缺陷导致信息系统被入侵或破坏。安全缺陷可能被敌对势力、恶意组织或个人等利用，即使是本国生产的产品，安全缺陷也同样可能导致信息系统被破坏。因此，必须对供应链风险进行可靠、全面的评估和管理，提供覆盖全生命周期的保障供应链安全的工具和技术。

供应链安全评估的首要目标是对评估对象的供应链关系进行完整的刻画，因此需要构建软硬件组件的特征图谱，并运用基于源码和二进制代码的缺陷分析技术、高危缺陷感知技术、组件缺陷关联分析技术，来识别信息技术产品与服务的供应链组件、软硬件依赖组件、构成成分和存在的缺陷等要素。在此基础上，需要建立面向供应链全生命周期的安全风险分析模型，形成供应链风险分析评估方法体系，在供应链上下游信息库的支撑下，完成针对信息技术产品、系统、服务等评估对象的供应链安全评估。

针对供应链安全的评估技术目前仍处于发展阶段，由于软硬件产品的自身结构、开发模式、兼容性、组件依赖性、外部服务依赖性的日趋复杂，因此供应链安全评估在多数情况下处于黑盒状态，如何保证评估工作全面、完整地覆盖被评估对象的所有部件和状态，是供应链安全评估需要解决的技术难点。

习　题

1. 安全检测评估技术包含哪些技术？
2. 简述安全测试技术及其应用。
3. 分析合规性测试、有效性测试和渗透性测试三者的区别和各自的适用场景。
4. 简述风险评估技术的要素、流程和方法。
5. 简述供应链安全评估技术的作用。
6. 简述针对网络系统开展供应链安全评估所涉及的主要评估对象。

第 6 章

网络安全等级保护制度中的关键技术

网络安全等级保护是我国在网络安全领域的基本制度，本章介绍等级保护制度中的关键技术，围绕国家标准中针对安全计算环境、安全通信网络、安全区域边界和安全管理中心的各项基本要求，阐述相关的关键技术内容、应用方式和预期效果，帮助读者理解在实际环境中如何构建安全、可靠、合规的网络安全技术体系。本章重点涉及安全计算环境的关键技术、安全通信网络的关键技术、安全区域边界的关键技术。

6.1 网络安全等级保护制度概述

网络安全等级保护是我国在网络安全领域的基本制度。国家实行网络安全等级保护制度，对网络实施分等级保护、分等级监管。网络安全等级保护工作应当按照突出重点、主动防御、综合防控的原则，建立健全网络安全防护体系，重点保护涉及国家安全、国计民生、社会公共利益的基础设施安全、运行安全和数据安全。网络运营者在网络建设过程中，应当同步规划、同步建设、同步运行网络安全保护、保密和密码保护措施。

在网络安全等级保护工作中，网络运营者应当依法开展网络定级备案、安全建设整改、等级测评和自查等工作，采取管理和技术措施，保障网络基础设施安全、网络运行安全、数据安全和信息安全，有效应对网络安全事件，防范网络违法犯罪活动。行业主管部门应当组织、指导本行业、本领域落实网络安全等级保护制度。

根据网络在国家安全、经济建设、社会生活中的重要程度，以及其一旦遭到破坏、丧失功能或数据被篡改、泄露、丢失、损毁后，对国家安全、社会秩序、公共利益及相关公民、法人和其他组织的合法权益的损害程度，网络分为五个安全保护等级[82]。

（1）第一级，一旦受到破坏会对相关公民、法人和其他组织的合法权益造成损害，但不危害国家安全、社会秩序和公共利益的一般网络。

（2）第二级，一旦受到破坏会对相关公民、法人和其他组织的合法权益造成严重损害，或者会对社会秩序和公共利益造成损害，但不危害国家安全的一般网络。

（3）第三级，一旦受到破坏会对相关公民、法人和其他组织的合法权益造成特别严重的损害，或者会对社会秩序和公共利益造成严重损害，或者会对国家安全造成危害的重要网络。

（4）第四级，一旦受到破坏会对社会秩序和公共利益造成特别严重损害，或者会对国家安全造成严重危害的特别重要网络。

（5）第五级，一旦受到破坏后会对国家安全造成特别严重危害的极其重要网络。

国家标准《信息安全技术 网络安全等级保护基本要求》（GB/T 22239-2019）[83]是开展网络安全等级保护的基本依据。该标准规定了网络安全等级保护的第一级到第五级保护对象的安全通用要求和安全扩展要求。该标准适用于指导分等级的非涉密对象的安全建设和监督管理。

网络安全等级保护中的关键技术和管理要求，如图 6-1 所示。其中，安全技术要求部分包括"安全物理环境""安全通信网络""安全区域边界""安全计算环境""安全管理中心"；安全管理要求部分包括"安全管理机构""安全管理制度""安全管理人员""安全建设管理""安全运维管理"，两者合计共分为十大类。另外，针对云计算平台、大数据平台、物联网、工业控制系统、采用移动互联技术的系统等，提出了相应的扩展要求。下面针对基本要求十大类中与网络安全技术密切相关的四个方面分别进行详细介绍，包括安全计算环境、安全通信网络、安全区域边界和安全管理中心。

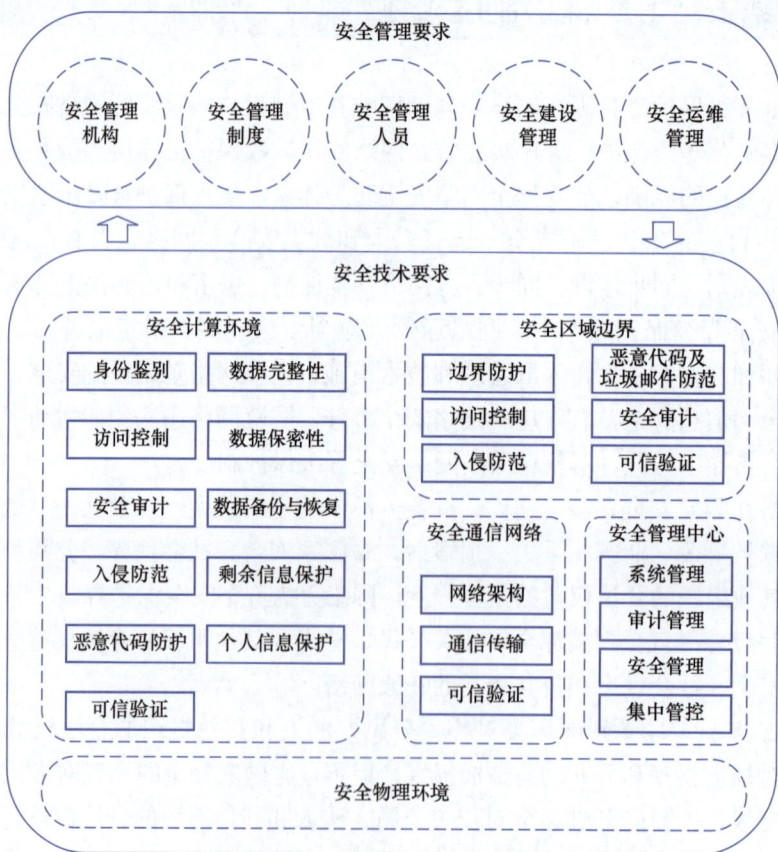

图 6-1 网络安全等级保护中的关键技术和管理要求

6.2　安全计算环境的关键技术

安全计算环境主要包括身份鉴别、访问控制、安全审计、入侵防范、恶意代码防护、可信验证、数据完整性、数据保密性、数据备份与恢复、剩余信息保护和个人信息保护。

6.2.1　身份鉴别

针对身份鉴别要求的关键技术主要包括以下内容。

（1）采用 2.3 节介绍的关键技术，对安全计算环境中的登录用户进行身份标识和鉴别。为符合身份标识的唯一性和复杂度要求，通常采用数字证书、公钥认证、生物认证、零信任等技术，保证身份标识不可伪造或篡改，并保证鉴别认证过程的安全性。如果采用口令认证方式，则对认证机制进行安全配置，启用登录失败处理功能，包括启用结束会话、限制非法登录次数和当登录连接超时自动退出等。

（2）当进行远程管理时，采用 2.3 节介绍的挑战—响应技术或公钥认证技术，实现认证过程的"一次一密"和鉴别信息的加密传输，防止鉴别信息在网络传输过程中被窃听。

（3）对于安全保护等级确定为三级及以上的系统，采用 2.3 节介绍的密码技术、生物技术等两种或两种以上组合的鉴别技术对用户进行身份鉴别，且其中至少一种鉴别机制使用密码技术来实现，例如，可以采用公钥算法结合口令机制进行用户身份认证，或者使用生物技术鉴别用户身份并使用密码技术保护生物信息。

6.2.2　访问控制

针对访问控制要求的关键技术主要包括以下内容。

（1）采用 2.4 节介绍的关键技术，包括 DAC、MAC、RBAC 等技术，对登录的用户分配合理账户和权限。

（2）对于安全保护等级确定为三级及以上的系统，进一步强化访问控制技术，由授权主体配置访问控制策略。访问控制策略规定主体对客体的访问规则，当访问控制的粒度达到主体为用户级或进程级时，客体为文件、数据库表级。

（3）针对安全计算环境中的重要主体和客体，采用 2.4.3 节介绍的 MAC 技术，对主客体设置安全标记，控制主体对有安全标记资源的访问。

（4）遵循访问控制技术应用中的最小特权原则，仅授予管理用户所需要的最小权限，实现管理用户的权限分离。

（5）采取技术措施保证安全计算环境的访问控制机制不被绕过，包括重命名或删除默认账户，修改默认账户的默认口令，及时删除或停用多余的、过期的账户，避免共享账户的存在。

6.2.3　安全审计

针对安全审计要求的关键技术主要包括以下内容。

（1）采用3.5节介绍的审计策略、事件记录、审计记录分析等关键技术，启用安全计算环境的审计功能，对重要的用户行为和重要安全事件进行审计。

（2）安全审计的数据来源包括系统日志、数据库日志、应用日志和网络流量等类型，详见3.5.2节相关内容，审计记录包括事件的日期、事件的用户、事件的类型、事件是否成功及其他与审计相关的信息。

（3）采用2.2节介绍的密码技术对审计记录进行保护，包括使用分组密码和公钥密码技术对审计记录进行加密保护，避免审计记录被未授权人员访问，同时使用杂凑函数对审计记录进行完整性保护，避免审计记录遭受未授权的篡改、删除或覆盖。

（4）采用数据备份技术对审计记录进行定期备份，避免审计记录由于遭受意外事件或网络攻击而导致无法访问。

（5）对于安全保护等级确定为三级及以上的系统，还需要采用2.5.1节介绍的操作系统安全技术，对审计进程进行保护，防止未经授权的进程中断导致审计缺失。

6.2.4　入侵防范

针对入侵防范要求的关键技术主要包括以下内容。

（1）采用3.2节介绍的漏洞扫描技术，发现安全计算环境中可能存在的已知漏洞，并在经过充分测试评估后，及时修补漏洞。

（2）采用2.6节介绍的网络防护技术（如防火墙、VPN技术、SSL/TLS协议、IPSec协议），3.4节介绍的入侵检测技术和3.6节介绍的态势感知技术，实现安全计算环境与外部环境的安全隔离和防护，并及时发现安全计算环境正在遭受或可能遭受的网络攻击、恶意代码传播等恶意行为。

（3）采用4.4节介绍的应急响应技术，对安全计算环境遭受的恶意攻击行为进行阻断；

（4）采用2.2节介绍的密码技术对数据进行有效性检验，保证通过人机接口输入或通过通信接口输入的内容符合系统设定要求。

（5）对于安全保护等级确定为三级及以上的系统，采用入侵检测技术和态势感知技术进行安全防范时，在重要节点处部署监测节点（如探针设备），从而能及时检测到针对重要节点的入侵行为，并在发生严重入侵事件时报警。

6.2.5　恶意代码防护

针对恶意代码防护要求的关键技术主要包括以下内容。

（1）采用 4.3.2 节介绍的恶意代码分析检测技术，包括特征库比对、威胁情报关联、静态分析、动态分析等技术，并参考 4.2 节介绍的恶意代码相关的网络攻击技术，使用防恶意代码软件或具有相应功能的其他软硬件设备，对恶意代码进行防护，定期进行软硬件升级和更新防恶意代码库。

（2）对于安全保护等级确定为三级及以上的系统，参考 2.5.3 节介绍的可信计算技术，利用主动免疫可信验证机制及时识别入侵和病毒行为，并将其有效阻断。

6.2.6　可信验证

针对可信验证要求的关键技术主要包括以下内容。

（1）采用 2.5.3 节介绍的可信计算技术，在基于可信根对计算设备的系统引导程序、系统程序、重要配置参数和应用程序等进行可信验证，在检测到其可信性受到破坏后进行报警，并将验证结果形成审计记录送至安全管理中心。

（2）对于安全保护等级确定为三级及以上的系统，在基于可信根对计算设备的系统引导程序、系统程序、重要配置参数和应用程序等进行可信验证的基础上，还要在应用程序的关键执行环节进行动态可信验证，在检测到其可信性受到破坏后进行报警，并将验证结果形成审计记录送至安全管理中心。

6.2.7　数据完整性

针对数据完整性要求的关键技术主要包括以下内容。

（1）采用 2.2.3 节介绍的公钥密码技术和 2.2.4 节介绍的杂凑函数技术，实现安全计算环境对数据完整性的要求，保证重要数据在传输和存储过程中的完整性。

（2）对于安全保护等级确定为三级及以上的系统，采用 2.2 节介绍的密码技术保证重要数据在传输和存储过程中的完整性，包括安全鉴别数据、重要业务数据、重要审计数据、重要配置数据、重要视频数据和重要个人信息等。

6.2.8　数据保密性

针对数据保密性要求的关键技术主要包括以下内容。

（1）采用分别在 2.2.1 节、2.2.2 节、2.2.3 节介绍的分组密码、序列密码和公钥密码技术，实现安全计算环境对数据保密性的要求。

（2）重点针对安全保护等级确定为三级及以上的系统，采用密码技术保证重要数据在传输和存储过程中的保密性，包括安全鉴别数据、系统和网络配置数据、安全策略数据、重要业务数据、用户信息和重要个人信息等。

6.2.9 数据备份与恢复

针对数据备份与恢复要求的关键技术主要包括以下内容。

（1）采用 4.4 节介绍的应急响应技术，实现安全计算环境对数据备份与恢复的要求，提供重要数据的本地数据备份与恢复，并提供异地数据备份，利用通信网络将重要数据定时批量传送至备用场地。

（2）对于安全保护等级确定为三级及以上的系统，采用异地数据实时备份技术，利用通信网络将重要数据进行实时备份，并采用热冗余技术对重要数据处理系统进行保护，保证安全计算环境的高可用性。

6.2.10 剩余信息保护

针对剩余信息保护要求的关键技术主要包括以下内容。

（1）剩余信息主要是指内存或硬盘的存储空间中曾经存储过的重要的敏感数据，例如，用户的身份信息、口令、认证信息等，当这些存储空间需要被释放或重新分配给其他用户时，应该对其内容进行彻底清除，避免被后续用户读取。采用的技术措施是对曾经存储过敏感数据的内存空间或硬盘扇区进行重新的写入操作，将无关（如垃圾）信息写入该存储区域，或者对该存储区域进行清零操作。

（2）对于安全保护等级确定为三级及以上的系统，必须采用上述技术措施，保证存有敏感数据的存储空间被释放或在重新分配前被完全清除。

6.2.11 个人信息保护

针对个人信息保护要求的关键技术主要包括以下内容。

（1）采用 2.2 节介绍的密码技术对采集、存储、传输、使用的个人信息进行密码保护，包括保护个人信息的机密性和完整性，避免遭受非法的读取、篡改或删除。

（2）采用 2.3 节介绍的鉴别认证技术和 2.4 节介绍的访问控制技术，对访问个人信息的用户进行安全认证和权限控制，阻断未授权访问和非法使用个人信息的行为。

6.3 安全通信网络的关键技术

针对安全通信网络的关键技术主要包括网络架构、通信传输和可信验证。

6.3.1 网络架构

针对网络架构要求的关键技术主要包括以下内容。

（1）参考 2.6 节介绍的网络防护技术，将网络架构划分为不同的网络区域，在重要网络区域与其他网络区域之间采用防火墙、VPN 技术等进行可靠的安全隔离。

（2）对于安全保护等级确定为三级及以上的系统，进行合理的带宽分配，使用带宽管理技术保证网络各部分的带宽满足业务高峰期的需要；采用冗余热备技术，提供通信线路、关键网络设备和关键计算设备的硬件冗余，保证安全通信网络的可用性。

6.3.2　通信传输

针对通信传输要求的关键技术主要包括以下内容。

（1）采用 2.2 节介绍的密码技术保证通信传输中数据的完整性。

（2）对于安全保护等级确定为三级及以上的系统，既要采用 2.2.4 节介绍的杂凑函数来保证通信过程中数据的完整性，也要采用分别在 2.2.1 节、2.2.2 节、2.2.3 节介绍的分组密码、序列密码和公钥密码来保证通信传输中数据的保密性。

6.3.3　可信验证

针对可信验证要求的关键技术主要包括以下内容。

（1）采用 2.5.3 节介绍的可信计算技术，实现安全通信网络对可信验证的要求，基于可信根对通信设备的系统引导程序、系统程序、重要配置参数和通信应用程序等进行可信验证，在检测到其可信性受到破坏后进行报警，并将验证结果形成审计记录送至安全管理中心。

（2）对于安全保护等级确定为三级及以上的系统，在基于可信根对通信设备的系统引导程序、系统程序、重要配置参数和通信应用程序等进行可信验证的基础上，还要在应用程序的关键执行环节进行动态可信验证，在检测到其可信性受到破坏后进行报警，并将验证结果形成审计记录送至安全管理中心。

6.4　安全区域边界的关键技术

针对安全区域边界的关键技术主要包括边界防护、访问控制、入侵防范、恶意代码及垃圾邮件防范、安全审计和可信验证。

6.4.1　边界防护

针对边界防护要求的关键技术主要包括以下内容。

（1）采用 2.6 节介绍的 VPN 技术、防火墙等技术，实现安全区域边界对边界防护的要求，保证跨越边界的访问和数据流通过边界设备提供的受控接口进行安全通信。

（2）对于安全保护等级确定为三级及以上的系统，采用非法内联检测技术，对未授权设备私自关联到内部网络的行为进行检查或限制；采用非法外联检测技术，对内部用户未授权到外部网络的行为进行检查或限制；采用安全的无线通信协议，保证无线网络通过受控的边界设备接入内部网络。

6.4.2　访问控制

针对访问控制要求的关键技术主要包括以下内容。

（1）采用 2.6 节介绍的防火墙、IPSec 协议等技术，来实现安全区域边界的访问控制要求。在网络边界或不同区域之间，需要根据访问控制策略设置访问控制规则，并遵循默认原则，即除通信受控接口允许的通信外，拒绝所有其他通信。同时，应定期删除多余或无效的访问控制规则，以优化访问控制列表，保证访问控制规则数量的最小化。

（2）采用的访问控制技术支持对源地址、目的地址、源端口、目的端口和协议等进行检查，以允许或拒绝数据包进出。

（3）采用基于会话的访问控制技术，能够根据协议会话状态信息，为进出数据流提供明确的允许访问或拒绝访问能力。

（4）对于安全保护等级确定为三级及以上的系统，进一步采用深度流检测和深度包检测技术，对进出网络的数据流实现基于应用协议和应用内容的访问控制。

6.4.3　入侵防范

针对入侵防范要求的关键技术主要包括以下内容。

（1）采用 3.4 节介绍的入侵检测技术和 3.6 节介绍的态势感知技术，参考 4.2 节介绍的网络攻击技术，实现安全区域边界对入侵防范的要求，并在关键网络节点处监视网络攻击行为。

（2）对于安全保护等级确定为三级及以上的系统，采用入侵检测技术和态势感知技术在关键网络节点处检测、防止或限制从外部与内部发起的网络攻击行为；进一步采用 3.7 节介绍的网络空间智能认知技术，对网络行为进行智能分析，实现对网络攻击特别是新型网络攻击行为的监测发现。当检测到攻击行为时，记录攻击源 IP 地址、攻击类型、攻击目标、攻击时间，以便在发生严重入侵事件时提供报警。

6.4.4　恶意代码及垃圾邮件防范

针对恶意代码及垃圾邮件防范要求的关键技术主要包括以下内容。

（1）采用 4.3 节介绍的恶意代码攻防技术，实现安全区域边界对恶意代码防护的要求。在关键网络节点处对恶意代码进行检测和清除，并维护恶意代码防护机制的升级和更新。

（2）对于安全保护等级确定为三级及以上的系统，在关键网络节点处采用协议解析和监测感知技术，对垃圾邮件进行检测和防护，并维护垃圾邮件防护机制的升级和更新。

6.4.5　安全审计

针对安全审计要求的关键技术主要包括以下内容。

（1）采用 3.5 节介绍的审计策略、事件记录、审计记录等关键技术，启用安全区域边界的审计功能，在网络边界、重要网络节点进行安全审计。

（2）审计记录包括事件的日期、事件的用户、事件的类型、事件是否成功及其他与审计相关的信息。

（3）采用 2.2 节介绍的密码技术对审计记录进行保护，包括使用分组密码和公钥密码技术对审计记录进行加密保护，避免审计记录被未授权人员访问，同时使用杂凑函数对审计记录进行完整性保护，避免审计记录遭受未授权的篡改、删除或覆盖。

（4）采用数据备份技术对审计记录进行定期备份，避免审计记录由于遭受意外事件或网络攻击而无法访问。

（5）对于安全保护等级确定为三级及以上的系统，还需要对远程访问的用户行为、访问互联网的用户行为等单独进行行为审计和数据分析。

6.4.6　可信验证

针对可信验证要求的关键技术主要包括以下内容。

（1）采用 2.5.3 节介绍的可信计算技术，实现安全区域边界对可信验证的要求，基于可信根对边界设备的系统引导程序、系统程序、重要配置参数和边界防护应用程序等进行可信验证，在检测到其可信性受到破坏后进行报警，并将验证结果形成审计记录送至安全管理中心。

（2）对于安全保护等级确定为三级及以上的系统，在基于可信根对边界设备的系统引导程序、系统程序、重要配置参数和边界防护应用程序等进行可信验证的基础上，还要在应用程序的关键执行环节进行动态可信验证，在检测到其可信性受到破坏后进行报警，并将验证结果形成审计记录送至安全管理中心。

6.5　安全管理中心的关键技术

针对安全管理中心的关键技术主要包括系统管理、审计管理、安全管理和集中管控。

6.5.1　系统管理

针对系统管理要求的关键技术主要包括以下内容。

（1）采用 2.3 节介绍的鉴别认证技术，对系统管理员进行身份鉴别，只允许其通过特定的命令或操作界面进行系统管理操作，并对这些操作进行审计。

（2）通过系统管理员对系统的资源和运行进行配置、控制和管理，包括用户身份、系统资源配置、系统加载和启动、系统运行异常处理、数据和设备的备份与恢复等。

6.5.2　审计管理

针对审计管理要求的关键技术主要包括以下内容。

（1）采用 2.3 节介绍的鉴别认证技术，对审计管理员进行身份鉴别，只允许其通过特定的命令或操作界面进行安全审计操作，并对这些操作进行审计。

（2）通过审计管理员对审计记录进行分析，并根据分析结果进行处理，包括根据安全审计策略对审计记录进行存储、管理和查询等。

6.5.3　安全管理

针对安全管理要求的关键技术主要包括以下内容。

（1）采用 2.3 节介绍的鉴别认证技术，对安全管理员进行身份鉴别，只允许其通过特定的命令或操作界面进行安全管理操作，并对这些操作进行审计。

（2）通过安全管理员对系统中的安全策略进行配置，包括安全参数的设置，主体、客体统一安全标记，对主体进行授权，配置可信验证策略等。

6.5.4　集中管控

针对集中管控要求的关键技术主要包括以下内容。

（1）划分特定的管理区域，对分布在网络中的安全设备或安全组件进行管控，采用网络防护技术将安全管理区域与其他区域进行安全隔离。

（2）采用 2.6 节介绍的 VPN 技术、SSL/TLS 协议、IPSec 协议建立安全的信息传输路径，对网络中的安全设备或安全组件进行管理。

（3）采用 3.6 节介绍的态势感知技术，对网络链路、安全设备、网络设备和服务器等的运行状况进行集中监测；对分散在各个设备上的审计数据进行收集汇总和集中分析，并保证审计记录的留存时间符合法律法规要求；对安全策略、恶意代码、补丁升级等安全相关事项进行集中管理；必要时采用 3.7 节介绍的网络空间智能认知技术，对网络中发生的各类安全事件和操作行为进行识别、分析和预警。

习　题

1. 简述网络安全等级保护基本要求中关于技术要求部分的分类。
2. 简述安全计算环境相关的关键技术类型。

3. 在安全计算环境中针对身份鉴别要求的关键技术有哪些？

4. 在安全计算环境中针对访问控制要求的关键技术有哪些？

5. 在安全计算环境中针对安全审计要求的关键技术有哪些？

6. 在安全计算环境中针对入侵防范要求的关键技术有哪些？分析各类技术的特点和适用场景。

7. 在安全计算环境中针对可信验证要求的关键技术有哪些？

8. 简述安全通信网络的关键技术。

9. 针对安全区域边界的边界防护要求，通常依托哪类（哪几类）技术实现？分析各类技术的特点和适用场景。

10. 简述安全管理中心的关键技术。

第 7 章

关键信息基础设施安全保护制度中的关键技术

关键信息基础设施安全保护是我国近年来在网络安全领域部署开展的重要工作。本章依据国务院发布的《关键信息基础设施安全保护条例》中的相关要求，参考国家标准《信息安全技术 关键信息基础设施安全保护要求》，围绕关键信息基础设施的分析识别、安全防护、检测评估、监测预警、事件处置、主动防御等环节，阐述相关的关键技术，帮助读者理解在涉及国计民生的关键信息基础设施环境中如何运用网络空间安全技术进行有效的安全保护。本章重点涉及关键信息基础设施的安全防护技术、关键信息基础设施的监测预警技术、关键信息基础设施的事件处置技术、关键信息基础设施的主动防御技术等。

7.1 关键信息基础设施安全保护制度概述

2021 年 7 月 31 日，国务院发布了《关键信息基础设施安全保护条例》，该条例自 2021 年 9 月 1 日起施行 [84]。按照《关键信息基础设施安全保护条例》的规定，关键信息基础设施是指公共通信和信息服务、能源、交通、水利、金融、公共服务、电子政务、国防科技工业等重要行业和领域的，以及其他一旦遭到破坏、丧失功能或数据泄露，可能严重危害国家安全、国计民生、公共利益的重要网络设施、信息系统等。国家对关键信息基础设施实施重点保护来监测、防御、处置来源于中华人民共和国境内外的网络风险和威胁，保护关键信息基础设施免受攻击、入侵、干扰和破坏，依法惩治危害关键信息基础设施安全的违法犯罪活动。

关键信息基础设施运营者是在网络安全等级保护的基础上，采取技术保护措施和其他必要措施，应对网络安全事件，防范网络攻击和违法犯罪行为，保障关键信息基础设施安全稳定运行，维护数据的完整性、保密性和可用性。在贯彻实施关键信息基础设施安全保护制度的工作中，涉及关键信息基础设施的分析识别、安全防护、检测评估、监测预警、主动防御、事件处置等工作环节，需要综合运用各类网络空间安全技术。此外，还需要以应对攻击行为的监测发现为基础，主动采取收敛暴露面、捕获、溯源、干扰和阻断等措施，开展攻防演习和威胁情报工作，提高对网络安全威胁与攻击行为的识别、分析和主动防御能力。关键信息基础设施安全保护关键技术如图 7-1 所示。

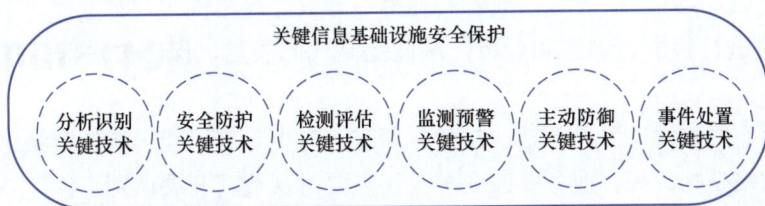

图 7-1　关键信息基础设施安全保护关键技术

7.2　分析识别

关键信息基础设施的运营者应当配合保护工作部门，按照规定开展关键信息基础设施的识别和认定工作，并围绕关键信息基础设施承载的关键业务，开展资产识别、风险识别等活动。分析识别活动是开展关键信息基础设施安全防护、检测评估、监测预警、事件处置、主动防御等活动的基础。

分析识别工作包括业务识别、资产识别和风险识别。业务识别的目标是识别本组织的关键业务及其所依赖的外部业务，且识别外部业务对本组织关键业务的重要性。当关键业务为外部业务提供服务时，识别本组织关键业务对外部业务的重要性，梳理关键业务链，明确支撑本组织关键业务的关键信息基础设施分布和运营情况。资产识别的目标是识别关键业务链所依赖的资产，建立关键业务链相关的网络、系统、服务和其他资产清单。基于资产类别、资产重要性和支撑业务的重要性，对资产进行优先排序，确定资产防护的优先级。此外，还需要实现对关键信息基础设施相关资产的自动化管理，根据关键业务链所依赖资产的实际情况实时动态更新。风险识别是指根据关键业务链开展安全风险评估及影响分析，识别关键业务链各环节的威胁、脆弱性、已有安全控制措施及主要安全风险点，确定风险处置的优先级，形成安全风险报告。

资产识别活动主要利用 3.3 节介绍的网络测绘技术来实现，包括通过主动扫描、被动流量监听、时空标注、大数据治理与关联分析等技术方法，精准识别、归类本组织业务链所依赖的各类资产，判断资产归属，标注资产性质，构建网络资产知识图谱，对本组织的资产信息进行有效组织和管理。

风险识别活动主要利用 3.2 节介绍的漏洞扫描技术和 5.2.5 节介绍的渗透性测试技术，发现、识别、验证关键信息基础设施资产所存在的安全漏洞和隐患，并利用第 5 章介绍的风险评估技术、供应链安全评估等技术，发掘关键信息基础设施所使用的 IT 产品、设备、设施存在的深层次安全风险。风险识别是分析识别环节中的重点工作，主要针对关键信息基础设施安排各类软件（包括但不限于系统软件、应用软件、中间件、开源软件等）的使用。由于其覆盖了关键信息基础设施运行和服务的方方面面，因此需要对其进行全面的代码安全性分析，以识别各类软件代码的安全隐患。这部分工作可以借助对应的源代码扫描工具如 SAST、SCA 等，或者委托第三方软件检测机构，对源代码中的安全漏洞及许可证风险进行检测、识别和分析，从而提高代码质量，保障关键信息基础设施的安全性。

当关键信息基础设施发生改建、扩建、所有人变更等有可能影响认定结果的重大变化时，例如，网络拓扑改变、业务链改变等，还需要对其重新开展识别工作，并更新资产清单和风险清单，按规定进行重新认定。

7.3 安全防护

关键信息基础设施的安全防护工作要充分落实网络安全等级保护制度，开展定级、备案、相应等级的安全建设整改和等级测评工作。根据已识别的关键业务、资产、安全风险，在安全管理制度、安全管理机构、安全管理人员、安全通信网络、安全计算环境、安全建设管理、安全运营管理等方面实施安全管理和技术保护措施，确保关键信息基础设施的运行安全。除了在等级保护要求的基础上进一步细化，还需要加强数据安全和供应链安全的保障，提高数字化发展和可信可控背景下的安全保障能力。本节主要介绍关键信息基础设施安全防护中的相关技术。

7.3.1 安全通信网络

根据网络安全等级保护制度的通用要求，安全通信网络的工作内容涉及网络带宽、设备处理、安全区域划分、重要区域位置的保护、可用性冗余等方面，读者可参考网络安全等级保护标准的相关要求。针对关键信息基础设施在安全通信网络方面的保护工作，还需要进一步采用以下关键技术。

（1）采用安全隔离和跨域安全互联技术，建立或完善不同等级系统、不同业务系统、不同区域之间和多个运营者之间的安全互联策略。

（2）采用 2.6 节介绍的 VPN 技术和 SSL/TLS 协议，在通信前基于密码技术对通信双方进行认证，从而对不同局域网之间的远程通信进行安全防护。

（3）采用 2.3 节介绍的鉴别认证技术，使用统一身份与授权管理系统/平台，基于用户身份进行统一授权管理，保持相同用户的用户身份、安全标记、访问控制策略等在不同等级系统、不同业务系统、不同区域中的一致性。

（4）采用 2.4 节介绍的 MAC 技术，限制数据从高安全等级系统流向低安全等级系统，从而对不同等级系统、不同业务系统、不同区域之间的互操作、数据交换和信息流向进行严格控制。

（5）采用网络接入动态检测及管控技术，实时发现未授权的接入设备，保证只允许通过运营者自身授权和安全评估的软硬件运行。

（6）采用 3.5 节介绍的安全审计技术，加强网络审计措施，监测、记录系统运行状态、日常操作、故障维护、远程运维等，留存相关日志数据不少于 12 个月。

7.3.2　安全计算环境

根据网络安全等级保护制度的通用要求，安全计算环境的工作内容涉及身份鉴别、访问控制、安全审计、入侵防范、恶意代码防护、可信验证、数据完整性、数据保密性、数据备份与恢复、剩余信息保护、个人信息保护等方面，具体内容读者可参考网络安全等级保护标准的相关要求。针对关键信息基础设施在安全计算环境方面的保护工作，还需要进一步采用以下关键技术。

（1）采用 2.3 节介绍的鉴别认证技术，对设备、用户、服务或应用、数据进行鉴别认证和安全管控，且对重要业务操作或异常用户操作建立动态的身份鉴别方式，或者采用多因子身份鉴别方式。

（2）采用 2.4.3 节介绍的 MAC 技术，针对重要业务数据资源的操作，基于安全标记等技术实现访问控制。

（3）采用 4.2.5 节介绍的 APT 相关网络攻防对抗技术，实现对新型网络攻击行为（如APT 攻击）的入侵防范。

（4）采用 3.4 节介绍的入侵检测技术和 4.3 节介绍的恶意代码攻防技术，及时识别并阻断入侵和病毒行为，使系统具备主动安全防护能力。

（5）采用第 8 章介绍的数据安全保护制度中的关键技术，实施数据安全技术防护，开展数据安全风险评估，制定数据安全事件应急预案，及时处置数据安全事件。

（6）严格控制重要数据的公开、分析、交换、共享和导出等关键环节，采用 8.2 节和8.3 节介绍的数据加密、脱敏、去标识化等技术手段保护敏感数据的安全。

（7）采用 8.3 节中介绍的数据容灾备份技术，对重要系统和数据库进行异地备份，对业务连续性要求高的实现异地实时切换，确保关键信息基础设施一旦被破坏，可及时进行恢复和补救。

（8）使用自动化技术工具，支持系统账户、配置、漏洞、补丁、病毒库等的管理。

7.3.3　安全建设管理

根据网络安全等级保护制度的通用要求，安全建设管理的工作内容涉及服务供应商选择、服务协议签订、供应链管理、服务监督评审和审核等方面，具体内容读者可参考网络安全等级保护标准的相关要求。

针对关键信息基础设施在安全建设管理方面的保护工作，需要进一步在管理方面开展一系列工作。由于相关工作并不涉及详细的关键技术内容，因此此处不再赘述，具体内容请读者参见系列教材中关于关键信息基础设施安全保护的相关著作。

7.3.4　安全运营管理

根据网络安全等级保护制度的通用要求，安全运营管理的工作内容涉及安全事件报告、安全事件处置流程、安全事件处置规范、应急预案制定、应急预案培训演练、应急预案评估完善等方面，具体内容读者可参考网络安全等级保护标准的相关要求。

针对关键信息基础设施在安全运营管理方面的保护工作，需要进一步在运营方面开展一系列工作。由于相关工作并不涉及详细的关键技术内容，因此此处不再赘述，具体内容请读者参见系列教材中关于关键信息基础设施安全保护的相关著作。

7.4　检测评估

为检验关键信息基础设施安全防护措施的有效性并及时发现网络安全风险隐患，运营者应制定相应的检测评估制度，包括但不限于检测评估流程、内容、方式方法、周期、人员组织、资金保障等，并分析潜在安全风险可能引起的安全事件（参见第 5 章介绍的安全检测评估技术）。

针对关键信息基础设施在检测评估方面的保护工作，需要进一步开展一系列管理工作，例如，对网络安全等级保护工作落实情况、密码应用安全性情况、技术防护情况、云服务安全状况、应急演练情况、攻防演练情况、关键信息基础设施跨系统/跨区域间的信息流动情况、关键业务流动过程中所经资产的安全防护情况等，进行全面的安全检测评估。由于相关工作并不涉及详细的关键技术内容，因此此处不再赘述，具体内容请读者参见系列教材中关于关键信息基础设施安全保护的相关著作。

7.5　监测预警

运营者应制定并实施网络安全监测预警和通报制度，明确开展监测预警工作的管理和要求，制定监测策略，明确监测对象、监测流程、监测内容，主动掌握威胁态势；提高监测预警技术措施，实现相关技术措施的有效聚合和一体化管理；针对即将发生或正在发生的网络安全事件或威胁，提前或及时发出安全警示；建立威胁情报和信息共享机制，落实相关措施，提高关键信息基础设施主动防御的能力（参见第 3 章介绍的各类监测感知技术），其中与关键技术相关的主要包括监测和预警两方面内容。

7.5.1　监测

针对监测要求的关键技术主要包括以下内容。

（1）采用 3.4 节介绍的入侵检测技术，对关键业务所涉及的网络和信息系统进行监测（如对加密通信进行监测，对应用层进行监测，对不同等级系统、不同业务系统、不同区域之间的信息流动进行监测等），采用分别在 2.2 节、2.3 节、2.4 节介绍的密码技术、鉴别认证技术和访问控制技术，对监测获得的信息采取保护措施，防止其受到未授权的访问、修改和删除。

（2）采用 3.4 节介绍的入侵检测技术和 3.6 节介绍的态势感知技术，分析网络系统通信流量或事态的模式，建立常见系统通信流量或事态的模型，并使用这些模型调整监测设备，以减少误报和漏报。

（3）采用 3.6 节介绍的态势感知技术，通过自动化机制对关键业务所涉及的网络系统的所有监测信息进行整合分析，以便及时关联、分析关键信息基础设施的网络安全态势。

（4）采用 3.6 节介绍的态势感知技术，并结合 3.7 节介绍的网络空间智能认知技术，对关键业务运行所涉及的各类信息进行关联，并分析整体安全态势。具体来说主要包括：分析不同类型、不同位置的审计日志并进行关联；对系统内多个组件的审计记录进行关联；将取自审计记录的信息与取自物理访问监控的信息进行关联；将来自非技术源的信息（如供应链活动信息、关键岗位人员信息等）与审计信息关联；网络安全共享信息关联等。

（5）通过安全态势分析结果和网络空间认知结果，确定安全策略和安全控制措施是否合理有效，必要时进行更新。

7.5.2　预警

针对预警要求的关键技术主要包括以下内容。

（1）采用 3.4 节介绍的入侵检测技术和 4.3.2 节介绍的恶意代码分析检测技术，在发现可能危害关键业务的迹象时，监测机制通过自动化的方式及时报警并采取对关键业务破坏性最小的行动。例如，恶意代码防护机制、入侵检测设备及防火墙可以通过弹出对话框、发出声音或向相关人员发送电子邮件等方式进行报警。

（2）采用 3.6 节介绍的态势感知技术，结合 3.7 节介绍的网络空间智能认知技术，对网络安全共享信息和报警信息等进行综合分析、研判，必要时生成内部预警信息。内部预警信息的内容包括但不限于基本情况描述、可能产生的危害及程度、可能影响的用户及范围、建议采取的应对措施等。

（3）持续通过技术手段获取预警发布机构的安全预警信息，采用 3.6 节介绍的态势感知技术和 3.7 节介绍的网络空间智能认知技术，分析、研判相关事件或威胁对自身网络安全保护对象可能造成损害的程度，必要时启动应急预案。获取的安全预警信息应按照规定通报给相关人员和相关部门。

7.6 事件处置

事件处置是指对网络安全事件进行报告和处置，并根据检测评估、监测预警环节发现的问题，运营者制定并实施适当的应对措施，恢复由于网络安全事件而受损的功能或服务（参见 4.4 节）。它具体包括事件管理制度、应急预案、响应和处置、重新评估等内容。其中，事件管理制度、应急预案、重新评估三项内容主要关注管理制度方面的要求，此处不再赘述，具体内容请读者参见系列教材中关于关键信息基础设施安全保护的相关著作。

响应和处置工作涉及相关的技术支撑手段，主要包括以下内容。

（1）采用 4.4 节介绍的应急响应技术，按照事件处置流程、应急预案进行事件处置，恢复关键业务和信息系统到已知的状态。

（2）采用 4.5 节介绍的数字勘查取证技术，在事件发生后尽快收集证据，按要求进行网络安全取证分析，并确保所有涉及的响应活动被适当记录，便于日后分析。在进行取证分析时，应与业务连续性计划相协调。

（3）在恢复关键业务和信息系统后，采用第 5 章介绍的安全检测评估技术，对关键业务和信息系统恢复情况进行评估，查找事件原因并采取措施防止关键业务和信息系统再次故障或遭受破坏、危害。

7.7 主动防御

主动防御工作主要包括收敛暴露面、攻击发现和阻断技术、攻防演练技术、威胁情报共享与协同联动技术等方面。

7.7.1 收敛暴露面

该技术步骤如下：采用 3.3 节介绍的网络测绘技术，探测关键信息基础设施互联网区域和内网区域的网络拓扑、地址、端口、应用服务等暴露面信息；采用 3.2 节介绍的漏洞扫描技术，探测网络、设备和应用服务存在的安全漏洞；结合第 5 章介绍的安全检测评估技术，通过技术检测、配置核查、文档审查等手段，按照网络暴露面的合规性要求，识别组织机构存在的未知的、隐藏的、不合理的网络出口和暴露面，减少外部入侵的风险。

同时，注意减少对外暴露的内部信息（包括但不限于网络架构、拓扑图、地址规划、主机信息、数据库信息、应用服务信息、源代码、内部技术文档、管理制度、人员信息、财务信息、资产信息等），从而有效防范社会工程学攻击。

7.7.2　攻击发现和阻断技术

该技术步骤如下：采用 3.4 节介绍的入侵检测技术和 4.3 节介绍的恶意代码攻防技术，检测发现网络攻击的方法、手段，采取有针对性的防护策略和技术措施；针对监测发现的攻击活动，分析攻击路线、攻击目标，设置多道防线，采取捕获、干扰、阻断、封控、加固等多种技术手段，切断攻击路径，快速处置网络攻击。其中，捕获技术手段参考 4.6 节介绍的蜜罐/蜜网技术，阻断、封控、加固等技术手段参考 4.4 节介绍的应急响应技术。

综合采用 3.6 节介绍的态势感知技术、3.7 节介绍的网络空间智能认知技术和其他类型的监测感知技术，并参考 4.2 节介绍的网络攻击技术特点，对网络攻击活动开展溯源，对攻击者进行画像，为案件侦查、事件调查、完善防护策略和措施提供支持，系统全面地分析网络攻击意图、技术、过程、潜在目标和下一步的趋势，进行关联分析与还原，并依此改进安全保护策略。

7.7.3　攻防演练技术

围绕关键业务的可持续运行设定演练场景，并定期组织攻防演练。对于跨组织/跨地域运行的关键信息基础设施，应组织或参与实网攻防演练。攻防演练时，可采用 4.2 节介绍的各类网络攻击技术和 4.3 节介绍的恶意代码攻防技术。在不适合开展实网攻防演练的场景下，采取沙盘推演的方式进行攻防演练，可参考 5.2.1 节介绍的测试环境构造与仿真技术。

关键信息基础设施的核心供应链、紧密上下游产业链等业务相关单位均应被纳入演练范畴。在演练过程中，可采用 3.3 节介绍的网络测绘技术来发现关键信息基础设施所包含的资产信息和网络架构，同时结合 5.3.3 节介绍的供应链安全评估技术进行综合评估。

7.7.4　威胁情报共享与协同联动技术

根据关键信息基础设施安全保护要求的规定，应建立本部门、本单位网络安全威胁情报共享机制，组织联动上下级单位，开展威胁情报搜集、加工、共享、处置工作；建立外部协同网络安全威胁情报共享机制，与权威网络安全威胁情报机构开展协同联动，实现跨行业领域网络安全联防联控。

威胁情报共享与协同联动过程需要保护其安全性。威胁情报中可能包含受害方的隐私信息，例如，IP 地址、域名、漏洞、注入点等，如果对这些信息保护不当可能会给受害方带来新的安全威胁。协同联动同样需要安全可靠的技术手段，以避免由于错误或伪造的指令导致不同部门、不同单位之间出现错误的协同联动操作，影响关键信息基础设施的安全运营。因此，针对参与威胁情报共享和协同联动的单位、部门（人员），应采用 2.3 节介绍的鉴别认证技术对其进行有效的身份认证；共享数据和协同联动指令应采用 2.2 节介绍的密码技术进行加密处理和完整性保护，以避免被非法获取或篡改。此外，还应结合其他层面的网络防护技术、系统安全技术和安全审计技术，确保威胁情报共享与协同联动的安全性。

习 题

1. 简述关键信息基础设施的定义和安全保护原则。
2. 在实施网络安全等级保护的基础上，关键信息基础设施保护有哪六个工作环节？需要综合运用哪些安全技术进行保护？
3. 简述关键信息基础设施的分析识别环节中使用的关键技术。
4. 简述关键信息基础设施的安全通信网络中采用的关键技术。
5. 简述关键信息基础设施的安全计算环境中采用的关键技术。
6. 简述关键信息基础设施的监测预警环节中使用的关键技术。
7. 简述关键信息基础设施的事件处置环节中使用的关键技术。
8. 简述关键信息基础设施的主动防御环节中使用的关键技术。

第 8 章

数据安全保护制度中的关键技术

　　数据安全是指通过采取必要措施，确保数据处于有效保护和合法利用的状态，以及具备保障持续安全状态的能力。本章介绍数据在采集、传输、存储、使用过程中采用的数据加密保护、数据库安全、机密计算、隐私计算等关键技术，帮助读者理解如何在网络系统的建设和运营过程中落实数据安全保护工作职责。本章重点涉及数据库安全、机密计算技术、隐私计算技术。

8.1　数据安全保护概述

　　ISO 对计算机系统安全的定义是：为保护计算机硬件、软件和保护数据免遭偶然或恶意的破坏、更改和泄露，针对数据处理系统实施的技术与管理安全保护措施。可以看出，建立网络安全保护措施，确保经过网络传输和交换的数据不会发生增加、修改、丢失和泄露等，是网络安全的核心工作内容。

　　2021 年 6 月 10 日，第十三届全国人民代表大会常务委员会第二十九次会议通过《中华人民共和国数据安全法》，该法自 2021 年 9 月 1 日起施行。根据《中华人民共和国数据安全法》第三条的定义，数据安全是指通过采取必要措施，确保数据处于有效保护和合法利用的状态，以及具备保障持续安全状态的能力。

　　数据安全保护工作的关键是要从数据流动的全生命周期入手，围绕数据的采集、传输、存储、使用各个环节，采用数据加密、访问控制、数据验证、审计、脱敏等技术手段，提高数据的机密性、完整性和可用性。

8.2　数据加密保护

　　最为经典的数据安全保护手段是数据加密，即采用密码技术，对传输、存储、使用的网络数据进行变换，将其转换为密文形式，保证只有授权用户通过合法解密手段才能对密文进行解密从而获知数据内容。

8.2.1　利用密码技术的数据加密

本书 2.2 节介绍了典型的密码技术，包括分组密码、序列密码、公钥密码和杂凑函数。这些密码技术都可以用于对数据的加密中。

分组密码和序列密码通常用于对实时性要求较高的加/解密场景，例如，网络数据加密传输、数据库加密存储等，但其密钥管理工作较为复杂，需要预先在加/解密双方共享密钥信息。典型的分组密码算法有 DES、3DES、AES、SM4 等，典型的序列密码算法有 RC4、ZUC 等。

公钥密码适用于事先没有共享密钥信息的应用场景，但公钥密码的加/解密速度较慢，因此并不适合实时的数据加密场景。公钥密码通常用于对数据量较小，但敏感程度较高的数据（如分组密码所使用的密钥信息）进行加密保护。典型的公钥密码算法有 RSA、ECC、SM2 等。

杂凑函数则通常用于对数据进行完整性校验。典型的杂凑函数算法有 MD5、SHA-1、SM3 等。

8.2.2　密钥管理

在运用密码技术对数据进行加密保护时，除了需要确保密码算法自身在设计和实现时的安全性，最为关键的是密钥的管理工作。密钥安全是密码体系安全的核心，分组密码算法的加密密钥（公钥密码算法的私钥）一旦泄露，将会导致系统中数据加密保护功能完全失效。因此，在密码体系的应用场景中，必须对密钥从生成到注销的整个生命周期进行严格的安全管理。密钥管理是保护密码体制安全的必要措施，主要包括以下四个环节。

1. 密钥生成和登记

由于各类密码体制均存在安全性较差的密钥，例如，RSA 和 DES 都有所谓的弱密钥，因此在实际密钥生成中需要避免生成它们。密钥生成也应该具有足够的随机性，避免被密码破解者猜出密钥，可以通过使用随机数检测来达到这一目的。密钥登记是将产生的密钥和特定的应用或使用者捆绑在一起，例如，用于数字签名的密钥需要和签名者的身份信息对应起来。密钥登记一般由权威机构或人员完成。

2. 密钥分配和协商

任何密码系统的实施都需要提前分配密钥，即将密钥安全地发放给合法用户使用。常用的密钥分配方法包括人工分配和用其他密钥加密分配等方法，后者一般称为分级密钥保护。在任何密码体制下，密钥都有一个安全生存期，只不过时间长短不同。一般认为，加密少量数据的密钥安全生存期更长，而加密大量数据的密钥需要经常更换，后者密钥一般被称为会话（Session）密钥。在以上原则下，用于认证的签名密钥一般更新周期较长，可通过密钥分配的方式发放给用户，而加密大量数据的对称密钥则每次通过收发双方在认证后协商得到。

3. 密钥保护

除了在密钥分配时需要保护密钥，在使用和存储中也需要保护密钥。可以想象，将密钥在物理上安全或环境可靠的地方保存和使用是最直接的保护方法，例如，将密钥放在单位保密室中或移动介质中使用，或委托可信方管理密钥。如果难以得到安全可靠的环境，以上提到的分级密钥保护方法也适用于保护密钥存储，另外还可以考虑使用秘密共享的方案。秘密共享的方案一般也称为门限方案，包括著名的 Shamir 门限方案[85] 和 Asmuth-Bloom 门限方案[86] 等。

4. 密钥撤销和销毁

在某些情况下必须停止已分配密钥的使用，主要包括密钥怀疑被泄露、密钥的安全生存期已到、密钥的使用者退出系统等。密钥销毁是指在密钥使用完后，立即在存储介质和内存中消除密钥留下的痕迹，这是为了在计算设备存在系统漏洞时，仍然能够保护密钥信息不被窃取。

8.3　数据库安全

在传统的 DBMS 中，数据以集中的方式存储和管理。随着互联网和大数据时代的到来，集中式存储方式逐渐无法满足人们对海量数据的访问需求，此时分布式数据库应运而生。分布式数据库将数据分散存储在多台服务器上，通过网络连接来实现数据的共享和访问。分布式数据库可以提供更高的可用性、性能和扩展性。目前，在社会各个行业中，集中式数据库和分布式数据库都有大量应用，并且分布式数据库的应用比例在逐步提高，数据库的安全保护工作需要兼顾两类数据库在数据查询、检索、存储、更新、用户管理等方面的特性。

8.3.1　数据库分类

除了将数据库分为集中式和分布式两类，还可以根据数据库中数据组织方式的不同，将数据库分为关系型和非关系型两类。

关系型数据库指的是使用关系模型（二维表格模型）来组织数据的数据库，其数据的组织形态由二维表格及其之间的联系构成。常见的关系型数据库有：Oracle、DB2、SQL Server、MySql 等。关系型数据库的优势是其采用便于用户理解和使用的二维表格结构，支持通用的 SQL 语句并能够在表之间进行复杂查询，能够提供对事务的支持。关系型数据库的不足之处在于其不能存储数组、嵌套字段等数据，扩展表结构不方便，占用内存高，全文搜索性能较差。

非关系型数据即 NoSQL(NoSQL = Not Only SQL) 数据库，表示"不仅仅是 SQL"的

意思。非关系型数据库严格上说不是一种数据库，而是一种数据结构化存储方法的集合。常见的非关系型数据库有键值数据库（如 Redis）、列式数据库（如 Hbase）、文档数据库（如 MongoDB）、图形数据库（如 Neo4j）等。非关系型数据库的优势是格式灵活，存储数据的格式可以是结构化数据，也可以是文档、图片等非结构化数据。同时，非关系型数据库具有更好的扩展性。

分布式数据库是采用分布式架构实现的数据库，可以是关系型数据库，也可以是非关系型数据库。分布式架构可以适用很多新型的开发技术，例如，微服务、消息队列等。通过分布式架构可以非常方便地扩展性能，同时通过多机备份、容灾等措施，提高数据库系统的可靠性。国内知名的大型互联网企业，如阿里巴巴、腾讯、字节跳动、美团等都开发和使用了分布式数据库。

8.3.2 数据库安全需求与技术

数据库的运行控制主要由 DBMS 完成，DBMS 和操作系统一起负责保护数据库的安全性。数据库安全[33-34,45]包括用户认证、访问控制、安全审计和数据加密保护等，这些技术前面已经介绍过，这里不再重复。

针对数据库的特点，目前主要的安全需求包括以下方面。

1. 数据完整性

数据完整性主要是指数据库中的数据必须合法，要满足相关字段对数据特性的要求，例如，某个数据是特定的类型，在特定的范围内与其他相关数据保持了对应等。

2. 操作可靠性

数据库往往是重要业务操作的对象，这些操作一般分为多个步骤，为了不产生坏数据，需要确保这些操作作为一个整体成功或失败。

3. 存储可靠性

数据库需要提供可靠的方法存储数据，减少系统故障、数据丢失、损坏的风险。

4. 敏感数据保护

用户希望数据库能够采取适当的措施来管理和保护敏感数据，这些数据虽然可能存在于一般的记录中且其中大多数内容可以公开，但仍要求数据库提供针对字段级别的安全保护。数据库安全要求攻击者不能从可查看的数据中推导出敏感数据，这类攻击一般称为推导（Inference）或聚集（Aggregation），后者往往需要查看多方面的数据。另外，仅仅将数据简单地分为敏感和不敏感两个安全级别是不够的，很多应用中情况更加复杂，因此从应用的角度希望数据库支持定义多个安全级别。

有关数据库安全技术的详细内容，详见 2.5.2 节，也可参考 2.3 节和 2.4 节介绍的鉴别认证技术与访问控制技术。

8.4　机密计算技术

严格来说，机密计算并不完全属于数据安全的范畴，而是在可信计算基础上发展起来的一种涉及硬件安全、系统安全、数据安全等在内的安全计算模式，通过在基于硬件的可信执行环境（TEE）中执行计算来保护使用中的数据，其最终安全目标是在未来的网络数字空间内，所有的高安全应用程序都是基于硬件 TEE 的机密计算程序。

2023 年 7 月，VMware、AMD、三星及 RISC-V 共同推进机密计算标准的建立，加大机密计算认证框架的构建，以实现实用的机密计算技术[87]。围绕 GPU、ARM、RISC-V 等硬件环境的机密计算技术近年来取得了快速发展，并且提出了以机密 GPU 为代表的异构 TEE，可在不依赖 GPU TEE 的前提下确保异构计算安全，为人工智能、大模型提供安全可信的异构算力，如 NVIDIA H100/H800 系列 GPU[88]，在 Hopper 架构中引入了基于 GPU 的机密计算安全功能。在基于 ARM CCA 扩展架构方面，利用 CCA 的 Monitor 固件创建用户进程级安全飞地，从而实现基于 ARM CCA 的 TEE 安全架构扩展，在 ARM 设备上提供类似 x86 的通用 TEE 环境[89]。在基于 RISC-V 开放性软硬件 TEE 架构方面，利用硬件的可编程性从底层解决 TEE 的侧信道安全问题，提出了能够抵御瞬态执行攻击和微架构侧信道攻击的内存共享机制，并通过采用改进的动态缓存分区方案以提高性能[90]。在机密容器技术和证明服务框架方面，提出了基于 TEE 和 TPM 的多信任根证明服务框架方案[91]，针对机密容器的静态及动态完整性证明和监控方法与代表性方案 keylime 相比，其完整性监控性能提高了 71.4%。微软 Azure 平台的 Parma[92] 方案利用 SEV-SNP 提供的 VM 级隔离，设计并实现了新的机密容器架构，可以直接运行未经修改的容器，实现容器环境的远程证明与安全策略实施。另外，新一代机密计算通信框架 (Confidential 6G) 可为 6G 等新型通信技术提供机密计算能力，如欧盟于 2023 年立项的 Confidential 6G 项目[75]。

8.5　隐私计算技术

数据隐私性问题持续引起全球关注，特别是随着大数据和人工智能时代的来临，海量数据在采集、汇聚、分析、计算过程中的隐私保护已成为业界关注的重点。IBM 在一项研究报告中指出，2023 年全球数据泄漏的平均成本达到 445 万美元，比三年前增加了 15%[93]。安全多方计算、联邦学习等隐私计算技术，作为数据隐私保护的重要技术受到了各行业的重视。2023 年 1 月，Omniscient 的 CEO Jon Jacobson 在世界经济论坛中分享了隐私计算的价值与重要性[94]，进一步加深了人们对隐私计算的理解与认识，推动了隐私计算的标准化进程。

2023 年 1 月，NIST 开展了新一轮多方门限方案征集活动，截至 2023 年 4 月共收到

12 份相关建议。在此基础上，NIST 提出了一种基于 TEE 的隐私计算方案，该方案旨在高效地创建、管理并保护系统运行时需要的敏感数据[95]，目前针对这一方案的研究论证工作仍在进行中。

工业和信息化部等 16 部门发布的《关于促进数据安全产业发展的指导意见》[96] 提出：要加强隐私计算技术攻关和产品研发，并推进安全多方计算、联邦学习、全同态加密（FHE）等技术的应用。这体现出我国管理部门对于数据安全领域的政策性关注。2023 年 6 月，中国信息通信研究院发布的《隐私计算应用研究报告（2023 年）》[97] 分析并总结了国内隐私计算所面临的机遇与挑战，展望了隐私计算应用的未来发展趋势。

自 2023 年开始，除国家政策及产业界的大力推动，各类学术期刊和会议上的研究者也针对隐私计算提出了多种高效的新方案。其中，具有代表性的工作包括具有鲁棒性和可安全聚合的联邦学习方案、安全模型更为精确的安全多方计算方案、更高效简洁且不需要初始化的全同态加密方案等。这些工作不仅进一步推动了隐私计算技术的全面发展[75]，还为持续提高国家数据安全保障能力提供了强大动力。

习 题

1. 分析密码技术在数据安全保护工作中的作用。
2. 分析密钥管理的主要工作环节。
3. 简述数据库的主要安全需求。
4. 简述机密计算和隐私计算的技术原理。

第 9 章

新技术领域安全保护中的关键技术

随着信息技术的快速发展，诸如新型网络架构、计算模式、数据处理模式和人机交互方式等的新技术领域不断涌现，这给网络系统带来了颠覆性的变化。新技术领域既为网络空间安全带来了新型的解决思路，同时也引发了新的安全需求和问题。本章主要介绍云计算/大数据、算力网络、工业控制系统、物联网、移动互联网、人工智能、量子计算、网络空间地理学等新技术领域中的网络安全相关问题。本章重点涉及人工智能体系中的网络空间安全技术、新型网络架构中的网络空间安全技术、新型计算/服务模式中的网络空间安全技术、量子计算的安全挑战与机遇、网络空间地理学关键技术。

9.1 云计算 / 大数据安全关键技术与应用

云计算环境与传统网络信息系统相比，其安全性问题存在较大差异，主要表现在以下三方面。

（1）在云计算环境下，由于普遍采用虚拟化技术构建计算存储环境，系统规模可以随着应用需求的变化而动态调整，因此云计算环境下网络系统的边界并不清晰，而传统的安全保护措施通常要求边界清晰，以便实现安全可靠的边界防护，这是云计算环境在网络安全方面面临的最大挑战。

（2）云计算环境通常依托第三方云服务商对数据进行管理，如何保证数据自身的安全和隐私性，确保其他用户（包括云服务商的管理员）在未获得授权的前提下无权对数据进行任何访问，这是云计算环境有别于传统操作系统和 DBMS 的特殊安全需求，需要引入新型的加密方案。

（3）云计算环境既为用户提供了动态扩展的优势，也给攻击者带来了扩大攻击资源的便利性，攻击者同样可以利用云计算环境放大攻击效果，例如，利用云计算环境发起口令破解、挖矿、拒绝服务等攻击活动。

大数据平台与云计算环境有相似之处，但更注重对大数据进行管理、治理和运营维护的需求，主要表现在以下方面。

（1）大数据平台通常涉及多源异构数据的汇聚、融合等分析处理工作，数据隐私保护是首要问题，需要解决大数据环境下高速加/解密的技术难题。

（2）大数据的隐私保护和快速检索需求之间存在矛盾，应考虑如何实现高效的大数据密文检索技术，保证采用高强度数据加密机制后，仍然能够对大数据进行高性能的检索分析。

（3）在大数据环境下，应考虑研究的关键技术是如何实现与平台无关的数据安全分享的，以及如何屏蔽大数据平台及任何第三方在未获得用户授权的情况下对数据的未授权访问，确保数据内容无法被解密。

9.2 算力网络安全关键技术与应用

算力网络是一种根据业务需求，在云、网、边之间按需分配和灵活调度计算资源、存储资源及网络资源的新型信息基础设施，可以提供包含计算、存储和连接的整体算力服务，并根据业务特性提供灵活、可调度的按需服务。按照国家数字化建设的总体部署，新型算力网络将成为支撑数字经济发展的基础体系。在加快算力网络设施建设、推动算力网络各行业应用的同时，提高算力网络安全保障能力已成为重要议题。

算力网络需要充分整合 IDC、超算中心、边端算力等资源，它以基础通信网络等为承载，以算力按需调度、多网异构互联、算网随行随动为特点，是云、网融合的发展趋势。与云计算环境类似，算力网络这种动态的网络架构会冲击静态安全体系。原有的安全防护体系无法适配随时可能动态调整的算力网络架构，因此，安全防护的疏漏可能会引发较大的安全风险。动态的网络架构加剧了安全边界的泛化程度，使攻击能够更容易地在内网中蔓延，实现跨域、跨网的传播。云、网和多云协同进一步模糊了安全边界，削弱了安全隔离措施的效果，增加了网络的暴露面，从而加剧了安全威胁的传播风险。同时，在算力网络架构下，原有的信任体系面临着跨域身份安全风险的冲击，这相应地提高了整体安全运营和策略管理的要求。

针对算力网络的安全问题，人们需要构建一个统一的算力网络安全防护体系架构。这一架构将依托已有的国家级安全防护平台，并引入零信任理念，秉持"持续验证，永不信任"的原则。通过利用安全代理、网络隔离、身份安全、信任评估等核心技术，人们对主体身份进行了动态授权管理，并进行了持续的信任评估。同时，利用隐私计算和机密计算技术，人们将对算力网络的基础设施和计算过程进行有效的安全保护。鉴于算力网络具有动态边界的特性，人们还构建了立体化、纵深化、主动化的安全防护平台，以形成面向算力网络的态势感知和主动防御能力 [99]。

9.3 工业控制系统安全关键技术与应用

传统的工业控制系统往往部署在与互联网物理隔离的专网中，受到互联网安全威胁的可能性较低。但随着信息技术的不断发展，越来越多的工业控制系统采用了与互联网进行逻辑连接的部署架构,以提高远程访问和管理的便利性,包括由工业控制系统组建形成的工业互联网,由此带来了一系列的网络安全问题。

工业控制系统的设计初衷是为了对工业设备和生产场景进行可靠的控制和管理,因此,在初期设计时并未充分考虑到互联网层面的各类网络安全威胁。同时,由于其自身的计算资源和存储资源都较为有限,难以采用需要复杂计算的网络安全防护手段(如高强度加密)。一旦接入互联网,攻击者便可以通过互联网直接对工业控制设备和工业控制系统实施攻击,而针对工业控制系统的漏洞设计的专用病毒也层出不穷。工业控制系统一旦遭受攻击,不但会导致敏感数据泄漏、未授权访问等网络安全问题,还可能会引发关键设备设施的故障,进而影响社会生产生活,严重时甚至会威胁到社会稳定并影响国家安全。此外,为了确保工业控制系统的可靠运行,不能随意更新其软件模块,也不能轻易进行断网或重启操作。因此,在很多实际场景中,系统无法及时安装安全补丁。甚至有时,由于担心兼容性和可靠性问题,即便明知系统存在安全漏洞,也选择不对其进行修复,这无疑埋下了严重的安全隐患。

以 SCADA 为代表的工业控制系统一直是网络攻击的重灾区。由于重要行业(如电力、能源、交通等)的工业控制系统通常涉及国计民生,一旦遭受攻击出现故障或瘫痪,就可能对国民经济和社会发展造成严重影响,甚至引起社会动荡,危害国家安全。因此,针对工业控制系统的网络攻击越来越与国家对抗和地缘冲突等事件密切关联。2010 年引起全球广泛关注的震网病毒就是一个典型案例。该病毒的隐蔽性、先进性和复杂性远远超过了当时人们的想象。据国外媒体报道,该病毒由美国和以色列的程序员共同编写,专门针对伊朗核设施中使用的西门子工业控制系统。病毒被植入核设施中后,通过改变离心机的转速来破坏其运行,并导致生产的浓缩铀质量下降。该病毒造成伊朗纳坦兹核工厂大量IR-1 型离心机(预期使用寿命为 10 年)发生故障,从而严重阻碍了伊朗的核计划进程。

近年来出现的地缘冲突中,同样频繁出现了针对工业控制系统的攻击活动。根据Cybernews 的调查统计,自 2023 年 10 月以色列与哈马斯武装组织出现冲突以来,已有58 个黑客组织参与到本次网络大战中,其网络攻击的重点就是对方的 SCADA 和其他工业控制系统。同时,工业控制系统相关的网络协议,例如,Modbus、MQTT 等,也成为攻击者的突破对象。目前,研究人员已发现 400 起针对 Modbus 协议的攻击行为[75]。

围绕工业控制系统的安全威胁防护工作主要涉及的关键技术包括工业控制系统网络架构安全、工业互联网安全协议、工业控制设备/系统安全漏洞挖掘技术、漏洞热修复技术、工业控制系统病毒检测与防护技术等。

9.4 物联网/车联网/卫星互联网安全关键技术与应用

近年来,新型网络设施设备,例如,物联网设备、车联网与智能网联汽车、卫星网络与卫星定位系统等,逐渐成为网络渗透攻击的重要目标,同时,由于各类新型网络之间的相互融合,渗透攻击也呈现出跨网、跨域的新趋势。

物联网设备多被应用于实际物理环境中，其所在的物理位置等隐私信息存在泄漏的风险。此外，物联网设备容易遭受假冒串扰攻击，这种攻击会影响物联网节点的正常通信和协同工作。同时，物联网设备通常由电池供电，因此能源供给能力较弱，而传统的网络安全措施由于需要耗费较多的能量资源，无法直接应用于物联网设备中。

近年来，卫星互联网的发展势头如火如荼。然而，由于安全标准的缺失和防护能力的不足，许多网络安全问题随之浮现。攻击者可以对卫星信号施加干扰或进行信号欺骗，从而对交通运输等关键社会基础设施造成严重影响。自去年以来，基于卫星定位的飞机导航系统已经成为网络攻击者的新目标，特别是一种名为"GPS欺骗"的攻击方式在近几个月内急剧增加。攻击者向飞行管理系统发送虚假的GPS信号，由于飞机无法分辨信号的真伪，导致导航系统出现偏差，使飞机偏离预定航线，如果飞机因此未经许可进入他国领空或禁飞空域，将构成严重的安全风险。据国际航空资讯机构飞行运营集团发布的报告显示，截至2023年11月上旬，该机构已收到近50份涉及GPS欺骗的报告，其中的大多数发生在中东地区。

此外，车联网云、管、端架构中的各个环节都面临着网络攻击的威胁，近年来车联网服务平台及智能网联汽车的安全事件频发。2023年2月，来自以色列SaiFlow的调查结果证实了电动汽车充电基础设施所面临的潜在风险，即在多个电动汽车充电系统中发现的新型漏洞可被利用，从而远程关闭充电站，甚至导致数据和能源被窃取。同年7月，美国CISA联合BitSight公司发布公告称，MICODUS公司提供的GPS存在多个安全漏洞，这些漏洞可能波及全球超过百万辆汽车。同年8月，研究人员发现了影响本田汽车的重放攻击漏洞，即附近攻击者可通过拦截车钥匙发送到汽车的射频信号，解锁包括Acura在内的本田汽车车型。UpstreamSecurity发布的《2023年全球汽车行业网络安全报告》显示，在过去五年中，全球汽车行业因网络攻击造成的经济损失已超过5000亿美元[75]。

针对物联网、车联网、卫星互联网等新型网络环境所面临的网络安全问题，当前的技术热点包括节点安全技术、网络架构安全技术、轻量级加/解密算法、轻量级安全协议、新型网络架构漏洞挖掘技术和新型病毒检测与阻断技术等。

9.5 6G/移动互联网安全关键技术与应用

移动互联网是近年来互联网行业中发展最为迅猛的领域。智能手机、平板电脑，以及智能手表、手环等可穿戴式移动设备得到了大规模普及，成为整个互联网中数据采集、存储和计算的重要节点。因此，移动端安全已成为网络空间安全的重要一环，并受到了专业人员和普通公众的广泛关注。

移动端安全主要涉及移动设备在数据安全、应用程序安全和网络安全等多个方面的安全性。2023年7月，Android系统出现了一个签名漏洞，木马程序可以利用该漏洞寄生在正常APK（Android应用程序包）中，受影响的应用包括大量知名应用。与传统终端或服务器相比，移动端设备有更多机会接触到个人敏感信息或个人资产，其中，可穿戴设备最具代表性。据 IDC 发布的《中国可穿戴设备市场季度跟踪报告》显示，2023 年第二季度中国可穿戴设备市场出货量为 3350 万台，同比增长 17.3%。这些设备能够采集、存储诸如用户的心跳、血压、地理位置等敏感信息，这进一步提高了移动端的攻击价值，同时也加剧了其面临的安全威胁。

移动端设备与物联网设备类似，由于系统资源的限制，通常在网络安全保护方面没有得到足够的重视。对于所采集的涉及个人隐私的数据，它们没有采用有效的安全措施进行保护，甚至由于自身存在的安全漏洞，移动端设备可能被攻击者远程入侵并控制，进而非法收集数据、篡改设备参数，干扰设备的正常工作，从而对移动用户的工作和生活带来重大隐患。

移动互联网安全的关键技术主要涉及移动设备操作系统安全、App 安全、用户数据安全与隐私保护、设备接入认证等技术内容。

随着移动通信技术的快速发展，6G 竞赛已经全面拉开帷幕。与 5G 网络相比，6G 网络的大多数性能指标，包括传输速度、定位精度、通信时延、可靠性、网络容量等，都将得到大幅提高。6G 网络将实现地面、卫星和机载网络之间的无缝连接。同时，6G 网络将与人工智能技术紧密结合，智能传感、智能定位、智能资源分配、智能接口切换等都将成为现实，智能程度将大幅度跃升。在 6G 网络的助力下，数字世界与物理世界将实现深度融合。

保障 6G 网络运行过程中产生和存储的海量设备数据、用户数据、交互数据、管理数据的安全性至关重要。数字世界与物理世界之间存在密切的交互行为，而数字世界网络本身可能存在各种未知的安全漏洞。若两者间的交互接口遭受外部攻击，可能会对物理世界发出错误指令或进行恶意诱导，从而威胁到设备安全和物理世界的安全。随着人工智能、区块链、软件定义网络等技术的发展，安全能力将更多地以原子化、软件化、内质化的方式植入网络的基础节点中，使这些节点自身具备数据采集、认证鉴权、身份管理、安全管控、安全隔离等功能。同时，基于人工智能技术，可以自动识别或响应潜在网络安全威胁。通过安全资源池化和统一的安全能力管理编排，可以实现 6G 网络安全能力的自适应部署。此外，运用区块链的分布式共识机制和先进的密码技术，可以实现海量用户身份的高效认证管理和隐私数据的严密保护。上述技术将为 6G 网络安全能力的实现提供新的范式[100]。

9.6　人工智能安全关键技术与应用

人工智能（Artificial Intelligence，AI）系统已被广泛应用于交通、金融、工业制造、电子商务、政务服务等多个领域和行业。2023 年，以 ChatGPT 为代表的大模型进一步推动了人工智能技术的普及与应用，使其成为社会生产和人民生活中越来越重要的依赖对象。

针对人工智能安全的问题，人们需要从两个方面对其进行分析：一方面是人工智能技术对于网络空间安全领域的促进和提高作用；另一方面是随着人工智能技术的广泛应用而引入的新型网络安全问题。

针对前者，2023 年 4 月，谷歌公司将生成式人工智能技术引入网络安全领域，发布了名为"云安全人工智能工作台（Cloud Security AI Workbench）"的网络安全套件。该套件综合了对软件漏洞、恶意软件、威胁指标和威胁行为者概况的感知能力，旨在高效查找、总结和应对各种安全威胁。此外，国内外其他研究机构也纷纷加入这一行列，他们利用 CNN、RNN、Transformer 模型等人工智能算法，对网络流量、系统日志、用户行为、系统操作等对象进行分析，以实现针对网络空间威胁（特别是新型威胁、未知威胁、0 day 漏洞利用等）的智能化监测与发现。这些技术为网络攻击的追踪溯源、态势感知、安全预警等主动防御工作提供了有力参考。

针对后者，由于人工智能系统的设计初衷并未充分考虑安全性问题，因此它们缺乏适当的安全防御和对抗措施。这导致现实世界中的人工智能安全事件数量正在快速增长。人工智能技术可能带来新的安全问题，例如，在基于数据集进行模型训练时，如何实现有效的数据隐私保护成为了一个亟待解决的问题。此外，人工智能系统自身也可能存在安全漏洞，例如，攻击者可以通过向模型中注入恶意数据，来操纵模型训练过程，从而得到错误的参数和决策结果。这是一种典型的针对人工智能系统的对抗性攻击形式。同时，人工智能也正在成为攻击者的有力武器。攻击者可以利用机器学习算法来寻找绕过安全控制措施的方法，或者使用深度学习算法根据已有样本生成新型的恶意软件，从而躲避现有的网络安全防护机制，实现系统入侵、远程植入、数据窃取等目的。

9.6.1　生成式人工智能带来的挑战和机遇

生成式人工智能解决了传统人工智能技术存在的用户交互性差的问题。随着训练数据和参数量的增加，生成式模型的性能不断提高，其应用领域已经涵盖了文本（如 OpenAI 的 GPT-4）、图像（如 Stability AI 的 SD-XL）、语音（如 OpenAI 的 Whisper）和视频（如 Runway 的 Gen-2）等多个方面。这些进展不仅拓宽了生成式人工智能的应用范围，也为各个行业带来了更多的创新机遇。当前，大模型正朝着多模态的方向发展，例如，OpenAI 的 GPT-4 已经能够处理图像和文本的组合输入，而谷歌的 Gemini 则能够理解文本、代码、图像、语音和视频等多种类型的数据。

在国内，生成式人工智能领域也在高速发展。2023 年 8 月，第一批大模型，例如，百度的文心一言和科大讯飞的星火认知等，获得了国家批准，正式为公众提供服务。此外，阿里巴巴的通义千问、腾讯的混元助手、360 的 360 智脑、华为的云盘古、昆仑万维的天工、面壁智能的露卡等大模型也陆续面世。

生成式人工智能在快速发展的同时，也带来了诸多挑战。首先，幻觉问题普遍存在于开源和闭源大模型中。由于训练数据中可能包含虚假的信息，以及预训练和对齐阶段可能引入错误的知识，大模型有时会生成不符合源内容或不符合常识的输出[98]。其次，大模型存在生成不安全内容的风险，例如，越狱攻击会绕过模型供应商对输入指令设置的安全限制，从而诱导大模型生成有害的内容。南洋理工大学的研究人员通过收集大量越狱数据并对大语言模型进行微调，成功实现了自动化的越狱指令生成[101]。此外，CISPA 的研究人员还揭示了文本生成图像模型同样可以用来生成不安全的图片，并通过图片编辑方法制造出了有害的表情包[102]。最后，生成式人工智能还存在隐私泄露的风险。谷歌的研究人员发现，记忆现象广泛存在于大语言模型[103] 和扩散模型[104] 中，特别是训练集中重复次数较高的数据，可以通过查询恢复出来。

面对模型自身存在的幻觉问题及不法分子对其潜在的恶意使用风险，对生成内容和真实内容进行有效鉴别具有重要意义。斯坦福大学的研究人员发现，大模型生成的文本通常集中在对数概率函数模型的负曲率区域，并基于此实现了零样本场景下的生成文本检测[105]；CISPA 的研究人员训练了机器学习分类器，用于区分真实图片和由文本生成图像模型生成的虚假图片[106]。针对大模型的隐私泄露风险，由于重新训练或微调大模型具有较高的成本，如何高效准确地使用模型遗忘已记忆的知识也成为了一个重要问题[75,107-108]。

9.6.2　基于人工智能的网络空间技术对抗

网络空间技术的迅猛发展与其带来的安全挑战相伴而生。利用人工智能技术辅助开展网络空间的攻防对抗，已经成为网络空间安全领域的研究热点。以生成代码为例，基于生成式人工智能代码生成工具正蓬勃发展。例如，GitHub 的 Copilot 提供订阅制的付费方式供用户使用。但是，人工智能自动生成的代码可能并不安全，一些代码片段中出现了严重的漏洞。因此，生成式人工智能的内容安全问题受到了广泛关注。

纽约大学研究人员对 Copilot 的安全问题进行了系统评测，在 89 个编程场景下使用 Copilot 产生了 1689 段程序，结果显示有 40% 的代码是包含漏洞的[109]。这一结果引起了人们对基于生成式人工智能代码安全性的关注。研究人员还对真实场景下人工智能模型辅助生成的代码进行了研究，与之前工作的区别在于，这次并非完全由人工智能模型生成代码，而是将其作为编程人员的辅助工具。研究结果显示，与未使用模型的编程人员相比，使用生成式人工智能模型辅助产出的代码并未显著增加安全风险[110]。

生成式人工智能同样可以应用于漏洞的自动化发现与修复工作中。伊利诺伊大学香槟分校的研究人员使用微调后的生成式模型来生成测试种子，对深度学习库进行模糊测试[111]。实验结果表明，与 TensorFlow 和 PyTorch 上最先进的模糊测试工具相比，该方法在代码覆盖率上分别实现了 30.38% 和 50.84% 的提高。此外，研究人员还检测到了 65 个程序缺陷，其中有 44 个为之前未知的缺陷。纽约大学的研究人员则对生成式人工智能能否修复编程人员所造成的程序缺陷进行了研究[112]。结果显示，针对作者构造的有限场景，当给出一个精心设计的提示时，生成式人工智能模型可以生成正确的修复程序。虽然这项成果距离实际应用还有较大的差距，但它仍然为生成式人工智能在这一领域的发展揭开了序幕[75]。

9.7 量子计算安全关键技术与应用

量子计算是结合了量子力学和计算机科学的一种新型计算方式。量子计算机突破了传统计算机的计算限制，可高效解决一些在经典计算模式下指数级困难的问题。量子计算基于量子力学叠加原理，在原理上具有远超传统计算机的并行计算能力。量子计算以量子比特作为信息编码和存储的基本单元。一个量子比特可以同时处于 0 和 1 两种状态的相干叠加，可以同时用于表示 0 和 1 两个数。因此，n 个量子比特就可以表示 2 的 n 次方个数的叠加。一次量子计算在原理上可以等同于对 2 的 n 次方个叠加数的并行计算，相当于传统计算机进行 2 的 n 次方次数的计算。因此，量子计算机对于部分依赖计算复杂性的安全技术（如公钥密码）带来了冲击，是网络空间安全领域重点关注的方向。

2023 年谷歌在量子计算纠错、含噪声处理等方面取得了多项突破[113-115]，在其最新的 70 个量子比特的 Sycamore 量子处理器上，通过随机电路采样的模拟计算成本估计，评估出 Sycamore 量子处理器能够在几秒内完成目前世界排名第一的 Frontier 超级计算机需要 47.2 年才能完成的计算任务。同年 6 月，PsiQuantum 借助新型容错量子计算架构，提出了破解 ECC 的新方案，所需要的计算资源减少到之前的 1/700 左右[116]。Sycamore 量子处理器计算能力评估如图 9-1 所示。

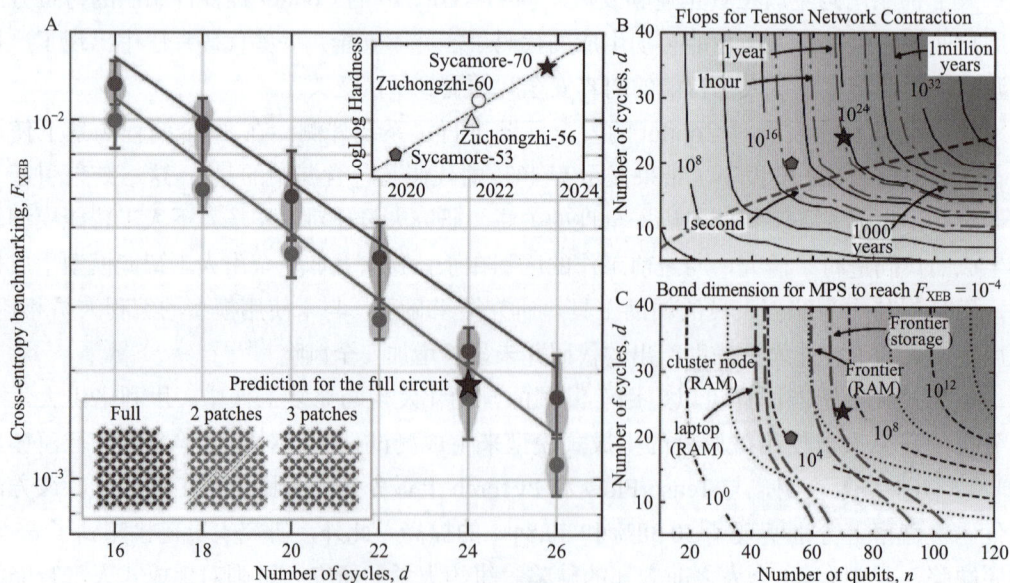

图 9-1 Sycamore 量子处理器计算能力评估

2023 年 10 月，中国科学技术大学、中国科学院上海微系统与信息技术研究所和国家并行计算机工程技术研究中心合作，设计了 255 个光子的"九章三号"量子计算原型机[117]。在处理高斯玻色取样中，"九章三号"从相同分布中生成单个理想样本仅需要 1.27μs，而 Frontier 超级计算机需要大约 600 年时间。九章光量子计算原型机实验装置图如图 9-2 所示。

图 9-2　九章光量子计算原型机实验装置图

这些进展正加速我们迈向量子计算时代的步伐，而强大且稳健的算力突破所带来的深远影响，将是威胁到那些基于传统困难性问题的密码学组件及网络安全体系。这些体系的安全性根基在于经典计算机无法计算的困难问题，而随着量子计算的高速发展，这些问题在多项式时间内得到解决的可能性正日益增大。甚至有学者认为，可以通过 13436 量子比特的量子计算机在 177 天内完成对 RSA 2048 的破解[118]，而 256 比特的椭圆曲线加密算法则可以在 9 小时内被拥有 126133 猫态量子比特的量子计算机所破解[119]。创造出更高量子比特数的量子计算机，以及开发出更低量子比特需求的量子攻击算法，以彻底攻破这些密码学体系，现在看来只是时间问题。当然，这个时间跨度可能很长。

为了应对量子计算对传统密码学与网络空间安全技术体系带来的威胁，人们应尽早部署后量子密码（也称为抗量子密码）技术。一方面，以量子密钥分发为代表的量子密码技术相关工作取得了阶段性进展。2023 年 1 月，中国科学技术大学与清华大学联合提出了模式匹配量子密钥分发 (MP-QKD) 协议。研究结果表明，该协议在不需要激光器锁频和锁相的条件下，可以实现远距离安全成码，且在城域距离内有较高的成码率，有效降低了协议实现难度，对未来量子通信网络的构建具有重要意义[120]。同年 5 月，中国科学技术大学发现了量子密钥分发发送端调制器件的一种安全漏洞，并成功利用该漏洞实施了量子黑客攻击[121]。另一方面，后量子密码技术虽仍可使用经典方式处理信息，但其安全性却是基于与 RSA 和 ECC 截然不同的数学难题。2023 年 3 月，美国发布的《国家网络安全战略》提出，联邦政府将优先考虑并逐步推动公共网络和系统向后量子密码环境过渡。同时，加拿大国防部和武装部（DND/CAF）发布的量子科学和技术战略实施计划《Quantum 2030》也指出，为应对量子计算的威胁，他们正在制定新型后量子密码标准[122]。在量子计算快速发展的背景下，人们需要提前布局后量子密码技术的研发与迁移工作，要求包括密码算法、协议、组件和基础设施等在内的所有环节均更新为量子安全的密码技术，并在此过程中积极应对密码算法的设计、实现及兼容性等方面的挑战。

量子计算以其更高的计算速度和更强的安全性，为网络安全领域的发展提供了新的机遇和可能性。2023 年 8 月，NIST 发布了后量子加密标准草案，其中，公钥封装机制是 CRYSTALS-KYBER，数字签名方案则包括 CRYSTALS-Dilithium、FALCON 和 SPHINCS+。

2023 年 3 月，量子安全供应商 QuSecure 完成了首个实时端到端量子弹性加密通信卫星链路，这标志着美国卫星数据传输领域首次使用后量子加密技术，这一进展是美国在后量子密码技术应用方面的里程碑[124]。同年 6 月，IBM 宣布其量子计算机在 100 多个量子位的规模下首次实现了准确结果的验证，这标志着人类量子计算正逐步迈向实用的新时代[125]。同年 8 月，谷歌部署了混合椭圆曲线 X25519 和后量子 Kyber 算法的 TLS 协议，其安全性与目前使用的传统 TLS 加密相当，但在延迟和吞吐量等性能方面存在一定的差异。同年 11 月，研究人员提出，量子密钥分发凭借其独特的反窃听机制，有望成为增强网络通信安全的核心解决方案[126]。

量子计算的快速发展揭示了其解决各种现实挑战的巨大潜力，并在网络安全领域推动了后量子密码学的蓬勃发展，从而进一步加强了网络与网络安全体系的安全性[75]。

9.8 网络空间地理学关键技术与应用

当前，人类活动对网络的依赖程度日益增强，网络空间已成为人类生产生活息息相关的"第二类生存空间"，与陆、海、空、天四类现实空间并列，成为第五大战略空间。网络安全作为国家安全的重要组成部分，随着全球信息化的不断深入，提高网络安全防控能力已成为保障国家安全的基本要求。在传统的地理空间，地图一直是描绘地理现象、辅助指挥作战不可或缺的重要工具。然而，在当今的网络空间，同样迫切需要一种能够全面展示网络空间信息的"网络空间地图"，以建立起网络空间与地理空间之间的关联，实现网络空间安全行为的智能识别与认知。为向决策者提供有价值的信息资源、降低决策过程中的不确定性，网络空间地理学研究已成为网络安全领域中一项重要的先行工作。

1. 网络空间地理学的发展

纵观国内外的最新研究成果，网络空间地理学是在国家需求与学科发展的共同驱动下，多学科交叉融合产生的新的领域，它涉及计算机科学、地理学、社会科学，以及大数据、人工智能等诸多新兴学科，主要的研究方向包括网络空间地理学基础理论、网络空间测绘技术、网络空间地理图谱构建技术、网络空间可视化表达技术、网络空间行为智能认知技术等。

网络空间所具有的拓扑性、多维性和虚拟性使其明显区别于传统地理空间，但是其传输信息的物理媒介、相关的辅助设施却是必须依托现实地理存在的，另外，加上现实地理空间中社会、文化、经济等方面的真实影响，网络空间并不能完全脱离传统地理空间的范围。此外，网络空间并没有弱化地理位置的相关因素，即地理位置在网络空间中仍然至关重要。因此研究人员逐渐达成共识，认为网络空间并没有导致"地理学的终结"，相反，其作为一种新兴的空间形态与事物，为地理学研究提供了新的对象与思维方式。基于此共识，地理学和网络领域的研究人员开始聚焦于网络与地理的关联和融合，进而产生了网络空间地理学的概念 [127]。

网络空间地理学是信息社会背景下表现出来的新空间形态，它基于信息与通信技术对信息流系统的整合而形成，具体可定义为"地理距离下的现实空间"与"计算机网络下的虚拟空间（数字空间）"相互融合后衍生出的一种全新空间表现形态。在这种空间中，全球范围内的信息能够实现有效流动，从而消除距离障碍 [128]。作为地理学研究的新领域，网络空间地理学专注于研究网络空间及网民社会，它利用在传统地理学之内及之外演化出的空间观点对网络空间中的事物及现象进行研究。该学科是在对自然地理学进行延伸、归纳，并对部分原理进行拓展的基础上，构建描述网络空间的理论框架，并在此基础上研究对其进行可视化及实体化的方法。与传统地理学的研究对象相比，网络空间地理学的研究对象是具有时域、空域、频域和能域特征的高维空间，其中的信息以光速运动，不受地理空间中的物理约束力（如重力、距离等）的限制，由无数个迅速膨胀或萎缩的空间单元组成。由于网络空间不是一个欧氏空间，因此网络空间地理学需要重新定义距离、尺度、区域等基本概念。

网络空间地理学在传统地理学的基础上，融合了网络学、大数据、人工智能等诸多学科，且将地理学的研究内容从现实空间延伸至虚拟网络空间，深入探讨网络空间和地理空间的映射关系和融合体系。网络空间地理学的提出，旨在从实战需求出发，构建基础理论与依据，以理论为指导突破关键技术，以技术为支撑指导实战应用，从而构建一条完整的"理论 - 技术 - 实战"的网络空间地理图谱知识体系。

2. 网络空间地理学的研究内容和研究目的

网络空间地理学在传统"人 - 地"作用机制的基础上，探索"人 - 网"和"地 - 网"之间的作用机制，提出了"人 - 地 - 网"的新型作用机制。在"人 - 地 - 网"关系理论的指导下，该学科将地理学图层理论延伸到网络空间，结合网络安全管理的实际需求，建立了完整的网络空间层次模型。该模型将网络空间自底向上划分为地理环境层、网络环境层、行为主体层和业务环境层，并建立了全面的网络空间要素分类体系，打破了网络空间与地理空间的数据壁垒。这一体系为网络空间地理环境要素生成技术的研究提供了基础，也为网络资产管理和网络地图绘制提供了必要的支撑。网络空间地理学利用地理学的研究经验，深入分析了网络空间要素的类型、层次、时空基准、获取方式、表达标准和尺度问题，构建了网络空间和地理空间之间的映射关系，并提出了网络空间可视化的表述方法。在理论指导下，该学科以地理空间可视化为参照，实现了网络空间拓扑结构在地理空间中的可视化展现。同时，借鉴地理学图层构建技术，绘制了不同层级、不同尺度的网络空间地图，为网络空间要素、关系、事件的可视化表达技术的研究提供了有力支持。此外，网络空间地理学还实现了地理信息理论与机器学习、知识图谱等领域的结合，还指导了网络空间地理图谱的构建与智能认知关键技术的研究。通过挖掘、分析、构建、绘制和显示网络空间资源及网络安全事件，该学科为网络攻击监测发现、网络行为刻画与追踪溯源、网络安全态势感知、网络安全指挥调度等典型业务场景提供了更加智能化、自动化、可视化的作战方式，显著提高了网络安全防护的效能。

在网络空间地理学理论的指导下，紧密结合国家网络安全战略和网络安全综合防控体系建设的实际需求，网络空间地理学关键技术的研究得以深入展开，为网络空间安全"挂图作战"提供了坚实的理论和技术支撑。这一研究不仅提高了国家网络资源的优化管理能力，还显著增强了网络安全保障能力和智慧化应急决策能力。因此，网络空间地理学的关键技术在国家网络安全职能部门和重要行业部门均有着广泛的应用前景[18]。

习 题

1. 简述云计算平台面临的主要安全威胁。
2. 什么是算力网络？
3. 简述算力网络安全关键技术。
4. 简述工业控制系统安全与互联网安全的主要区别。
5. 简述物联网/车联网/卫星互联网安全关键技术。
6. 简述移动互联网安全关键技术。
7. 简述人工智能技术对网络安全领域的促进作用。
8. 分析人工智能技术对网络安全领域带来的新型挑战，考虑如何有效应对这些挑战。
9. 简述量子计算安全关键技术。
10. 简述网络空间地理学关键技术。

第 10 章

人工智能与大数据技术在网络安全中的应用

本章介绍人工智能与大数据技术在网络安全中的应用，包括机器学习、机器视觉、知识图谱、生成式人工智能等人工智能技术概述，人工智能在网络安全中的主要应用场景，人工智能在网络安全应用中的挑战；大数据技术概述，大数据技术在网络安全中的主要应用场景，大数据技术在网络安全应用中的挑战；数据智能技术概述，数据智能技术在网络安全领域的发展趋势。此外，还通过实际案例介绍基于深度学习的漏洞检测，使读者了解和掌握人工智能与大数据技术应用于网络安全的思路和方法。

10.1 人工智能技术在网络安全中的应用

随着信息技术的飞速发展，网络安全问题日益凸显，成为数字化、信息化进程的关键影响因素之一。传统的网络安全防护手段难以有效应对复杂多变的网络安全威胁。当前，人工智能与大数据技术作为科技领域的两大热点，正逐步被引入网络安全领域，这为应对网络安全挑战提供了新的工具和方法。人工智能通过机器学习、深度学习等技术，可以识别复杂的模式，并在海量数据中发现潜在的安全威胁。大数据技术则提供了存储、处理和分析大规模数据集的能力，这些数据集中往往包含了丰富的网络安全信息。融合了人工智能与大数据技术等前沿技术的数据智能技术，正在为网络安全领域带来革命性的变革。

然而，数据智能技术相关核心算法和技术尚未成熟稳定。尽管人工智能和大数据技术在图像识别、NLP 等领域取得了显著进展，但在网络安全领域的应用仍处于发展阶段。在网络安全事件检测和响应中，这些技术易出现误报、漏报情况，此时需要对它们进行进一步优化和调整以适应复杂的网络环境。

从技术层面来看，需要通过优化算法、改进模型等方式，降低误报率和漏报率，提高风险检测率。此外，还需要提高数据智能技术在网络安全领域的准确性和可靠性。从法律法规层面来看，需要加强网络安全和隐私保护相关法律法规的制定和实施，明确数据保护责任及归属等问题，为人工智能和大数据技术在网络安全领域的应用提供法律保障。从人才培养层面来看，需要提高网络安全专业人才的实力和技能，使他们能够适应人工智能和大数据技术的发展和应用，同时，加强对网络安全事件检测和响应的人工监督和干涉，确保网络系统的正常运行和有效防御，提高整体防御能力，降低网络安全风险。

人工智能的预测分析能力与大数据技术的处理能力相结合，可以创建出更加智能和高效的安全系统。这种技术融合不仅提高了安全威胁检测的速度和准确性，还增强了对未知威胁的防御能力。随着技术的不断进步，可以预见未来网络安全将更加依赖人工智能和大数据技术。

10.1.1 人工智能技术概述

1. 人工智能关键技术

1）机器学习

机器学习是人工智能的一个重要分支，它旨在使计算机系统能够从数据中自动学习、改进其性能，从而做出决策或进行预测，而不需要明确的编程。其核心思想是让计算机通过数据来"学习"，从而发现数据中的规律和趋势，并利用这些规律和趋势来进行预测、分类、聚类等任务。

机器学习过程通常包括以下几个步骤：一是收集并准备大量相关的训练数据；二是选择合适的算法对这些数据进行训练；三是使用训练好的模型对新的数据进行预测或分类。机器学习的主要类型有以下三种，具体类型下的机器学习方法如图 10-1 所示。

（1）监督学习：算法从标记的训练数据中学习，每个数据点都有一个已知的输出标签。

（2）无监督学习：算法从没有标记的训练数据中学习，试图找到数据中的结构和模式。

（3）半监督学习：它是监督学习与无监督学习相结合的一种学习方法。半监督学习使用大量的未标记数据，以及同时使用标记数据，来进行模式识别工作。当使用半监督学习时，将会要求尽量少的人力来从事工作，同时又能够带来比较高的准确性。

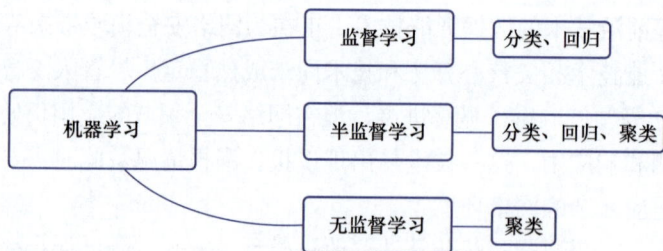

图 10-1   机器学习主要类型及方法分类

机器学习被广泛应用于图像识别、推荐系统、医疗诊断、股市分析等多个领域。在网络安全领域，机器学习可以识别趋势、发现异常、提出建议并最终执行操作。面对日益增多的网络安全挑战，机器学习可以发挥重要作用，包括扩大安全解决方案的覆盖范围、检测未知攻击、检测高级攻击等。特别是针对高级恶意软件，这种攻击可以通过改变形式来逃避检测，使传统的、基于签名的安全检测手段在面对此类攻击时会非常困难，而机器学习已被证明是对抗这类攻击的有效解决方案。

2）深度学习

深度学习是一种基于人工神经网络的机器学习技术，也是人工智能的一个重要分支。它旨在通过模拟人脑神经元之间的联系和活动方式来处理数据。深度学习通过多层神经网络对输入数据进行逐层抽象和表示学习，从而实现对复杂数据结构和非线性关系的建模。深度学习模型通常包含多个隐藏层，每个隐藏层都有许多神经元，这些神经元通过权重连接在一起，并通过前向传播和反向传播算法进行训练。常见的深度学习算法包括：

（1）CNN：这是一种广泛应用于图像分类、目标检测和面部识别的深度学习模型。其特点是利用卷积核进行局部特征的学习，然后通过多层卷积和池化操作逐步提取出更加抽象的特征。CNN 结构图如图 10-2 所示。

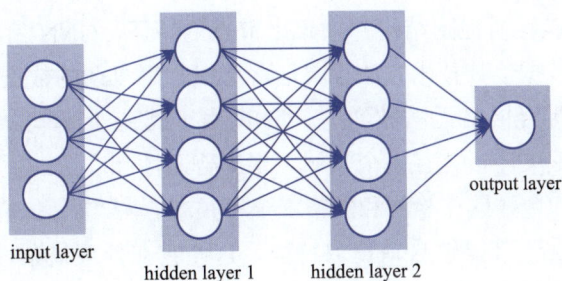

图 10-2　CNN 结构图

（2）RNN：这是一种专门用于有效处理序列数据（如语音和自然语言）的深度学习算法。然而，RNN 容易遇到梯度消失或梯度爆炸的问题，这使训练过程变得困难。此外，其记忆能力在处理非常长的序列时相对有限。为了克服这些限制，通常会采用 LSTM 来处理长序列数据。RNN 算法过程如图 10-3 所示。

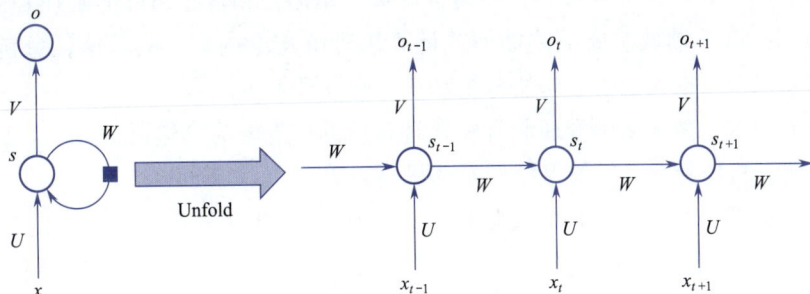

图 10-3　RNN 算法过程

（3）LSTM：LSTM 是 RNN 的一种变体，它专门用于处理长期依赖问题，如图 10-4 所示。LSTM 引入的门控机制（遗忘门、输入门和输出门）能够有效缓解传统 RNN 中常见的梯度消失或梯度爆炸的问题。凭借其独特的细胞状态和门控机制，LSTM 可以更好地捕捉和保持长期依赖关系，这使它有着极佳的长序列处理能力。然而，LSTM 的计算复杂度较高，这可能导致在大规模数据集或复杂模型中的训练和推理过程相对较慢。

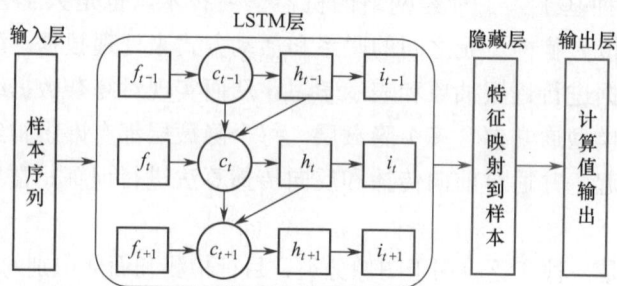

图 10-4　LSTM 模型图

（4）GNN：GNN 是一种用于处理图结构数据的神经网络模型，该模型结合了图计算和神经网络的优势，能够捕捉图结构并抽象出节点的特征。GNN 旨在处理图数据，特别是结构和关系复杂的数据，其技术方法很灵活，可以理解复杂的数据关系，这是传统的机器学习、深度学习和神经网络无法做到的。GNN 由于其在处理非欧氏空间数据和复杂特征方面的优势受到广泛关注，并在多个领域展现出普遍性和广泛的适用性，例如，在社交网络分析、生物化学、金融欺诈检测和网络安全等领域。

深度学习的核心在于其能够自动提取特征，这使它在处理复杂任务时具有显著优势。深度学习可以用于图像识别、语音识别等领域，并展现出了高精度和高准确性。在网络安全领域，深度学习可以监测用户行为并识别其中的异常，从而有效发现内部威胁或账户滥用行为。

3）NLP

NLP 是一门融合了计算机科学、人工智能和语言学等多个学科的交叉学科领域。它的主要目标是让计算机能够理解、解释和生成人类语言，从而实现人机之间的自然且无缝的交互。NLP 的任务可以大致分为自然语言理解（NLU）和自然语言生成 (NLG) 两大类。

（1）NLU：这一领域主要关注如何让计算机理解文本内容，其具体任务包括文本分类、命名实体识别、指代消解、句法分析和机器阅读理解等。

（2）NLG：这一领域则侧重于将计算机理解后的信息转为自然语言文本，其常见的应用有自动摘要、机器翻译、问答系统和对话机器人等。

需要强调的是，NLU 和 NLG 通常是协同工作的，NLU 负责理解输入的自然语言文本，而 NLG 负责生成相应的自然语言回复。例如，在聊天机器人中，NLU 组件会首先分析用户的输入，确定其意图和情绪，然后将这些信息传递给 NLG 组件，后者则据此生成适当的回复。

　　NLP 的应用领域非常广泛，涵盖了多个行业和场景，包括但不限于机器翻译、文本分类、情感分析、智能问答和对话系统等。在网络安全领域，NLP 可以分析如电子邮件等各类网络文本数据，识别钓鱼攻击中使用的欺诈性语言和模式，以预防钓鱼攻击等安全风险的发生。

　　4）机器视觉

　　机器视觉（Computer Vision，CV）是一种利用光学装置和非接触传感器，通过图像采集、处理和分析来实现对物体或场景的自动检测和识别的技术。其核心目的是模拟人类的视觉功能，使机器能够像人一样"看"和理解周围环境。

　　具体来说，机器视觉技术通常包含以下几个关键步骤。

　　（1）图像获取：利用相机或其他图像传感器捕捉目标物体的图像信息。图像的质量对后续的处理和分析至关重要，因此选择合适的摄像机和光源至关重要。

　　（2）图像预处理：对获取的图像进行预处理，如去噪、增强对比度、边缘检测等，以提高图像的质量和后续处理的准确性。

　　（3）特征提取：从预处理后的图像中提取出有用的特征信息，如形状、颜色、纹理等，以便进行后续的识别和分析。

　　（4）目标识别：根据提取的特征信息，对图像中的目标物体进行识别和分类。

　　（5）决策与控制：根据识别结果，做出相应的决策，并控制相关设备执行相应的动作。

　　机器视觉技术具有许多优势，例如，能够提高生产效率和产品质量、降低人工成本、提高竞争力。随着人工智能和计算机视觉技术的不断进步，机器视觉技术的性能也在不断提高，应用范围也在持续扩展。在网络安全领域，机器视觉技术可以自动检测和过滤图像或视频中的不当内容，如暴力、色情或仇恨言论，以达到监控内容的目的。

　　5）知识图谱

　　知识图谱的基本组成单位是"实体 - 关系 - 实体"三元组，以及实体及其相关的属性值对。这些实体通过关系相互联结，形成了一个网状的知识结构。在知识图谱中，节点通常代表实体或概念，而边则用来表示实体或概念之间的各种语义关系。知识图谱的应用非常广泛，包括智能搜索引擎、推荐系统、问答系统等人工智能领域。它能够为机器学习提供丰富且结构化的背景知识，从而显著提高算法的理解和推理能力。此外，知识图谱还用于金融、医疗、安全等多个行业，用于解答复杂问题和提供智能服务。图 10-5 展示了一个网络安全领域的知识图谱示例。

　　知识图谱的构建过程通常包括知识获取、知识表示、知识存储和知识检索四大分支。知识图谱可以通过从结构化数据（如数据库）或非结构化数据（如文档、图像）中提取信息来创建，并使用 NLP 和文本分析技术对这些信息进行处理。在网络安全领域中，知识图谱可以构建网络安全实体和它们之间的关系，例如，IP 地址、域名、攻击类型等，以提供全面的安全态势视图。

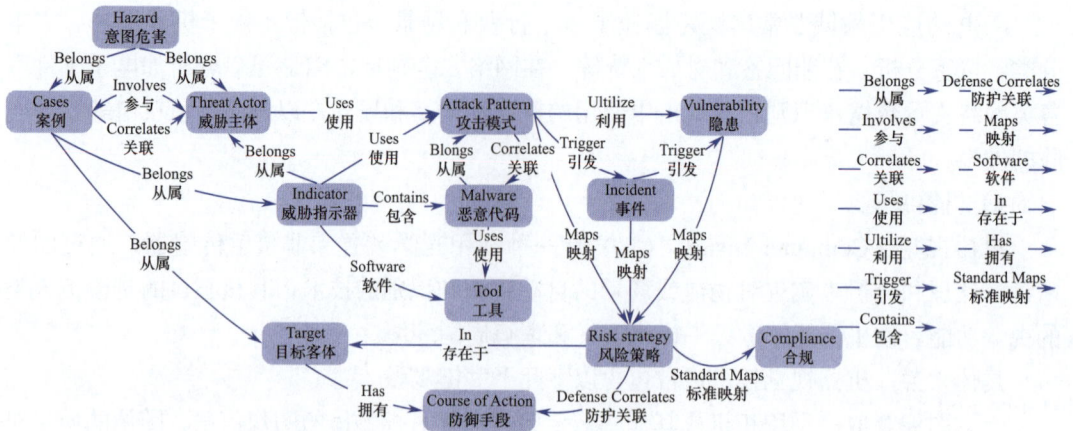

图 10-5　网络安全领域的知识图谱示例

6）生成式人工智能

生成式人工智能（AIGC）是一种利用复杂算法、模型和规则，从大规模数据集中学习以创造新的原创内容的人工智能技术。它主要借助深度学习等机器学习方法，对大量数据进行训练，从而生成包括文本、图像、音频、视频和代码在内的多种形式的内容。AIGC 的核心优势在于其"生成"能力，即能够根据用户输入的提示或已有的数据生成新的内容。这种能力使 AIGC 在多个领域中具有广泛的应用前景，例如，自动驾驶、聊天机器人、电商直播等。此外，AIGC 还用于自动编程、内容开发等创造性工作中，显著提高了生产力。

AIGC 的底层算法包括深度学习、NLP、图像处理等技术。深度学习是 AIGC 实现自主生成内容的关键技术，它通过构建深层神经网络模型，模拟人类的学习和创作过程。NLP 可以对文本进行语义理解和生成，使 AIGC 生成的文本更加准确和流畅。图像处理技术可以对图像进行分析和生成，为 AIGC 生成的图像提供更多的细节和创意。

AIGC 的开发架构包括数据准备、模型训练和模型优化等环节。数据准备是 AIGC 生成内容的基础，需要收集和清洗大量的数据，并进行标注和预处理。模型训练是 AIGC 实现自主创作能力的关键环节，通过使用大量的训练数据，利用深度学习算法对模型进行训练，使其具备理解和生成内容的能力。模型训练需要考虑模型的结构设计、参数调优等问题，以提高生成内容的质量和多样性。模型优化是为了提高 AIGC 的生成效率和性能，通过对模型进行精简和优化，减少模型的计算复杂度和存储空间。它可以提高 AIGC 在不同平台上的应用性能。

AIGC 的应用层输出包括文本生成、图像与视频生成、音频生成等多个方向。在文本生成方面，AIGC 可以生成各种类型的文章、故事、新闻等内容，满足用户的不同需求。在图像与视频生成方面，AIGC 可以生成各种风格和主题的图像与视频，为用户提供更加丰富多样的视觉体验。在音频生成方面，AIGC 可以生成各种类型的音乐、配音等内容，为用户带来更加丰富的听觉享受。这些生成内容可以应用于娱乐、传媒、电商等多个领域，为用户带来全新的体验和价值。

AIGC 的技术基础包括变分自编码器（VAE）、生成对抗网络（GAN）等先进的神经网络模型。这些模型通过模仿人类大脑的工作机制，能够处理和生成超越其训练数据集范围的内容。例如，ChatGPT 是一个典型的生成式人工智能应用，它能够与人类进行自然语言对话，提供信息、建议和创意。

AIGC 在网络安全领域的应用目前仍处于发展阶段，但它已经展现出作为一种强大工具的潜力，可用于创建逼真的模拟环境和数据，以提高安全系统的检测能力和人员的响应能力。

2. 人工智能的技术特点

1）自我学习与优化

人工智能的自我学习与优化是其最显著且最核心的特性之一。这一特点体现在系统能够不依赖显式编程，而是通过与环境交互、处理大量数据并应用各种算法，来不断改进自身性能。具体来说，人工智能系统（如深度学习模型、强化学习系统等）能够自我学习，即在没有人工直接干预的情况下，从数据中提取特征、构建知识表示，并据此调整内部参数以优化解决特定任务。这种学习过程是迭代的，意味着系统会根据反馈（如准确率提高、损失函数减少等）不断调整自己的策略，直至接近或达到最优解。此外，人工智能还具备优化能力，即在遇到新情况或新挑战时，能够利用已学知识快速适应并找到更有效的解决方案。这种灵活性使人工智能系统能够持续进步，以便应对日益复杂多变的环境和需求。

2）智能决策与推理

人工智能的智能决策与推理特点体现在其能够模拟人类的思维过程，对复杂问题进行深入分析、判断与决策。这一过程结合了强大的数据处理能力、精细的知识表示与推理机制，以及高效的优化算法。这使人工智能系统能够在不确定和动态的环境中，根据输入的信息和内部的知识库，迅速且准确地做出决策。智能决策不仅涉及对大量数据的快速分析和模式识别，还涵盖了对潜在风险的评估、多种可行方案的生成与评估，以及最终选择最优解的能力。推理能力则赋予人工智能从已知事实出发，通过逻辑规则或概率模型推导出新结论或新预测，这种能力使人工智能在解决复杂问题、制定策略规划及进行长期规划时，展现出高度的智慧与灵活性。

3）高效的数据处理能力

人工智能高效的数据处理能力是其显著的技术亮点之一。这一特点体现在其能够迅速且准确地处理和分析海量的、多样化的数据，无论是结构化数据还是非结构化数据，人工智能都能在短时间内完成复杂的计算与模式识别。通过运用先进的算法和强大的计算资源，人工智能能够自动筛选、整合和解析数据，从而发现隐藏的信息和潜在的规律，为决策提供科学依据。这种高效的数据处理能力不仅提高了数据处理的效率和准确性，还极大地扩展了数据的应用范围和深度，为各行各业带来了前所未有的变革和发展机遇。

4）多领域融合能力

人工智能的多领域融合能力体现在其能够跨越传统学科的界限，与医疗、教育、金融、交通、制造业等多个领域深度融合，推动这些领域实现智能化升级。在医疗领域，人工智能通过辅助诊断、个性化治疗方案推荐等方式，显著提高了医疗服务的效率和准确性；在教育领域，人工智能借助智能教学系统、个性化学习推荐等功能，实现了教育资源的优化配置和教学效果的显著提高；在金融领域，人工智能则通过风险评估、智能投资顾问等应用，为金融机构提供了更精准、更高效的决策支持。此外，人工智能还在交通管理、智能制造、智能家居等多个领域展现出强大的融合能力，推动了这些领域的智能化进程。这种多领域融合能力不仅拓宽了人工智能的应用范围，还促进了不同领域之间的技术交流和知识共享，为构建智能化社会奠定了坚实基础。

5）自适应性与灵活性

人工智能的自适应性与灵活性使其在面对复杂多变的环境和任务时，能够自我调整和优化以适应不同的需求和挑战。人工智能通过持续学习、自我优化和动态调整算法参数，能够不断提高自身的性能，并有效应对未知的情况。无论是处理海量数据时的实时分析，还是面对突发事件时的快速响应，人工智能都能展现出高度的灵活性和适应性。这种能力使人工智能能够在多个领域和场景中广泛应用，并持续推动技术进步和产业变革。

6）持续创新与发展潜力

人工智能的持续创新与发展潜力体现在人工智能领域不断涌现的新技术、新算法和新应用上，这些创新不断推动着技术边界的拓展。随着计算能力的提高、数据资源的丰富化及算法模型的优化，人工智能在感知、认知、决策等方面取得了显著进展，为解决复杂问题提供了全新的思路和方法。同时，人工智能还与其他前沿技术如量子计算、生物技术、物联网等深度融合，孕育出了更多创新应用。这种持续的创新不仅为人工智能自身的发展注入了强大动力，也为各行各业带来了前所未有的变革机遇，预示着人工智能在未来将展现出更加广阔的发展前景和巨大潜力。

7）高度自动化与智能化

人工智能的高度自动化与智能化体现在其能够自主执行复杂任务，几乎不需要或仅需要少量的人工干预，从而实现了工作流程的高度自动化。借助深度学习、强化学习等先进技术，人工智能能够模拟人类的思维过程，进行智能决策、推理和判断，展现出高度的智能化水平。这种高度自动化与智能化的结合，不仅极大提高了工作效率和准确性，还降低了人力成本，使人工智能在各个领域的应用更加广泛和深入。

10.1.2　人工智能应用于网络安全的主要场景

1. 风险识别

风险识别是指精确识别与网络系统、人员、资产和数据相关的关键风险。人工智能在网络安全领域的风险识别方面发挥着重要作用。通过利用机器学习等技术，人工智能能够精准地识别和预防潜在的安全风险。它可以对数据流量、用户行为等进行深度分析，从而发现异常模式和潜在威胁，并及时触发预警系统。这种技术的应用不仅提高了网络安全的整体水平，还为组织提供了更强大的安全保障。

2. 安全保护

安全保护是指实施适当的控制措施，以限制或遏制潜在网络安全事件影响，从而主动防范内部和外部的网络安全威胁。在安全保护方面，人工智能通过多重手段强化了网络安全防护：首先，它可以通过智能身份认证系统，确保只有合法用户能够访问网络资源；其次，利用实时监控技术，人工智能可以持续扫描网络活动，一旦发现异常或威胁，便立即启动防御机制。

3. 风险检测

风险检测是指从网络安全事件中识别潜在的安全风险。在风险检测方面，人工智能通过深度学习和机器学习技术，能够实时分析网络流量和用户行为，精准地发现异常模式，并及时揭示潜在的网络攻击。此外，人工智能还可以识别网络中的复杂数据，发现微妙的异常信号，为组织提供早期警告。

4. 风险响应

风险响应是指通过处置流程来管理和限制潜在网络安全事件的影响，这是事件处理的第一道防线。在这方面，人工智能一旦检测到安全威胁，就可以自动触发预设的安全协议，例如，及时隔离受感染的系统或阻断恶意流量，以防止威胁扩散。同时，人工智能还会通过学习和适应攻击者的行为，不断优化防御策略，提高响应的准确性和效率。

5. 风险恢复

风险恢复是指及时恢复因网络安全事件而受损的能力或服务，以减轻网络安全事件的影响，并从事件中吸取教训。人工智能能够通过分析历史数据和安全事件，为组织提供定制化的恢复计划，从而最小化安全事件带来的影响。此外，人工智能还可以协助进行数据恢复工作，确保重要数据的完整性和可用性。同时，人工智能还能自动检测和修复受损系统，从而减少人工干预的时间和成本。

10.2　人工智能在网络安全应用中的挑战

1. 误报与漏报

在网络安全领域，人工智能技术虽然极大地提高了检测和响应安全威胁的效率和准确性，但误报与漏报仍是其面临的主要挑战之一。误报是指安全系统错误地将合法的流量或行为标记为恶意的，这可能导致不必要的警报疲劳，浪费安全团队的时间和精力，并可能干扰正常的业务操作。然而，漏报则是指安全系统未能检测到实际的恶意活动，从而使组织面临未被及时发现的安全风险和潜在损害。这些挑战源于多种因素，包括但不限于数据质量和多样性的不足、模型的泛化能力有限、攻击手法的快速演变及网络环境的复杂性。

为了减少误报与漏报，需要不断优化人工智能模型，增强其对新型威胁的识别能力，同时确保模型能够适应不同的网络环境和行为模式。此外，结合人类专家的知识和经验，采用持续的模型训练和更新策略，以及实施有效的反馈机制，都是提高人工智能在网络安全中应用准确性的重要措施。

2. 依赖大量数据

人工智能在网络安全领域的应用高度依赖大量且高质量的数据，这一需求带来了若干挑战和问题。首先，收集足够的数据需要大量的时间和资源，而且这些数据需要是多样化的，以便能够覆盖各种可能的安全威胁和正常行为模式。其次，数据的质量和准确性对人工智能模型的性能有着直接影响，数据集中的噪声、不完整性或偏差都可能导致模型学习进入错误的模式，从而增加误报与漏报的风险。

3. 维护与更新

在网络安全领域，人工智能系统的维护与更新是一个持续且复杂的挑战，因为它们需要不断适应持续变化的网络安全威胁环境。随着新型攻击手法的出现和现有威胁的演变，人工智能系统必须通过定期的模型训练和参数调整来保持其有效性。这不仅涉及算法的优化和改进，还需要处理和分析新的数据集，以增强模型的泛化能力和准确性。此外，随着技术的进步和安全需求的变化，人工智能系统可能还需要集成新的功能和模块，以应对更广泛的安全威胁。维护与更新人工智能系统还需要考虑到系统的可解释性、透明度和用户信任度，确保其决策过程能够被理解和验证。

4. 法律与伦理问题

在网络安全领域应用人工智能时，法律与伦理问题构成了一个复杂而多维的挑战，这涉及数据隐私、算法透明度、责任归属和自动化决策的公正性。首先，人工智能系统通常需要处理大量可能包含敏感信息的数据，这就要求其严格遵守数据保护法规，如欧盟的通用数据保护条例（GDPR），确保个人和组织的隐私权益不受侵犯。其次，人工智能系统的决策过程往往被视为"黑箱"，缺乏透明度，这引发了人们对其决策依据和潜在偏见的质疑，要求算法的可解释性和公平性。此外，当人工智能系统在网络安全中做出错误判断时，确定责任归属可能变得复杂，需要明确制造商、用户或系统本身的责任。最后，随着自动化和智能化水平的提高，必须确保人工智能系统的使用不会导致不公正的监控或歧视行为，符合伦理标准和社会价值观。因此，开发和部署人工智能系统网络安全解决方案时，需要综合考虑这些法律和伦理问题，确保技术进步与社会规范的和谐共存。

10.3 大数据技术在网络安全中的应用

在网络安全领域，大数据的收集与分析是构建有效防御体系的基石。网络环境日益复杂，安全威胁层出不穷，传统的安全措施往往难以应对快速变化的网络攻击方式。大数据技术通过整合和分析海量的网络数据，为安全团队提供了更深层次的可见性和更全面的威胁情报。

大数据技术能够收集各种类型的网络数据，包括网络流量日志、用户行为记录、系统安全事件、应用程序日志等。这些数据可能来源于组织内部的网络设备、服务器、终端设备，也可能来自外部的威胁情报源。全面的数据收集为后续的深入分析提供了丰富的原材料。通过大数据分析工具，安全团队能够对收集到的数据进行深入的分析，识别出潜在的安全威胁。例如，利用数据挖掘技术，可以发现异常的网络流量模式，追踪到可疑的 IP 地址或域名；应用关联分析，可以揭示不同安全事件之间的联系，构建起攻击者的行为模式；应用统计分析，可以评估安全风险的严重程度和可能的影响范围。

10.3.1　大数据技术概述

大数据技术是指处理、存储、管理和分析超大规模数据集的技术和方法。随着互联网、物联网、移动设备等技术的快速发展，数据的生成和积累速度呈现爆炸式增长，传统的数据处理技术已经难以满足需求。大数据技术应运而生，其内涵包括数据收集、数据存储、数据处理、数据分析和数据安全等多个方面。

1. 大数据收集技术

大数据收集技术涉及从多种数据源（如传感器、社交媒体、交易记录、日志文件等）高效地收集数据。这些数据源往往具有数据类型复杂、数据量大且产生速度快的特点，传统的数据收集方法难以胜任。大数据收集技术不仅需要保证数据收集的可靠性和高效性，还需要避免数据的重复收集，以确保数据的质量和准确性。该技术广泛应用于各个领域，是数据分析和处理的前提和基础。

2. 大数据存储技术

大数据存储技术是指将大量的、复杂的、异构的数据集高效、可靠地持久化到计算机系统中的技术。这些数据集通常具有体量巨大、类型多样、产生速度快等特点，传统的数据存储技术难以满足其需求。

大数据存储技术主要包括分布式文件系统（如 Hadoop 的 HDFS）、非关系型数据库（如 HBase）、冷热数据分离技术、列存储技术和数据备份技术等。其中，分布式文件系统通过将数据分散存储在多个节点上，实现数据的均衡分配和访问的高可用性；非关系型数据库则采用分布式和非结构化的方式存储数据，能够胜任对大数据的处理；冷热数据分离技术通过将数据按热度分离存储，降低存储成本并提高效率；列存储技术通过按列存储数据，提高数据访问速度和存储效率；数据备份技术则通过数据备份避免单点故障和数据丢失，保障数据的可靠性。这些技术共同构成了大数据存储的体系，为大数据的收集、处理、分析和应用提供了坚实的基础。

3. 大数据处理技术

大数据处理技术使用并行处理框架，如 MapReduce、Apache Spark 等，来处理和分析大规模数据。这些框架能够在多个节点上同时执行计算任务，提高处理速度和效率，也支持数据的高吞吐量和多样化处理需求，同时保证数据处理的可伸缩性、容错性和实时性。

大数据处理技术广泛应用于商业智能、机器学习、社交网络分析、生物信息学和物联网等领域，帮助组织做出基于数据的决策。

4. 大数据分析技术

大数据分析技术通过数据挖掘、机器学习和深度学习等方法，从海量数据中提取有价值的信息和知识。这些技术能够处理的数据量通常超出了传统数据库软件的能力和常规分析方法的范围，它们依赖强大的计算能力和先进的数据处理架构，如分布式计算系统和云平台，以实现数据的高效处理和深入分析。分析结果可以用于预测、决策支持和业务优化等方面。在金融、医疗保健、零售、制造业等多个领域，大数据分析技术都发挥着重要作用，为企业带来了显著的商业价值和社会效益。

5. 大数据安全技术

大数据安全技术主要用来保护、监控和防御大数据环境中的数据，它包括数据加密、访问控制、数据脱敏、安全信息和事件管理（SIEM）、数据泄露预防（DLP），以及对数据进行安全处理和分析等，旨在确保数据的机密性、完整性和可用性，并满足合规性要求，防止数据遭受未授权的访问、被篡改或丢失。随着数据量的激增和数据类型的多样化，大数据安全技术在保护组织免受网络安全威胁和利用数据推动业务增长方面发挥着至关重要的作用。

10.3.2 大数据技术在网络安全中的主要应用场景

随着互联网的快速发展和数字化进程的不断推进，网络安全问题变得愈发复杂和严峻。传统的网络安全手段已经难以应对日益增多的网络安全威胁和攻击，而大数据技术的崛起为网络安全带来了新的契机。大数据技术凭借其强大的数据处理能力、实时分析能力和丰富的分析工具，能够从海量的网络数据中提取有价值的信息，从而提高威胁检测的准确性、响应速度和整体防御水平。本文将探讨大数据技术在网络安全中的主要应用场景，包括安全威胁检测、威胁情报分析、事件响应与取证、身份认证与访问控制，以及网络流量分析等方面，展示大数据技术如何有效提高网络安全的整体能力。

1. 威胁情报的聚合与利用

在网络安全领域，威胁情报是一种关键的资源，它包含了关于安全威胁的详细信息，如攻击者的身份、攻击方式、目标偏好及他们的潜在动机。大数据技术在聚合与利用这些威胁情报方面发挥着至关重要的作用。

大数据技术能够从多个来源聚合威胁情报，这些来源可能包括安全公告、暗网数据、安全社区论坛，以及与网络安全相关的社交媒体渠道。通过这种广泛的数据采集，组织能够构建起一个全面、多维度的威胁情报库，这个库涵盖了从初级攻击者到 APT 的各类威胁行为者。大数据平台通过自动化工具持续追踪最新的安全威胁，并迅速将这些信息整合到现有的情报库中。这种实时更新机制确保了组织能够即时响应新出现的威胁，增强了对新兴攻击模式的防御能力。

大数据技术不仅在聚合威胁情报方面发挥作用，还提供了深入分析这些情报的能力。通过应用机器学习和 NLP，大数据平台能够从非结构化的文本数据中提取关键信息，识别攻击模式和趋势，并预测潜在的攻击目标。这种分析能力使安全团队能够更好地理解威胁环境、制定更为精准的防御策略。安全团队可以根据情报中包含的攻击者偏好和攻击方式，调整安全控制措施，加强潜在的攻击目标的防护。此外，情报还可以用于设计主动防御措施，如诱捕计划和反制策略，以误导或阻止攻击者。

2. 预测性分析的实现

预测性分析是网络安全中的一项前沿技术，它使用大数据和机器学习来预测和防范潜在的网络攻击。这项技术的核心在于从历史数据中学习和识别模式，然后利用这些模式来预测未来可能发生的安全事件。

1）历史数据的深度挖掘

预测性分析的起点是对历史安全事件数据的深度挖掘。这些数据可能包括过去的入侵尝试、恶意软件行为、异常流量等。通过大数据分析工具，可以从这些庞大的数据集中提取出有用的信息，识别出攻击者的行为模式和策略。这一过程不仅包括传统的统计分析和模式识别，还涉及机器学习、深度学习等现代技术的应用。

2）行为基线的建立与持续更新

在预测性分析这一网络安全技术中，实现对行为基线的建立与持续更新是至关重要的。首先，通过收集并分析用户、设备、系统及进程等在网络中的正常行为数据，建立初始的安全基线。这一基线代表了正常行为的标准范围，有助于识别偏离常规模式的异常行为。随后，利用机器学习、深度学习等先进技术，对基线进行持续优化与调整。随着网络环境的变化和新威胁的出现，系统会不断学习新的正常行为模式，并自动更新基线，确保其始终反映最新的安全态势。这一过程确保了预测性分析能够精准地识别潜在威胁并有效应对不断演变的网络安全挑战。

3）主动防御策略的制定

主动防御策略的制定主要是通过收集和分析网络流量、用户行为、系统日志等多维度数据，利用先进的机器学习算法来识别潜在的安全威胁和异常模式。基于这些预测结果，可以针对性地设计出防御措施，如配置防火墙规则、更新安全策略、及时打补丁等，以在攻击发生前就建立起有效的防线，从而实现主动防御。这种方法不仅能够预防已知的安全风险，还能对未知威胁进行预警和防范，大大提高了网络安全的防护能力。

10.3.3　网络安全中大数据技术应用的挑战

大数据技术虽然为网络安全带来了许多好处，但也带来了一些挑战。

1. 数据安全性挑战

大数据技术在网络安全领域应用时所面临的数据安全性挑战不容忽视。在数据的采集、存储、传输和处理环节，必须采取严格的安全措施以确保数据的机密性、完整性和可用性。这包括使用加密技术对数据进行加密，以防止数据在传输过程中被窃取或篡改。同时，还需要实施访问控制策略，确保只有授权人员才能访问敏感数据。此外，分布式数据的安全性也是一个重要问题，特别是在使用非关系型数据库时。由于这些数据库系统的分布式特性，数据在多个节点之间进行自动分发与聚集，这就需要额外的安全机制来保护数据在分布式环境中的安全性。因此，必须加强对非关系型数据库的安全配置和管理，以防止数据泄露和未经授权的访问。

2. 人才短缺的挑战

随着大数据和网络安全技术的融合发展，行业对具备相关技能和知识的人才需求日益增长。然而，目前网络安全领域的人才供需存在显著不平衡。

一方面，网络安全技术的快速发展要求专业人员不断更新知识储备，掌握最新的防御手段和攻击分析方法，但现有的教育体系往往难以迅速适应这种技术变革，导致具备实战经验和高级技能的人才稀缺。另一方面，网络安全领域对大数据人才的实践经验和技能要求较高，要求他们不仅需要理论知识，更需要实际操作能力和问题解决能力。然而，目前市场上具备这些综合素质的人才相对较少，这进一步加剧了人才短缺的问题。

目前，大数据人才缺口正在逐年扩大，但网络安全行业招聘活动却相对较少，这反映了该行业对人才的需求与现有供应之间的巨大落差。因此，为了解决这一挑战，需要加强大数据专业人才的培养，提高教育质量，并与行业需求紧密结合。

3. 平台安全机制的挑战

通用大数据管理平台的安全保障能力相对薄弱。这些平台在设计初期往往更注重功能的实现和性能的提高，而在安全方面的考虑可能相对不足。例如，Hadoop 生态架构在设计初期对用户身份鉴别、访问控制、密钥管理、安全审计等方面的考虑较少，这可能导致未经授权的用户访问敏感数据，或者数据在传输、存储过程中被恶意篡改。

此外，大数据应用中广泛采用的第三方开源组件也存在安全隐患。这些组件通常没有经过严格的测试管理和安全认证，可能存在未知的安全漏洞。攻击者可能会利用这些漏洞进行攻击，导致数据泄露或系统瘫痪。据相关统计，近年来因开源组件漏洞导致的安全问题数量呈上升趋势，这也进一步凸显了平台安全机制所面临的挑战。

为了应对这些挑战，需要加强对大数据管理平台的安全保障能力建设，包括完善用户身份鉴别、访问控制等安全机制，以及加强对第三方开源组件的安全测试和认证工作。同时，还需要定期更新和修补已知的安全漏洞，以确保大数据技术在网络安全领域的稳健应用。

4. 隐私保护的挑战

在大数据应用中，对个人隐私的保护是至关重要的。由于大数据技术能够处理和分析海量数据，这其中包括了大量的个人信息，如用户的网络行为、消费习惯、社交活动等。这些信息一旦被泄露或滥用，将对个人隐私造成极大的侵犯。此外，随着大数据技术的普及，网络用户行为分析变得更加深入和精细。然而，这种分析往往涉及用户的隐私信息，如何在确保分析效果的同时保护用户隐私，成为了一个亟待解决的问题。

近年来，隐私泄露事件的频发引起了公众对数据安全的担忧。相关报告显示，近年来因数据安全事件导致的隐私泄露事件数量呈上升趋势。这些事件不仅损害了受害者的利益，还影响了大数据技术的社会接受度和信任度。

为了应对这些挑战，大数据技术应用需要采取一系列措施来加强隐私保护。这包括使用匿名化技术对用户数据进行脱敏处理，以确保在数据分析过程中无法识别出特定个人；加强数据加密和访问控制，防止未经授权的访问和数据泄露；建立完善的数据安全和隐私保护政策，明确数据处理者的责任和义务。

10.4　数据智能技术在网络安全应用中的发展趋势

数据智能技术融合了大数据技术、人工智能的前沿科技，能够实现对海量网络数据的深度挖掘与分析，从中提取出有价值的信息与模式，能为网络安全的防护、检测、响应及预测提供强有力的支撑。通过智能化的威胁识别、自动化的应急响应及精准的安全策略调整，数据智能技术正在重新定义网络安全的边界，引领着网络安全防护技术的革新与发展。

10.4.1　数据智能技术概述

数据智能技术是对所有数据技术与智能技术集合的简称。为何要使用数据智能技术这一独立概念来概括和描述数据技术与智能技术两类技术呢？这主要是因为：目前，数据技术与智能技术的深入融合已成为不争的事实。在当今时代，以机器学习（包括深度学习与强化学习）为代表的人工智能技术已广泛应用于对数据（尤其是大数据）的分析处理及数据模式的挖掘中。然而，在具体讨论时，有时人们仍需要根据需求对两类技术进行区分。所谓数据技术，是指在数据全生命周期（主要包括数据的采集、存储、处理、分析、传输、使用与销毁）及数据治理中运用的各种技术。当前大家所谓的数据技术主要指大数据技术。所谓智能技术，是指设计、建造与应用具有自主学习、推理和决策等功能的人工智能系统的技术，这大致对应于目前学术界和实务界广泛使用的人工智能术语。因此，从技术角度看，数据智能是数据技术与智能技术二者集成化的一个技术性概念，就是所谓的数据智能技术 (Data-Intelligence Technology)。

大数据技术与人工智能的结合，为网络安全领域带来了革命性的变革。大数据技术提供了丰富的数据源和强大的数据处理能力，为人工智能的应用提供了坚实的基础。然而，人工智能则可以对这些数据进行深度分析和智能决策，实现对网络安全威胁的精准识别和有效应对。这种技术融合不仅提高了安全威胁检测的速度和准确性，还显著增强了对未知威胁的防御能力，使网络安全体系能够更加智能和高效地应对各种网络安全威胁。大数据技术与人工智能的结合为网络安全领域带来了全新的解决方案和工具，极大地提高了网络安全防护的能力和效率。

人工智能能够在极短的时间内自动检测网络中的威胁和数据泄露，并提供预测和抵御恶意攻击的工具。结合大数据技术，人工智能能够实现从被动防御到主动防御的转变。例如，基于大数据的态势感知技术可以提高网站安全管理的预测性，使防御措施更加主动和有效。此外，人工智能还能够辅助企业合规建设，降低数据安全风险。人工智能使现代企业能够用更有效的解决方案取代传统工具，从而提高生产力，例如，利用人工智能进行恶意代码检测、入侵检测等任务，可以比以往更快、更准确地识别和分析潜在威胁。

在新一轮科技革命和产业变革的浪潮中，大数据技术与人工智能的结合正引发一系列深远的变革。新技术，例如，5G、云计算等，与人工智能的融合进一步加速了人工智能在网络安全领域的应用和发展。随着攻击者使用更加隐蔽和复杂的手段进行攻击，传统的安全技术已经难以应对，此时，大数据技术和人工智能的融合应用能够有效提高防御能力，帮助防御者应对规模更大、后果更严重的新型攻击。

10.4.2 数据智能技术在网络安全中的发展趋势

1. 物联网安全

1）物联网设备激增带来的新挑战

网络限制与挑战：随着物联网设备的激增，传感器和机器生成的数据量大幅增加。在没有大规模边缘网络支持的情况下，这种传入的工作负载可能使网络设备不堪重负。高密度的物联网设备还可能导致网络拥塞，影响性能。此外，某些物联网领域还缺乏有效的设备检测机制，使管理变得复杂。

工作量问题：设备数量的增加意味着需要处理的数据量和工作负载也在不断增加。这不仅对网络带宽提出了更高的要求，还使数据处理和分析变得更加昂贵和复杂。

环境因素：物联网设备常常部署在各种环境中，包括高湿度、极端温度等恶劣环境。这些环境因素可能以不可预测的方式影响设备的性能和稳定性，增加了维护和管理的难度。

集成问题：不同的物联网设备可能使用不同的软件和接口，这些软件和接口之间的兼容性问题可能导致设备之间的集成困难。这不仅会增加故障率，还会延长问题的检测时间。

2）数据智能技术在物联网安全监控、漏洞扫描、设备认证中的应用前景

（1）物联网安全监控

应用前景：随着物联网设备的激增，安全监控成为确保系统安全的关键环节。数据智能技术在此领域有着广阔的应用前景。通过深度学习、机器学习等技术，可以实时分析监

控数据，自动识别异常行为，并及时发出警报。此外，利用大数据分析能力，还可以对历史数据进行挖掘，发现潜在的安全风险，为预防措施提供有力支持。

发展趋势：物联网安全监控将越来越智能化，不仅能够实时监控，还能进行预测性分析，提前发现可能的安全隐患。同时，随着 5G、边缘计算等技术的发展，安全监控的实时性和准确性将得到进一步提高。

（2）漏洞扫描

应用前景：在物联网环境中，漏洞扫描对于发现和修复安全漏洞至关重要。数据智能技术可以应用于漏洞扫描的各个环节，从漏洞发现、分析到修复建议的提出，都能提供强大的支持。通过使用自动化的漏洞扫描工具，可以定期对物联网系统进行全面的安全检查，从而确保系统的安全性。

发展趋势：未来的漏洞扫描工具将更加智能化和自动化。它们将能够自动识别和分析各种类型的安全漏洞，并提供针对性的修复建议。此外，随着云计算和大数据技术的发展，漏洞扫描的效率和准确性也得到显著提高。

（3）设备认证

应用前景：在物联网环境中，设备认证是确保系统安全的重要手段。数据智能技术可以应用于设备认证的各个环节，涵盖设备身份的验证、访问权限的管理和安全策略的制定等。通过智能化的设备认证机制，人们可以确保只有合法的设备才能接入物联网系统，从而有效抵御恶意攻击和防止非法访问。

发展趋势：未来的设备认证机制将更加智能化和灵活化，它们将能够自动识别设备的身份和权限，并根据实际情况进行动态调整。此外，随着区块链等技术的发展，设备认证的安全性和可信度也将得到进一步提高。

2. 供应链安全风险管理

供应链攻击是一种复杂的网络攻击方式，它通过渗透和利用供应链中的一个或多个环节来间接访问目标组织的安全漏洞。这种攻击的复杂性在于其隐蔽性强、影响范围广且难以迅速识别和隔离，因为攻击者通常利用了信任关系和合法渠道进行攻击。攻击者一旦成功入侵供应链，他们就可能窃取敏感数据、破坏业务运营、损害品牌声誉，甚至影响到供应链下游的合作伙伴和最终用户，造成连锁反应。这种影响可能跨越多个行业和地区，带来严重的经济损失和信任危机。因此，组织必须加强对供应链安全的风险评估和管理，以确保整个供应链的安全性和韧性。同时，数据智能技术在提高实时数据可见性、节点安全检测及应急响应中的价值越来越显著，正成为未来重要的应用趋势。

1）实时数据可见性

应用前景：在商业环境中，实时数据流处理能够为企业提供即时的销售数据、库存情况和客户行为分析，从而优化库存管理、调整市场策略并提高客户满意度。例如，在零售行业中，实时数据可以帮助商家迅速调整价格策略和促销方案或重新配货，以满足市场需求。动态可视化技术不仅使数据更易于理解，还能加强团队之间的沟通和协作。企业可以创建实时的数据仪表板，供团队成员随时查看和分析数据，从而更快地做出决策和调整策略。

发展趋势：实时数据流处理技术将不断优化，以适应更大规模的数据处理需求。例如，随着 5G 和边缘计算的普及，数据处理将更接近数据源，从而减少传输延迟，提高处理效率。动态可视化技术将进一步融合交互设计和用户体验研究，不仅能展示数据，还允许用户通过直观的操作来搜索和分析数据，例如，拖拽、缩放和筛选等。

2）节点安全检测

应用前景：行为分析技术将通过深度学习算法的不断优化，从而能够更精确地识别网络节点的异常行为。例如，系统可以通过分析网络流量和用户行为模式，自动检测并发出潜在的恶意活动（如 DDoS 攻击或数据泄露）的警告。

发展趋势：行为分析技术将更多地融入云计算和边缘计算环境，实现跨平台、跨设备的安全监控。同时，利用人工智能，系统将能够自适应地学习新的威胁模式，从而提高检测的准确性。

3）应急响应

应用前景：自动化响应机制将显著缩短企业从发现威胁到采取行动的时间。例如，当检测到恶意软件入侵时，系统可以自动隔离受感染的系统，并同时通知安全团队进行进一步处理。智能辅助决策系统将结合大数据分析、专家系统和 NLP，为决策者提供即时的风险评估、应对策略和恢复建议。

发展趋势：自动化响应机制将进一步整合物理安全和网络安全两方面的要求，实现全面的安全防护。例如，当检测到异常行为时，系统不仅可以自动隔离网络安全威胁，还可以触发物理安全措施，例如，锁定门禁系统等。智能辅助决策系统将不断融入更多的数据源和算法，包括社交媒体分析、地理位置数据等，以提供更全面的应急响应建议。同时，这些系统还将支持多语言和多平台操作，以满足全球企业的需求。

3. 网络安全云化服务

1）云计算在网络安全中的广泛应用

云计算在网络安全中的广泛应用主要体现在其工作的弹性、可扩展性和按需服务能力。这些特性使企业能够灵活应对不断变化的安全威胁。通过云平台，组织可以快速部署和扩展安全工具和服务，包括但不限于 IDS、恶意软件防护、数据加密和访问控制。同时，利用云服务提供商的专业安全知识和基础设施，企业能够显著增强自身的安全防护能力。此外，云计算还支持跨地域的数据备份和灾难恢复，确保关键数据的安全性和业务的的连续性。云计算因此在网络安全领域发挥着至关重要的作用。

2）数据智能技术如何助力云计算环境的安全防护与管理

数据智能技术在云计算环境的安全防护与管理中发挥着至关重要的作用，主要体现在以下几个方面。

（1）统一管控平台：通过构建高安全、高性能和高可用性的统一数据安全管控平台，可以实现对云计算环境中各个业务组件和技术功能引擎的协调衔接，从而形成体系化的数据安全防护。这一平台能够有效整合资源，提高数据安全管理的效率和效果。

（2）智能威胁检测与响应：利用机器学习和人工智能，可以自动识别和分析云计算环境中的安全风险和漏洞，构建高效的检测模型，从而提高发现威胁的能力。例如，企业的云盾系统通过深度解析流量、检测各种威胁和攻击行为，实现了业务安全的可视化和可感知。

（3）全生命周期的数据安全管理：智能数据管理平台（如 Dataphin）提供从数据访问控制、数据隔离、数据分类到隐私合规性等全方位的数据安全保障措施，确保数据在存储、传输和使用过程中的安全性。这些平台支持全链路的权限管理，包括请求、审批、分配、移交和认证数据访问权限。

（4）动态与静态脱敏：采用先进的加密算法和硬件密码机，结合动态与静态脱敏技术，确保敏感数据在云端的安全性和合规性。此外，智能数据安全网关还可以通过主动探测和智能脱敏来保护敏感信息。

（5）智能决策与自动化策略编排：在面对复杂的安全威胁时，智能系统能够快速进行关联分析并给出决策建议，实现自动化策略编排和响应。例如，某些云平台利用机器学习和专家经验构建模型，检测未知数据的安全风险，并即时响应安全事件。

（6）多源异构数据的智能分析：通过汇聚和关联多源异构数据，利用大数据和智能分析技术提高威胁检测与防护能力，缩短安全运营团队的响应时间。例如，一些企业实验室通过大数据和智能分析技术提高攻防对抗效率和对安全产品的威胁检测与防护能力。

4. 生成式人工智能（AIGC）与网络安全

1）AIGC 在攻击与防御中的双重作用

AIGC 在网络安全中扮演着双重角色，既具有攻击性也具有防御性。这种技术的复杂性和灵活性使其成为网络攻防双方的重要工具。

在攻击方面，AIGC 被黑客利用，成为了一种新型的网络攻击方式。黑客可以借助AIGC，生成极具迷惑性的网络钓鱼邮件。这些邮件内容逼真，很难被传统的安全系统识别，从而增加了用户点击恶意链接或下载恶意附件的风险。此外，AIGC 还能用来快速扫描和发现网络系统中的漏洞。黑客可以利用这些漏洞，对目标系统发起更精准的攻击，甚至可能导致数据泄露或服务中断等严重后果。

在防御方面，AIGC 也为人们提供了新的解决方案。它能够通过学习海量的网络安全数据，识别出异常流量和恶意行为模式，从而提高对新型威胁的检测能力。例如，通过分析历史网络攻击数据，AIGC 可以预测未来可能的攻击模式，并提前做出相应的防御措施。此外，AIGC 还能自动处理潜在的网络安全威胁，例如，自动隔离被感染的系统、收集相关日志信息、通知安全团队等，从而迅速控制事态，减少损失。这种技术大大提高了网络安全的防御能力和效率。

2）基于 AIGC 的安全对抗策略与自动化测试技术的发展

尽管 AIGC 在自动化测试中展现出了巨大潜力，但其也带来了新的安全威胁。例如，AIGC 的快速发展降低了网络攻击的门槛，使得生成恶意代码变得更加容易。此外，暗网上的 WormGPT、PoisonGPT 等恶意模型对 AIGC 的安全治理提出了严峻挑战。为了应对这些安全威胁，需要加强监管，制定和完善相关的法律法规和技术标准，加强对 AIGC 应用的监管。此外，人们正在开发新的安全技术手段，如使用深度学习和符号执行技术来识别和防御潜在的网络安全攻击。

现阶段，自动化测试技术已经从早期的录制回放技术发展到基于页面对象模式（Page Object Model，POM）的分层自动化，且日益融入了人工智能技术，这使自动化测试变得更加智能、精准和高效。例如，利用 AIGC 可以自动生成测试用例、执行测试任务并分析测试结果，从而大幅减少人工工作量和时间成本。

在未来，AIGC 能够模拟各种用户行为和系统状态，自动发现潜在的缺陷和漏洞，帮助人们在软件开发周期的早期阶段就识别出问题，从而降低修复成本。此外，AIGC 还能够适应不断变化的测试需求，持续生成新的测试场景，确保软件在不断更新和变化的环境中保持稳定性和安全性。这种自动化和智能化的测试方法，不仅可以提高测试的准确性和可靠性，还能缩短产品上市的时间，为企业带来显著的经济效益。

5. 可解释性人工智能（XAI）

1）提高人工智能决策透明度和可解释性的重要性

提高人工智能决策的透明度和可解释性有助于增强用户和利益相关者对人工智能系统的信任，确保其决策过程的公正性和合规性，且对于发现和纠正潜在的偏见和错误也至关重要，从而促进人工智能的可持续发展和社会的广泛接受。此外，透明度和可解释性还能帮助监管机构和专业人员进行有效的审计和评估，确保人工智能系统在道德和法律框架内运行，同时为人工智能系统的持续改进和优化提供关键的反馈。

2）XAI 在网络安全领域的应用前景与潜在影响

XAI 使网络安全分析师能够理解为什么特定活动或异常被标记为潜在威胁，从而揭示检测系统的决策过程。例如，在 IDS、恶意软件检测、网络钓鱼和垃圾邮件检测等场景中，XAI 可以帮助安全运营团队更准确地识别和应对威胁。不仅如此，XAI 还能协助网络安全调查，通过提供清晰的解释来加快响应时间，并降低错误分类的风险。这不仅提高了系统的准确性，还增强了用户对模型预测的信任度。

研究表明，采用安全 XAI 可以实现 95% 以上的准确率，同时使错误分类背后的原因更加明显。这将创建更可靠的分类系统，确保安全警报尽可能准确。XAI 还能够大幅降低专家的边际成本，因为它们提供了明确的解释和决策过程，减少了对专家知识的依赖。尽管 XAI 在提高透明度方面有显著优势，但它仍面临一些挑战，如黑盒攻击可能损害相关分类器的隐私和安全性。然而，通过反事实解释（CF）生成方法等技术，可以有效弥补这些差距。

6. 新兴威胁与快速响应能力

1）应对 0 day 攻击、APT 攻击等高级威胁的策略

（1）建立全面的安全防护体系：建立全面的安全防护体系是确保网络安全的关键。首

先，需要构建多层次的网络防御，结合防火墙、IDS 和安全事件管理系统，构建从网络边缘到核心应用的多层次安全防护；其次，需要加强端点安全，通过部署端点安全解决方案，例如，端点检测和响应（EDR）系统，实时监控并防御端点上的恶意活动；最后，还需要建立完善的安全管理制度，明确安全管理职责和要求，确保每个环节都有明确的安全保障措施。

（2）利用数据智能技术进行威胁检测与分析：利用数据智能技术进行威胁检测与分析，主要是通过先进的数据分析技术，对海量的安全数据进行深度挖掘和处理。这包括运用深度学习、聚类分析等算法，从复杂的安全日志和流量数据中提取出关键信息，以精准发现潜在的威胁模式。同时，通过建立正常行为模型，结合机器学习算法，实时监测并识别网络中的异常行为，从而及时揭示 APT 攻击等高级威胁的踪迹。

（3）促进情报共享与协作：为了促进情报共享与协作，需要建立有效的情报共享机制。通过与其他组织或机构合作，搭建情报共享平台，实现实时交换最新的威胁情报，以便各方能够及时获取并应对新出现的安全威胁；其次，应积极参与国际合作，加入国际网络安全组织和论坛，与全球伙伴共同研究应对策略，从而增强对高级威胁的全球监测和处理能力。通过这些措施，可以显著提高网络安全防护的效率和效果。

2）强化安全运营的自动化与智能化

有关部门通过采用智能自动化工具，可以迅速地对安全事件做出反应，自动执行预设的安全策略，例如，及时隔离感染源、阻断恶意流量，从而有效控制安全事件的扩散并降低其影响。此外，利用自动化脚本进行定期的安全检查和漏洞扫描，能够主动发现并及时修复潜在的安全隐患，这不仅增强了系统的安全防护能力，还大幅减少了人工干预的成本和误差，提高了整体的安全运营效率，强化了网络安全运营的自动化与智能化水平。

10.5　基于深度学习的漏洞检测

当前主流源代码漏洞检测方法依赖安全专家定义的漏洞规则，但相同类型软件漏洞在不同软件中表现的代码差异性大，人工设定的规则很难准确刻画某类漏洞特征，漏报、误报比较严重。针对传统方法的不足，在已有的大量软件漏洞信息的基础上，智能学习漏洞代码并生成检测模型的方法开始兴起。

根据所采用的深度神经网络的类型，漏洞检测方法可分为面向文本处理的智能漏洞检测和基于 GNN 的漏洞检测。其中，面向文本处理的智能漏洞检测方法将源代码视为普通文本进行模型训练。然而，由于面向 NLP 的模型先天缺乏对代码语义和语法的抽象和提炼能力，其检测效果并不理想。相比之下，基于 GNN 的漏洞检测以代码的中间编码表示（即图表征）为处理对象。由于图比文本更能准确地表示代码结构，因此基于 GNN 的检测方法在漏洞检测领域展现了更好的检测能力。

本节将给出一个基于 GNN 的漏洞检测框架的案例。

基于 GNN 的漏洞检测流程，如图 10-6 所示。它利用图深度学习进行漏洞检测，主要包括数据集构建、图数据构建、图深度学习模型构建和训练评估四个阶段。在图数据构建阶段，一般包括中间图表示和特征向量生成两个过程。首先，提取程序源代码中的语法和语义信息，解析程序中的数据流、控制流等信息，得到代码的中间图表示。接着，对此图数据进行嵌入（Embedding）操作，生成图的初始特征向量，作为 GNN 的输入。在训练评估阶段，则涉及训练和检测两个阶段。训练阶段将图向量数据作为输入，利用 GNN 学习节点特征或图特征，而检测阶段则对检测代码进行相同的数据处理，将图向量数据作为输入，经过 GNN 输出预测结果，从而完成对检测代码漏洞的预测。

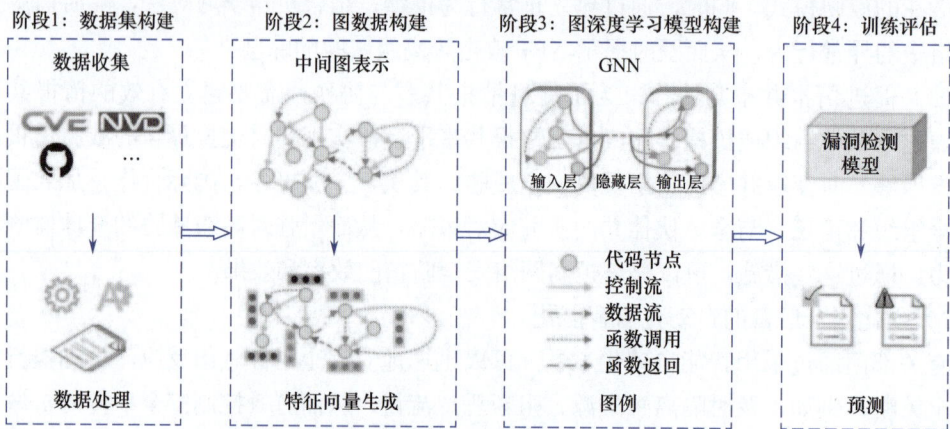

图 10-6　基于 GNN 的漏洞检测流程

1. 数据集构建

数据收集和整理是漏洞检测研究的初步任务，数据集的数量和质量将直接影响图深度学习模型的有效性和性能，是训练评估模型的关键。本节将数据集分为合成数据、半合成数据、真实数据三类。目前，用于漏洞检测的公共数据集主要源自 SATE（Static Analysis Tool Exposition）IV Juliet、SARD（Software Assurance Reference Dataset）和 NVD。其中，SATE IV Juliet 数据集是根据 CVE 数据集和大约六万个合成测试用例构建而成的；SARD 数据集包含了近 20 万个测试程序，涵盖了 150 多个漏洞类型；NVD 数据集与 CVE 数据集完全同步，并提供了漏洞类型等其他信息。科研人员利用这三种数据集构建了如 SeVC、Draper MUSE 等漏洞检测专用数据集。具体来说，有研究人员从 NVD 和 SARD 收集了15591 个 C/C++ 程序，构建了 SeVC 漏洞数据集，该数据集共包括 126 种类型的漏洞，每种类型都由 CWE ID 唯一标识。另外，还有研究人员从 SATE IV Juliet、Debian Linux 和 GitHub 公开代码仓库中收集了数百万个 C++ 代码样本，通过词法分析、数据清洗和标签标注等一系列过程，构建了 Draper MUSE 漏洞数据集。

2. 图数据构建

计算机程序具有多种经典的中间图表示形式，这些形式采用图数据结构来表示程序的特定属性，从而能够对应用程序进行更加有效的分析。在这些中间图表示中，图的节点通常代表表达式或语句，而边则代表控制流、控制依赖或数据依赖。不同的图结构可以从程序的不同特征角度来描述程序。目前，抽象语法树、控制流程图、程序依赖图、代码属性图、属性控制流程图等已广泛应用于图深度学习的漏洞检测中。表 10-1 对各种程序代码的中间图表示形式进行了汇总。

表 10-1　程序代码的中间图表示形式

中间图	全　称	描　述
AST	Abstract Syntax Tree（抽象语法树）	源代码抽象语法结构的树表示
CFG	Control Flow Graph（控制流程图）	程序执行过程中会遍历到的所有路径
CDG	Control Dependence Graph（控制依赖图）	表示程序中的控制依赖关系
DFG	Data Flow Graph（数据流图）	程序执行过程中变量的访问或修改
DDG	Data Dependence Graph（数据依赖图）	表示程序中的数据依赖关系
CDFG	Control Data Flow Graph（控制数据流图）	表示程序中的控制流程和数据依赖关系
FCG	Function Call Graph（函数调用图）	表示程序中子程序之间的调用关系
ACFG	Attributed Control Flow Graph（属性控制流程图）	CFG的属性集合，包含了统计特征和结构特征
NCS	Natural Code Sequence（自然代码序列）	源代码词符（Token）序列
PDG	Program Dependence Graph（程序依赖图）	组合CDG, DDG
CCS	Composite Code Semantics（复合代码语义图）	组合AST, CFG, DFG, NCS
CPG	Code Property Graph（代码属性图）	组合AST, CFG, PDG
SPG	Slice Property Graph（切片属性图）	组合DDG, CDG, FCG
CCG	Code Composite Graph（代码复合图）	组合AST, CFG, DFG

在获得中间图后，可以使用解析器程序提取图数据，如邻接矩阵、节点属性、边属性、图标签等。其中，节点属性是代码的表达式或语句，一般为文本格式，因此需要进行编码或嵌入以将文本转为向量，作为神经网络的实际输入。常见的编码模型有 One-Hot、TF-IDF、Word2Vec、Doc2Vec、Transformer 等。

3. 图深度学习模型构建

对于图数据而言，图嵌入（Graph Embedding）和 GNN 是两个类似的研究领域。图嵌入旨在将图中节点表示为低维向量，并同时保留图的拓扑结构信息和节点内容信息，以便使用机器学习算法进行后续的图分析任务（如分类、聚类、推荐等）。然而，GNN 是一种深度学习模型，旨在以端到端方式解决与图相关的任务。许多图嵌入算法通常是无监督算法，可以大致划分为矩阵分解、随机游走和深度学习等，其中，使用深度学习技术的图嵌入也属于 GNN 方法。

4. 训练评估

一般情况下，漏洞检测是二分类任务，共有四种可能的结果，分别是 TP（True Positive，即真阳性），FP（False Positive，即假阳性），TN（True Negative，即真阴性），

FN（False Negative，即假阴性），一般用混淆矩阵描述。其中，TP 表示是漏洞且被检测为漏洞的样本数量，FP 表示是非漏洞但被检测为漏洞的样本数量，TN 表示是非漏洞且被检测为非漏洞的样本数量，FN 表示是漏洞但被检测为非漏洞的样本数量。常用的评估指标包括准确率、精确率、召回率、F1-score、ROC-AUC 等。

习 题

1. 简述人工智能的关键技术都有哪些。

2. 人工智能和大数据技术为何能够有效提高网络安全管理能力？

3. 简述机器学习技术在网络安全领域有哪些典型应用。

4. 请举例说明深度学习技术哪些方法可以提高网络安全工作效能。

5. 简述知识图谱如何应用于网络安全领域。

6. 人工智能和大数据技术应用于网络安全领域的主要场景包括哪些？

7. 人工智能和大数据技术应用于网络安全领域存在哪些风险？

8. 简述如何应对人工智能和大数据技术应用于网络安全领域所衍生的风险。

9. 简述数据智能技术应用于网络安全领域的未来发展趋势。

第 11 章

大模型研究在网络安全中的应用

本章介绍大模型研究在网络安全中的应用,包括大模型概述、大模型训练在网络安全中的应用、大模型与网络安全融合发展的未来趋势,并通过实际案例(基于大模型的网络流量异常检测),使读者了解和掌握大模型赋能网络安全领域的方法和途径。

11.1 大模型概述

随着大模型技术的不断完善和普及,社会已悄然进入了一个由数据驱动、智能辅助的全新工作模式和生活模式。近年来,随着人工智能的快速发展,特别是 AIGC 的快速进步,大模型在网络安全领域的应用越来越广泛。例如,IDC 发布的《大模型在网络安全领域的应用市场洞察报告》指出,国内外网络安全技术提供商已经推出了多种针对安全运营、威胁检测与分析等场景的大模型产品和服务。这一变革性的技术进步正在深刻地影响着各行各业,为它们带来了前所未有的降本增效的机遇。网络安全领域,作为一个关乎信息社会能否稳定运行的重要领域,也同样迎来了大模型技术的革新洗礼。

在大模型的助力下,网络安全防护将更加智能化、精准化。海量的网络流量数据、复杂多变的攻击模式,都将在大模型的深度学习和分析下无所遁形。然而,在这一过程中,我们必须时刻保持清醒的头脑,意识到技术本身并不是万能的。如何合理地使用大模型技术、如何将其有效地融入工作和生活,是我们需要深思熟虑的问题。

大模型的应用,不仅仅是技术的创新,更是一种人与机器共同协作的新范式。在网络安全领域,这意味着安全专家将与大模型紧密合作,共同应对日益复杂的网络安全威胁。这种新的工作模式将要求我们重新审视人在网络安全中的角色和定位,以及如何与大模型实现最优的协同效应。

11.1.1 大模型的基本概念

大模型(也称基础模型)是指具有大量参数和复杂计算结构的机器学习模型。这些模型通常由深度神经网络构建而成,拥有数十亿甚至数千亿个参数。大模型设计的目的是为了能够提高模型的表达能力和预测性能，能够处理更加复杂的任务和数据。

大模型能够处理海量数据，并完成各种复杂的任务，如 NLP、计算机视觉、语音识别等。这些模型在训练过程中需要大量的数据和计算资源，且通过逐层传递的方式，将低层次的特征组合成高层次的特征，从而实现对输入数据的有效学习和预测。

11.1.2 大模型的发展历程

人工智能大模型的发展历程可以分为三个主要阶段：萌芽期、沉淀期和爆发期。

1. 萌芽期（1950 年—2005 年）

在这一阶段，人工智能大模型的前身主要是传统神经网络模型，如 CNN。1956 年，计算机专家约翰·麦卡锡提出了"人工智能"概念，标志着人工智能研究的开始。1980 年，卷积神经网络的雏形诞生。1998 年，现代 CNN 的基本结构 LeNet-5 出现，这为后续深度学习框架的迭代及大模型发展奠定了基础。

2. 沉淀期（2006 年—2019 年）

此阶段以 Transformer 为代表的全新神经网络模型开始兴起。2006 年以后，随着计算能力的提高和数据量的增加，深度学习技术得到了快速发展。特别是 2017 年 Google 提出的基于自注意力机制（Self-Allention Mecharism）的 Transformer 架构，为大模型预训练算法架构的发展奠定了基础。2018 年，OpenAI 发布了 GPT-1 模型，进一步推动了大模型的研究和应用。

3. 爆发期（2020 年—今）

从 2020 年开始，大模型进入了高速发展期。OpenAI 在 2020 年推出了参数规模超过千亿的 GPT-3 模型，标志着第二代大模型的诞生。ChatGPT 的发布更是掀起了全球范围内的人工智能浪潮，吸引了大量科技企业的参与。国内学术界和产业界也在这一时期取得了显著进展，形成了百模大战的竞争态势。

此外，大模型的发展还经历了多次重要的技术演进和架构创新。例如，从最初的简单交互到可对已有模型进行能力迁移学习扩展的架构，包括纯 Prompt、Agent+ Function Calling 机制、检索增强生成（RAG）及微调技术（Fine-tuning）等。

总体来看，人工智能大模型的发展历程是一个由小到大、由浅入深的过程。目前，它不断通过技术创新和应用场景拓展来提高其泛化能力和应用效能。

11.1.3 大模型与传统模型的区别

1. 参数规模

大模型通常拥有数百万、数亿甚至更多的参数。例如，Google 的 BERT 模型就使用了 33 亿个参数，而一些更先进的大模型如 GPT 系列，其参数数量更是达到了上百亿甚至上千亿。这种庞大的参数规模使大模型能够处理更复杂、更全面的数据。

传统模型参数数量相对较少，通常只有几千、几万或几百万个参数。这种规模上的限制使传统模型在处理复杂任务时可能受到一定的限制。

2. 应用场景

大模型由于其强大的处理能力和泛化能力，被广泛应用于 NLP（如文本生成、机器翻译、问答系统等）、计算机视觉（如图像识别、目标检测等）、语音识别等领域。它们能够处理大规模、高复杂度的数据，并在多个任务上表现出色。

传统模型则主要用于解决特定领域的问题，如分类、回归、围棋对弈等。传统模型在处理这些特定任务时可能具有较高的效率和准确性，但在面对更广泛的任务时可能显得力不从心。

3. 处理能力和预测精度

大模型具备更高的数据处理能力和知识抽取能力，能够更好地从数据中学习到隐藏的模式和规律。因此，在大规模预测和处理的场景下，大模型的预测精度通常比传统模型更高。传统模型在处理能力和预测精度方面相对较弱，可能无法捕捉到数据中的某些复杂模式和规律。

4. 计算资源需求

大模型庞大的参数规模和复杂的结构，使其在训练和推理过程中需要大量的计算资源。这通常需要使用高性能的 GPU 或 TPU 等硬件来支持。传统模型对计算资源的需求相对较低，可以使用普通的 CPU 进行训练和推理。这使传统模型在资源有限的环境下更容易部署和应用。

5. 可解释性

大模型的复杂性和大量的参数，使其可解释性通常较差。这意味着很难理解模型是如何做出预测的，也无法得知每个参数对模型输出的具体影响。传统模型由于结构和参数相对较少，因此具有较好的可解释性。这使人们更容易理解模型的决策过程，并在需要时进行调试和优化。

11.1.4　大模型的关键技术

1. Transformer 架构

Transformer 架构是一种基于注意力机制的神经网络模型，由 Google 团队在 2017 年首次提出。该架构主要用于 NLP 任务，但其应用范围已经扩展到计算机视觉等领域。

Transformer 模型的核心思想在于使用自注意力机制，该机制使模型能够捕捉输入序列中的全局依赖关系。在编码和解码过程中，自注意力机制允许每个单词的表示向量同时考虑到整个输入序列的信息，从而实现高效的并行计算，其模型架构如图 11-1 所示。

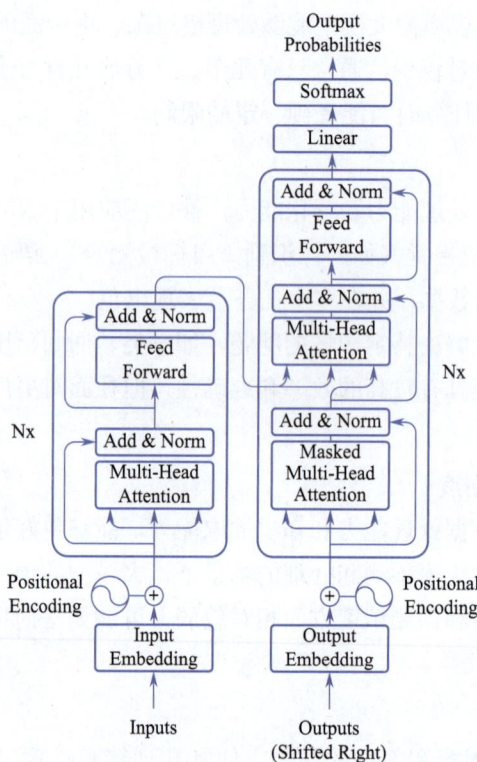

图 11-1 Transformer 模型架构

Transformer 模型主要由两部分组成：编码器（Encoder）和解码器（Decoder）。编码器负责将输入序列（如一句话中的单词序列）转换成一系列的隐藏表示（Hidden Representations）。这通常由多个相同的层堆叠而成，每个层包含两个主要子层：自注意力层（Self-Attention Layer）和前馈神经网络层（Feed-Forward Neural Network Layer）。

子层之间通过残差连接（Residual Connections）和层归一化（Layer Normalization）连接来提高训练的稳定性。

解码器将编码器的输出转换为目标序列。其结构与编码器类似，但包含三个子层：掩码自注意力层（Masked Self-Attention Layer）、编码器 - 解码器注意力层（Encoder-Decoder Attention Layer）和前馈神经网络层。掩码自注意力层用于在生成过程中防止模型看到未来的词，以确保生成过程的自回归性。编码器 - 解码器注意力层则允许解码器关注编码器的输出，从而利用输入序列的信息来生成目标序列。

2. BERT 模型

BERT（Bidirectional Encoder Representations from Transformers）是由 Google 人工智能团队在 2018 年提出的一种基于 Transformer 架构的预训练语言模型。该模型通过双向上下文理解来提高 NLP 任务的性能，广泛应用于各种 NLP 任务，如问答系统、情感分析和文本生成等。

BERT 的核心思想是利用双向注意力机制来捕捉词语之间的上下文关系。具体来说，它采用两个主要的无监督预训练任务：掩码语言建模（Masked Language Modeling，MLM）和下一句预测（Next Sentence Prediction，NSP）。在掩码语言建模中，模型会随机替换输入序列中的部分令牌，并尝试预测这些被替换的令牌。然而，在下一句预测中，模型需要判断一对句子是否连续出现在训练语料库中。BERT 的整体使用流程图包括两部分，如图 11-2 所示。

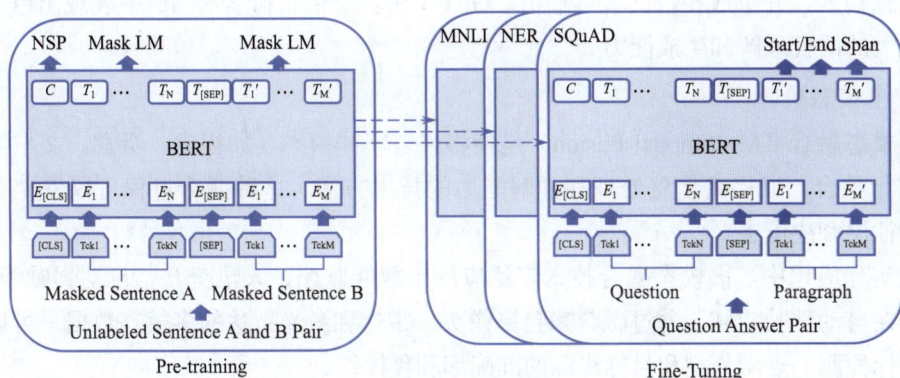

图 11-2　BERT 的整体使用流程图

BERT 在训练过程中将自己的训练任务和可替换的 Fine-Tuning（微调）系统分离。微调的目的是根据具体任务的需求替换不同的后端接口，即在预训练好的 Pre-training 语言模型的基础上，加入与任务相关的少量专门层。例如，对于分类问题，在语言模型基础上加一层 Softmax 网络。然后，在新的语料上重新训练这些新增的层及可能需要调整的部分预训练层（除最后一层，大部分预训练参数保持不变），以进行微调。

BERT 的架构包括多个 Transformer 块，每个块包含残差线性投影层、多头自注意力层和中间层。此外，BERT 还引入了段嵌入层和位置嵌入层，以帮助模型更好地理解和处理序列数据。在微调阶段，BERT 可以根据特定任务的数据集进行调整，即只需要对架构进行少量修改即可。尽管 BERT 在许多 NLP 任务中取得了显著的进展，但它也有一定的局限性。例如，BERT 需要大量的数据和计算资源来进行训练，并且在处理长文本时可能会遇到性能瓶颈。为了克服这些限制，后续研究提出了如 RoBERTa 和 ALBERT 等变体模型。

3. GPT 模型

GPT 模型是 OpenAI 开发的一系列 NLP 模型，其核心基于 Transformer 架构。该模型通过无监督预训练和有监督微调两个阶段来学习语言的普遍规律，并在多个任务中表现出色。GPT 模型使用 Transformer 的解码器结构，并对 Transformer 解码器进行了一些改动，即原本的解码器包含了两个 Multi-Head Attention 结构，而 GPT 模型只保留了 Mask Multi-Head Attention 结构。

GPT 模型的核心优势在于其强大的语言理解和生成能力，它通过在大规模文本数据上进行预训练，学习到了丰富的语言模式和结构。这种预训练方法使 GPT 能够生成连贯、语义合理的文本，可广泛应用于文本生成、聊天机器人、内容创作等多种场景。随着技术的迭代，GPT 模型已经发展出了多个版本，如 GPT-2 和 GPT-3，每个新版本都在模型规模、训练数据量和性能上有所提高。GPT-3 特别展示了所谓的"少样本学习"或"零样本学习"能力，即在没有或只有很少的标注数据的情况下，也能够理解指令并完成多种不同的语言任务。2023 年 3 月，GPT-4 发布，GPT-4 是一个大型多模态模型，能够同时接收文本和图像输入，并生成相应的文本输出。GPT-4 在多个专业和学术测试中表现出色，展现了其强大的语言理解和生成能力。

4. 多模态融合

多模态融合（Multimodal Fusion）是指将来自不同模态（如视觉、听觉、文本等）的数据进行整合，以提高信息处理和理解能力的技术方法。这种融合过程可以发生在数据层、特征层和决策层。

在实际应用中，多模态融合技术广泛应用于智能监控、人机交互、自动驾驶等领域。例如，在自动驾驶领域，通过融合来自摄像头、雷达和激光雷达的多模态数据，可以显著提高目标检测、语义分割和目标跟踪的准确率和鲁棒性。

多模态融合的主要挑战之一是如何有效地进行特征融合。不同模态的数据可能具有不同的特征表示和语义信息，如何有效地进行特征融合是一个关键问题。常见的融合方法包括特征融合、语义融合和中间层融合。特征融合是对来自不同模态的特征进行拼接或加权平均；语义融合是在语义层面对多模态数据进行融合，能够保证语义融合后的可解释性，但其不能充分地利用多模态数据的全部信息；中间层融合则是在深度神经网络的中间层上融合不同模态的隐藏空间信息，以数据驱动的方式学习不同模态的相关表示，可以更充分地利用多模态数据。

此外，多模态融合架构也多种多样，主要包括联合架构、协同架构和编码器 - 解码器架构。联合架构是将单模态表示投影到一个共享语义空间中；协同架构通过协同训练多个模态来实现互补信息的交换；编码器 - 解码器架构则通过编码器提取各模态的特征，并通过解码器重建整体信息。近年来，基于注意力机制的融合方法逐渐受到关注。例如，Transformer 模型及其变体（如 BERT、XLNet 等）已用于接受多模态非语言数据，并通过自适应门控机制来调整不同模态的权重。这些方法不仅提高了模型的性能，还增强了对复杂场景的适应能力。

11.1.5　大模型的缺陷

大模型虽然在处理大规模数据和复杂问题上表现出色，但也存在诸多缺陷。首先，其训练和推理需要大量的计算资源和能源，这会造成高昂的电力消耗和大量的碳排放。其次，大模型的泛化能力受限，在特定任务或小样本学习情境下可能不如小模型。此外，大模型缺乏人类直觉和判断力，容易产生不准确或有偏见的结果。另外，大模型还存在灾难性遗忘的问题，即在更新知识时可能会丢失之前学到的信息。最后，大模型的鲁棒性和泛化性不足，容易受到输入提示词中错误信息的影响。这些缺陷使大模型在实际应用中面临诸多挑战。

11.2　大模型训练在网络安全中的应用

借助大模型技术，可以做到以下几点：可以自动执行数据收集、提取及威胁搜索与检测等重复且复杂的任务，并通过简单的自然语言提示实现任何检测、调查或响应的工作流程，降低安全运营的时间和人力成本；可以对超大规模网络安全威胁信息进行检测与分析，对海量数据进行精准降噪，深度挖掘数据价值；可以帮助经验不足的安全运维人员更快、更好地做出决策。此外，由于安全大模型拥有丰富的网络安全知识，具备高级安全运维人员的逻辑思维和推理能力，因此可助力安全运维人员执行复杂的安全操作，进而提高网络安全运营的智能化、自动化水平。人工智能大模型赋能网络安全关键技术如图 11-3 所示。下面将详细介绍大模型在网络安全领域的应用。

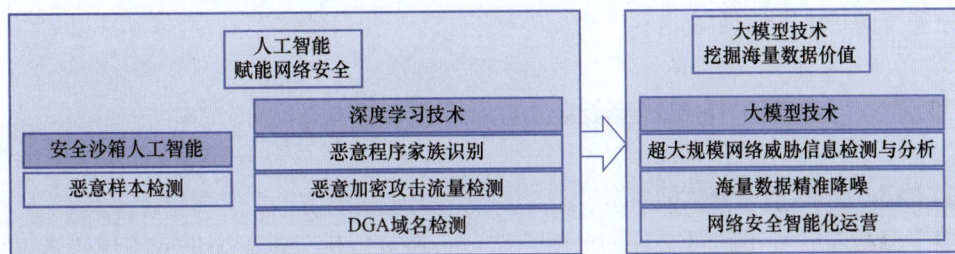

图 11-3　人工智能大模型赋能网络安全关键技术

11.2.1　IDS

在网络安全领域，使用大模型构建 IDS 是一个前沿且具有潜力的研究方向。基于人工智能和机器学习的大模型能够通过强大的数据分析和模式识别能力，显著提高 IDS 的性能和效率。

1. 使用大模型进行异常检测

异常检测作为网络安全领域的关键技术，旨在识别并响应偏离正常行为模式的活动，这些活动可能预示着系统或网络正面临安全威胁。该技术又称异常行为检测，通过识别数据中的异常或不寻常模式来揭露潜在的恶意活动，如非法访问、数据泄露及恶意软件传播等。其方法主要分为基于规则与基于机器学习两大类。基于规则的方法依赖预设规则或阈值判断异常，虽简单直观但灵活性不足；基于机器学习的方法，尤其是深度神经网络和Transformer 等大模型，凭借它们强大的特征提取与模式识别能力，在自动特征提取、多模态数据处理及自适应学习方面展现出卓越性能，有效提高了异常检测的效能。尽管面临数据隐私保护、模型可解释性不足及计算资源消耗高等挑战，大模型仍然凭借其强大的泛化能力和自适应性，成为了提高网络安全防护效率和效果的重要工具。

2. 大模型在实时流量分析中的应用

实时流量分析作为网络安全领域的核心技术，它致力于对网络流量进行不间断的监测与深度评估，并在数据传输的瞬息万变中迅速捕捉并解析潜在的安全隐患，例如，攻击行为、异常流量模式、安全事件等，并即时启动相应的防御措施。其关键环节包括数据的高效捕获、流量的快速处理与异常行为的精准识别，以及建立即时响应机制以阻断威胁、发出警报或进行进一步的深入分析。在此过程中，深度学习模型等大模型的应用显著提高了分析效能。它们通过特征提取、自适应学习及多维特征分析，有效应对了复杂多变的网络安全威胁。然而，实时流量分析也面临着处理速度的提高需求、数据量庞大的处理压力、误报与漏报率的降低需求，以及应对攻击的复杂性与多样性等多重挑战。在实际应用中，它广泛服务于入侵检测、DDoS 防护、APT 攻击检测及网络行为分析等领域，为网络安全筑起了坚实防线。展望未来，实时流量分析将趋向自动化、智能化，且将加强与其他安全系统的集成协作，更顺畅地融入云原生环境，同时高度重视保护用户的数据隐私，持续推动网络安全防护水平的提高。

11.2.2 恶意软件检测与分类

1. 静态分析与动态分析的结合

静态分析是一种不执行文件的分析方法，它通过分析二进制文件或源代码来提取特征或信息。这种方法的优点是代码覆盖率高、分析速度快，但缺点是易受到代码混淆的影响。例如，通过反汇编代码或识别嵌入式字符串，可以了解恶意软件的功能、加密机制和潜在漏洞。相比之下，动态分析是在受控环境中执行恶意软件样本，以观察其实时行为，例如，系统交互和网络通信等。这种方法的优点是不受代码混淆的影响，能够收集针对性强的信息，但缺点是耗时、耗资源，且难以覆盖所有程序。

静态分析和动态分析相结合能够使两者互相补充，从而达到更好的分析效果。静态分析可以弥补动态分析在信息收集方面的不足，而动态分析则能够收集到更精确的程序行为信息。例如，一种基于操作码可视化的深度学习方法——RSBM，它利用 RNN 生成预测代码，并使用 Simhash 算法将原始的操作码序列映射到 RGB 图像中，最后采用轻量级CNN 作为分类器，能在保证精度的同时，降低模型资源的消耗和计算量。

大模型可以通过深度学习、机器学习和 NLP 等技术，提高网络防御和安全分析的效率。例如，SecCorpus 项目构建了适用于网络安全领域的大模型数据集，以提高安全攻防和安全运营的能力。此外，百度安全社区也分享了基于"安全大模型"与"大模型安全"的最新安全能力建设成果。通过结合静态分析和动态分析，大模型能够提供更全面和更深入的恶意软件检测与分类能力，有效提高网络安全防护的效率和效果。

2. 大模型在恶意软件样本分类中的应用

恶意软件检测需要从恶意软件的代码中提取特征。基于深度学习的方法能够自动提取这些特征，而不需要大量数据预处理和先验经验。例如，CNN 可以将文件的每个字节作为输入特征进行分析，从而有效识别恶意行为。

然而，随着恶意软件的不断演变，传统的机器学习方法已经难以应对这种变化。基于深度学习的模型可以通过持续学习来适应新的恶意软件变体，且能够快速适应环境的变化。例如，Threatray 开发的工具通过深度代码分析技术，能够在几分钟内扫描大量代码并识别出潜在的恶意行为。深度学习模型能够处理大规模数据集，并应用于恶意软件的分类和分析任务中。例如，使用神经网络等深度学习模型可以对恶意软件样本进行多分类，帮助识别不同的恶意软件家族。将恶意软件样本转换为灰度图像进行识别也是一种有效的手段。STAMINA 项目展示了如何将恶意软件样本转换为灰度图像，并通过扫描识别获取特定恶意软件样本的纹理和结构模式。

11.2.3　网络流量分析

1. 加密流量分析

加密流量分析旨在全面辨识加密流量、协议、应用及潜在的恶意活动，服务于网络资源优化、入侵预防及恶意软件检测等多重目的。其性能通过误报率、精确率（Accuracy）、召回率（Recall）及总体准确率等指标进行衡量。为实现这一目标，需要精心选择并收集大规模、均衡且具有代表性的加密流量数据集作为深度学习模型训练的基础。深度学习凭借其自动特征提取能力，已在加密流量分析中展现出高精度优势，并构建了涵盖数据预处理、特征构建及模型设计的完整框架。然而，面对新型加密协议的涌现、标注难度的增加及流量分布不均等挑战，未来的研究方向可能会针对预训练模型、生成对抗网络及迁移学习——特别是后者有望通过跨任务的知识迁移，降低训练成本并拓宽应用范围。

一些企业实验室通过 SecCorpus 数据清洗套件及安全语料库，积极推动大模型在安全领域的深度应用。同时，Wireshark 等流量分析工具以其强大的数据包筛选、数据流分析及文件还原功能，成为安全分析人员不可或缺的助手。此外，随着 NTA（网络流量分析）技术的兴起，结合行为分析策略，企业的可疑流量检测能力得到了进一步增强。西安交通大学科研团队的研究成果不仅丰富了加密流量分析的理论体系，更在实战中验证了其技术实力。综上所述，大模型在加密流量分析领域的持续探索与发展，正在逐步构建起更加坚固的网络安全防线。

2. 异常流量检测

在网络安全领域，采用大模型实现异常流量检测已成为一项高效的技术手段。该流程始于数据处理，涉及数据清洗、标识、词形还原与特征提取等环节。通过整合多方数据源，实现安全流量的数据化转换与集成，并利用 NLP 过滤噪声，凸显关键信息。随后，引入 GPT、MOSS 等大模型进行定向训练，并结合 XGBoost 等算法，构建出高性能的流量分析神经网络，生成多种安全模型。这些模型特别针对异常访问行为，例如，DGA 域名检测、Web 攻击、WebShell 检测、恶意软件行为分析等。面对加密流量激增的挑战，人们采用机器学习方法分析 TLS 特征等数据元，构建自动化的检测体系。整个异常流量检测框架遵循"六步法"，以确保检测的全面性与准确性。随着技术的不断进步，大模型在异常流量检测中的应用将愈发高效精准，能够更有效地应对网络安全威胁。

11.2.4 大模型在安全事件响应中的应用

1. 自动化应急响应

在网络安全领域，大模型正日益成为应急响应自动化的核心驱动力。它不仅能快速分析海量的安全数据，为安全管理者提供精准的风险评估与应急响应决策支撑，还能通过智能告警过滤与研判技术，极大地提高告警处理的效率与准确性。此外，大模型在自动化分析安全事件方面表现出色，能够准确识别事件类型并界定影响范围。基于预案，大模型能够自动化执行应急响应措施，推动应急响应预案与流程的智能化升级。同时，大模型还促进了应急响应技术与工具的智能化发展，例如，自动化渗透测试工具的优化，以及模拟演练环境的构建和安全知识库的丰富，从而全方位提高了应急响应能力与团队培训效果。大模型以其卓越的能力，正引领网络安全应急响应向更高效、更智能的未来迈进。

大模型已在安全事件响应中得到了广泛应用。国内某云平台研发的安全大模型已经投入使用，其开放的功能包括为用户提供定制化的安全告警解读、事件调查及处置建议，能够应对全网超过 99% 的告警事件类型。在国际体育赛事的安保工作中，面对开幕式前激增 30% 的攻击流量，该大模型以安全专家的视角，主动辅助进行降噪、响应和风险控制，显著提高了云上攻防场景的应急响应能力，并使安全运营效率大幅提高。此外，该大模型还引入了自然语言交互、安全动作智能推荐和安全剧本智能优化等人工智能技术，进一步提高了企业安全应急响应的速度并提高了准确性。这些技术的应用不仅大幅提高了企业的安全防护能力，还降低了对人工操作的依赖，从而实现了更高效、更智能的安全运营。

2. 漏洞检测与修复建议

在网络安全领域，大模型正日益成为漏洞检测的关键工具，其广泛应用体现在多个方面。大模型能够自动从海量无标签数据中提取复杂特征，从而显著提高了恶意代码与异常流量的识别能力。在代码漏洞挖掘上，大模型通过深度分析代码与配置，有效揭露了潜在的安全隐患。同时，在恶意代码检测中，大模型展现出了卓越的性能，通过对海量安全数据进行训练，能够快速识别新威胁。在系统日志分析领域，奇安信天眼系统这样的大模型可助力精准捕捉异常行为。此外，大模型的介入也使威胁情报分析更加高效，加速了对恶意代码行为的理解。更重要的是，大模型还推动了自动化漏洞扫描与评估技术的发展，并提高了多模态数据处理能力，为网络安全分析提供了更全面的视角。

大模型在自动化修复策略方面正展现出非凡的潜力。人工智能驱动的漏洞修复流程已趋于成熟，能够实现从漏洞发现到修复代码生成、测试及人工审查的全链条自动化。例如，大型语言模型已成功自动修复了 15% 的 Sanitizer 漏洞，显著减轻了工程师的工作负担。自动化修复策略能借助机器学习模型，对各类漏洞进行精准施策，生成定制化的修复方案。一些企业将人工智能融入开发环境，实时监测代码安全，并提供即时且个性化的修复方案。基于人工智能的自动化安全漏洞扫描平台则通过集成先进算法，能够高效且精准地识别网络风险，并配套提供相应的修复策略。此外，一些网络安全大模型功能全面，不仅支持漏洞分析、溯源及攻击研判，还允许用户自定义数据与模型训练，以满足多样化的需求。在提高自动化程度方面，通过增强工具集成、优化扫描流程及智能化缺陷识别，安全扫描的效率和准确性均得以大幅提高。尽管当前全自动化漏洞修复技术仍需要人工辅助，但相关研究正在加速推进，这预示着未来网络安全修复将更加高效、智能。

3. 日志分析与威胁情报

大模型能够通过深度学习、机器学习和 NLP 等技术，实现快速的日志聚类与结构化处理，从而提高日志分析的效率和准确性。例如，利用大模型可以自动识别日志中的模式和规律，并对日志进行分类和解析，这在手动分析复杂且容易出错的情况下显得尤为重要。基于网络信息安全日志数据，使用大模型可以对网络安全态势进行全面感知，精准识别网络信息安全威胁和网络流量异常事件。这种方法不仅提高了检测的准确性，还减少了对专家人员的依赖，有助于提高整体的安全运营能力。

不仅如此，大模型在处理大规模日志数据时表现出色，能够通过模式匹配和代码生成等功能，开发新的文本日志结构化工具。这种方法展示了大模型在处理更大规模数据时的潜力，即大模型能够从复杂的数据中智能地提取有用的信息。大模型能够助力实现日志的自动化分析，从而减少人工干预，提高工作效率。例如，SecGPT 作为全球首个网络安全开源大模型，可以用于日志分析、代码审计、漏洞分析等多种任务。

威胁情报是追踪安全事件和感知应对风险的重要工具。引入大模型后，威胁情报的收集与分析的效率及质量得到了显著提升。大模型可以从安全报告、漏洞预警和安全资讯等非结构化的文本数据中提取信息，并将其转换为结构化的威胁情报数据，从而大幅缩短安全事件从发生到情报交付的周期。

在威胁检测与分析方面，大模型通过深度学习技术，能够从日志和关系数据中开发模型，专门用于检测 APT 攻击，并重点关注其"命令与控制"阶段。这种方法能够准确识别恶意 IP 地址和僵尸网络活动。此外，大模型还可以结合开源情报、商业情报和政府情报等多源数据，对外部攻击进行威胁分析，识别潜在威胁，并提供丰富的上下文信息。

11.2.5　大模型在数据保护与隐私中的应用

1. 数据加密与解密

大模型可以用于加密算法的自动优化和改进。通过训练大模型可以分析现有的加密算法，识别其中的潜在漏洞或不足之处，并据此提出改进方案。此外，大模型在数据加密和保护领域的应用也非常重要。随着人工智能系统的广泛应用，确保数据的安全性和隐私保护变得至关重要。数据加密是保护敏感信息免受未经授权访问的关键手段。借助大模型，人们可以实现更高级别的数据加密，以应对日益复杂的网络安全威胁。不仅如此，大模型还可以帮助优化加密计算过程。通过分布式训练和异构计算等技术，大模型的训练和推理效率得以提升，同时保证加密算法的高效运行。这种优化不仅提高了加密算法的性能，还降低了计算资源的消耗。

目前，基于大模型的数据隐私保护技术正逐渐构建起一套全面的防护体系，该体系涵盖了数据脱敏与还原、差分隐私技术、全同态加密技术、匿名化技术、合规性认证与内容生成规范，以及开源大模型与社区协作等多个关键领域。一些企业研发的数据脱敏与还原技术，通过在本地终端对用户上传给大模型的提示词进行脱敏处理，既确保了数据隐私的安全，又保留了数据的使用效果。差分隐私技术则通过向原始数据添加噪声，有效防止了对个体信息的窥探。全同态加密技术更是实现了在加密数据下直接进行计算的功能，为云端处理敏感数据提供了可能。此外，匿名化技术进一步增强了数据在分析与共享过程中的隐私保护力度。同时，加强数据源头的合规性认证与内容生成规范，是降低隐私侵犯风险、确保数据安全的重要措施。从多维度出发，这些技术共同为网络安全大模型的安全性与实用性提供了权威评估，加速了其在安全领域的广泛应用进程。

2. 用户身份认证与访问控制

生物识别技术利用用户独特的生理特征或行为特征进行身份认证。例如，指纹识别、面部识别、虹膜识别和语音识别等都是常见的生物识别方法。这些技术因其高度的安全性和便捷性而备受青睐，这是因为每个人的生物特征都是独一无二的，难以被伪造或冒用。

多因素认证是一种安全认证过程，它要求用户提供两种或两种以上不同类型的认证因子来证明其身份。常见的认证因子包括密码、指纹、短信验证码和智能卡等。这种认证方式不仅增加了安全性，还提高了可靠性，因为即使某一种认证因子被破解，其他认证因子仍然可以保护账户安全。

随着科技的飞速发展，用户身份认证与访问控制技术正经历着从单一特征识别到多模态生物识别的深刻变革。这一转型极大地增强了身份认证的安全性和可靠性。例如，融合面部识别与虹膜识别的多模态面部识别技术，不仅显著提高了安全级别，还实现了便捷的无接触式认证。在此基础上，多模态生物核验与防伪平台应运而生。这些平台集成了听觉环境感知、视觉环境感知及人脸活体检测等先进技术，有效抵御了各类攻击方式。它们不仅优化了用户体验，还彻底解决了身份核验中的真伪难题。这一系列技术的革新在公共服务领域得到了广泛应用，如出入境管理、公安、社保等关键领域。它们不仅大幅提高了服务效率，还巧妙解决了佩戴口罩环境下的身份识别难题，实现了真正的零接触服务，为公众带来了更加安全、便捷的服务体验。

在网络安全领域，基于行为特征的大模型认证系统是一种利用用户和设备的行为数据来鉴别身份的技术。这种技术与传统的认证方法不同。它通过收集和分析用户的使用时间、常用设备、物理位置等多维度行为数据，勾勒出用户行为的特征轮廓，从而实现更加安全的身份认证。基于行为特征的大模型认证系统不但能够有效防止攻击者通过模拟用户行为进行认证，而且由于其多样性和丰富性，还能使攻击者难以完全模仿用户的真实行为，从而大大提高了系统的安全性。同时，这种系统还可以与其他安全机制如 IDS 相结合，通过创建系统正常活动和事件的基线来识别异常活动，进一步增强系统的防护能力。

3. 隐私保护技术

差分隐私技术是一种数学框架，旨在量化和控制算法在处理输入数据时对单个个体的影响。其核心思想是通过在输出结果中添加一定量的噪声来保护用户的隐私信息。谷歌于 2016 年首次提出联邦学习方法，它允许多个客户端在一个中央服务器下协作训练模型，同时确保训练数据的去中心化及分散性。具体来说，该方法就是由每个客户端根据本地数据集训练自己的模型，并通过加密方式交换更新的模型参数，以保护数据隐私并降低成本。

联邦学习方法与差分隐私技术的结合，为数据隐私保护与模型性能提高开辟了新的途径。这一结合不仅允许各参与方在不直接共享敏感原始数据的情况下协同训练模型，从而有效保障了用户隐私，还能通过差分隐私技术在保持模型性能相对稳定的同时，显著增强隐私保护能力。然而，在结合过程中也面临着一些挑战：一方面，差分隐私技术引入的噪声可能会在一定程度上影响模型的训练效果，导致性能下降。为解决这一问题，研究人员积极探索并实施了多种优化策略，例如，自适应裁剪技术和特定函数机制，旨在找到隐私保护与模型性能之间的最佳平衡点。另一方面，面对实际应用中普遍存在的客户端数据非独立同分布问题，研究人员创新性地提出了基于指数机制的差分隐私技术等多种算法，旨在提高模型在复杂多变的数据分布环境中的适应性和鲁棒性。

11.2.6　大模型在安全预测与风险管理中的应用

1. 安全态势感知

在网络安全领域，大模型的应用深刻重塑了安全态势感知系统的能力边界。凭借其强大的上下文推理能力，大模型在态势感知的探索上展现出独特优势，能够识别并适应不同的训练、测试及部署阶段，甚至实施欺骗性对齐策略。这促使研究人员深入探讨大模型作为态势感知基础的潜力，以及其对安全测试与部署流程产生的深远影响。一些企业按照这一理念，研发出自动化人工智能检测引擎，实现了对企业网络安全态势的高精度预测，不仅显著提高了威胁识别效率，还有效降低了运营成本。

同时，在网络安全领域，大模型通过融合大量安全相关数据集，并经过全量精细微调，构建了实时安全态势感知平台。例如，SecGPT-Mini 基于 13 亿个参数，在 8 台 A100 GPU 上进行了超过一周的精细微调后，于 2023 年年底发布并实现了开源。此外，一些企业的安全大模型能够为用户提供定制化的安全告警解读、事件调查及处置建议服务，覆盖全网超过 99% 的告警事件类型。这些大模型不仅提高了安全检测效果，还能智能地识别、预警及防范信息安全风险，帮助用户快速掌握网络安全表征方式并深入理解其背后的深层次原因。通过这些技术手段，大模型在网络安全领域的应用显著提高了安全运营的效率和防御能力。

2. 风险评估与预测

在网络安全领域，基于大模型的风险评估方法主要通过构建和训练专门针对网络安全的大语言模型来实现。这些模型能够全方位量化大模型在数据安全、应用安全、端点与主机安全等多个方面的知识记忆、逻辑推理及理解表达能力。例如，SecGPT-Mini 是一个开源的网络安全大模型，它融合了海量的安全相关数据集，并经过精细微调，提高了其在网络安全领域的表现。此外，为了确保大模型的安全性和可靠性，研究人员还开发了多种评测平台和标准，例如，SecBench、OpenEval 等。这些平台从能力、语言、领域和安全证书考试等多个维度对大模型进行综合评估。同时，一些研究团队还提出了大模型的安全风险分类方法、攻击分类分级方法及相应的测试程序，为大模型的安全评估提供了严格的指标和程序。总体而言，基于大模型的风险评估方法不仅提高了网络安全态势感知和威胁预测的准确性，还通过多维度的评测和安全管理机制，确保了大模型在实际应用中的安全性和可信度。

在网络安全领域，安全风险预测模型的建立是一个复杂且多样的过程。这些模型通常依赖多种数据源和先进的分析方法，以提高预测的准确性和鲁棒性。例如，基于神经网络的安全风险预测模型通过特征提取、聚类分析和相似性度量等技术手段进行风险评估。此外，马尔可夫过程模型因其能够模拟网络状态的变化，而被广泛应用于预测未来安全事件的发生概率。为了应对时序数据的特点，LSTM 也被引入网络安全态势的预测中。这些模型不仅能够捕捉网络环境中的动态变化，还能结合实际应用需求进行调整和优化，从而为网络安全管理提供有力的支持。

3. 安全策略优化

在网络安全领域，大模型在安全策略优化中展现出了多方面的关键作用。它不仅能够基于对历史安全事件与策略的深度学习，自动生成并优化安全策略，从而显著提高策略的准确性和执行效率，还能凭借强大的 NLP 能力，深刻理解复杂安全问题并迅速响应。这一过程要求训练数据集兼具时效性与广泛性，以确保模型能够规避大数据幻觉带来的潜在风险。

基于通用大语言模型，并融合信息安全专业知识和海量数据，有网络安全公司打造了信息安全专业大模型。该模型能够针对企业的实际情况进行定制化训练，并通过云端训练与边缘推理的协同架构，实现模型在企业内部的私有化部署。该模型不仅可以识别、预警及防范信息安全风险，同时还能保证用户数据的安全和隐私得到充分保护。此外，该模型还能利用网络信息安全日志数据，对网络安全态势进行全方位感知，精准识别网络安全威胁、流量异常等事件，并为用户提供智能问答服务。

11.3　大模型与网络安全融合发展的未来趋势

11.3.1　融合大模型与传统安全技术

1. 自动化安全管理

大模型以其高度的自动化特性，能够自动对网络安全进行检测和防护，从而显著降低了人力成本和操作难度。未来，随着大模型的不断发展，安全运营与管理将更加自动化和智能化。例如，利用 NLP 可以自动对代码进行漏洞扫描，并给出修复建议，从而避免了人工检测的复杂过程。此外，大模型还可以帮助安全团队自动分析安全事件、快速生成详尽的报告及草拟有效的响应计划，这些能力将提高安全运营的效率和准确性。

2. 智能化安全运营

大模型将与现有的安全信息和事件管理系统、IDS 等传统安全技术集成，实现更加智能化的安全运营。通过自动化分析和响应安全事件，这种运营模式能够显著提高安全团队的工作效率，确保组织能够快速识别、评估和应对各种网络安全威胁。这种运营模式通过集成机器学习和深度学习算法，能够从大量复杂的数据中提取关键信息、预测潜在风险，并自动化执行安全策略，从而减少对人工干预的依赖，提高整体安全防护能力。

3. 专业化发展与垂直领域应用

随着网络安全领域的不断发展，大模型将越来越专注于解决特定的安全问题。例如，针对 DDoS 攻击、恶意软件分析、网络入侵检测等具体场景，大模型会进行更加精细化的训练和优化，以提高其在这些专业领域内的性能和准确性。由于不同行业对网络安全的需求各不相同，因此大模型将结合行业特点，提供定制化的网络安全解决方案。例如，在金融、医疗、教育等垂直领域，大模型可以针对行业特定的数据格式、安全标准和威胁模式进行训练，以提供更加精准的安全防护。

这些垂直领域的大模型将结合传统安全技术的专业知识和经验，提供更加精准和高效的网络安全解决方案。

11.3.2　增强对抗性训练与防御机制

1. 对抗性训练的强化与应用

对抗性训练的强化与应用是大模型与网络安全融合的重要趋势。通过生成更多样化的对抗样本用于训练，这些样本将覆盖更广泛的攻击场景和类型，从而提高模型在面对各种网络攻击时的防御能力，确保模型在复杂多变的网络安全威胁环境中保持稳定性和准确性。

2. 防御机制的整合与创新

防御机制的整合与创新是大模型与网络安全融合的另一个重要趋势。它侧重于构建多层次的网络安全防护体系，结合传统安全技术与新型防御手段，同时采用动态防御策略以适应不断变化的网络安全威胁，从而全面提高网络安全的防护效能。这包括在模型输入端进行异常检测、在模型内部实施安全加固，在模型输出端进行结果验证等多个环节，以确保模型在处理过程中的安全性。同时，并通过实时监测网络环境和威胁态势，系统能够自动调整其防御策略。

11.3.3　多模态数据融合与分析

大模型与网络安全融合未来的研究方向包括低质模态分析融合、增量模态聚类融合、异构模态迁移融合和低维模态共享融合等。这些研究方向通过对不同模态的数据进行融合，包括在数据层提取特征后进行融合，或者在决策层对处理结果进行融合，从而提高信息理解和处理的准确性。这种融合不仅提高了安全检测的准确性和效率，还使大模型能够更有效地应对更复杂、更隐蔽的网络安全威胁。同时，随着技术的不断进步，多模态数据的处理将更加高效和智能化，这为大模型在网络安全领域的应用提供了更强大的支持。

11.3.4　分布式大模型与边缘计算

分布式大模型与边缘计算的融合将成为大模型在网络安全领域应用的重要方向。边缘计算的核心优势在于其低延迟特性，这使分布式大模型在部署边缘设备时，能够实时处理和分析网络数据，及时发现并应对安全威胁。未来，随着边缘计算的不断发展，分布式大模型将在网络边缘实现更高效的数据处理和威胁分析，从而提供更快的响应速度和更低的延迟。这种分布式架构不仅提高了安全检测的实时性，还增强了系统的可扩展性和容错能力。同时，通过利用边缘设备上的计算资源，可以有效减轻中心服务器的负担，提高整体系统的性能和效率。这种融合趋势将为网络安全领域带来更强大的防护能力和更灵活的安全解决方案。

11.4　基于大模型的网络异常流量检测

大模型在网络安全领域的应用场景众多，能够显著提高网络安全治理的效率。为了更清晰地说明如何将大模型应用于网络安全领域，本节将以网络异常流量检测为例，展示如何利用大模型开展网络安全工作。

网络流量分析是网络安全中的一个重要领域，其目的是通过分析网络流量的特征和行为来检测和预防潜在的安全威胁。传统的网络流量分析多依赖规则和特征匹配，这在检测已知攻击模式时有一定效果，但在面对新型和变种攻击时，其检测能力受限。此时，大模型的引入显著提高了网络流量分析的效果，特别是在网络异常流量检测方面。基于大模型开展网络异常流量检测的技术路线如图 11-4 所示，包括数据预处理、对比实验（训练与测试）、评估与应用三部分。

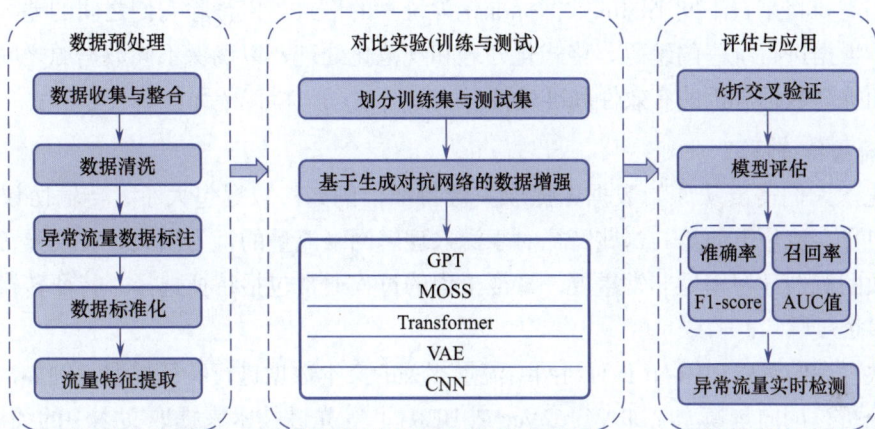

图 11-4　基于大模型开展网络异常流量检测的技术路线

11.4.1　数据预处理

1. 数据收集与整合

收集来自各种不同来源的网络流量数据，这些数据包括但不限于路由器日志、防火墙日志、网络包捕获文件、应用程序日志及 IDS 生成的警报数据。这些数据源为人们提供了关于网络流量、连接尝试、数据包内容及安全事件的重要信息。

将来自不同数据源的数据进行整合，可以创建一个全面的网络流量视图。在整合过程中，需要确保数据的一致性、完整性和准确性。这可能包括数据格式的转换、时间戳的统一及数据字段的匹配，以便进行后续的分析和处理。

2. 数据清洗

在数据清洗过程中，需要去除数据中的噪声和无关信息，这可能包括无效数据包、重复记录、错误的日志条目及不相关的流量数据。通过使用过滤算法或数据清洗工具来提高数据的质量，确保后续分析的准确性。

随后，应检测并处理数据中的异常值，这些异常值可能表现为过大的数据包、异常的流量峰值或异常的连接请求。这些异常现象可能预示着潜在的安全威胁，或者是数据收集过程中出现的问题，因此，人们需要通过统计方法或机器学习算法来有效地识别并妥善处理这些异常值。

3. 异常流量数据标注

人们根据现有的攻击模式和正常行为模式对数据进行标注，以明确区分正常流量和异常流量。这一过程可以手动进行，例如，由经验丰富的网络安全专家根据专业知识进行标记；也可以自动进行，例如，通过使用预训练的机器学习模型来识别和标注数据中的异常流量。标注后的数据对于训练和评估网络流量检测模型至关重要。

4. 数据标准化

人们需要将来自不同来源的数据标准化为统一的格式，以消除它们之间的差异。这包括对文本数据进行统一的编码、格式化处理和规范化处理，以确保不同数据源之间的一致性，进而提高数据分析的有效性和准确性。

5. 流量特征提取

首先，人们需要从原始数据中提取关键特征，例如，数据包大小、传输协议、IP 地址、端口号、流量方向等。这些特征对于深入理解网络流量的行为模式、发现异常模式和训练高效的机器学习模型非常重要。特征工程的过程通常包括特征选择、特征转换和特征构造等多个步骤。

其次，人们可以利用 NLP 对与网络流量相关的文本数据进行特征提取。例如，可以通过词频分析、词向量模型（如 Word2Vec 或 BERT）等先进技术来提取文本中的关键信息。这一方法可以帮助人们从日志文件、警报消息和其他形式的文本数据中提取有价值的信息。

11.4.2　对比实验（训练与测试）

1. 划分训练集与测试集

在进行大模型（如 GPT 和 MOSS）的对比试验时，首先需要对网络异常流量数据集进行合理的划分。为了确保对比试验的有效性和结果的可靠性，训练集与测试集的划分过程必须精确且科学。

在数据集准备阶段，首先按照一定比例（通常采用 70% 用于训练，30% 用于测试）将经过预处理的网络流量数据集划分为训练集和测试集。这一划分方法旨在确保模型在训练阶段能够从大量的样本中学习，而测试集则用于检验模型的实际性能和泛化能力，从而有效避免过拟合现象的发生。

2. 基于生成对抗网络的数据增强

为提高模型的鲁棒性和泛化能力，可通过生成对抗网络等先进技术进行数据增强。具体而言，这些数据增强技术通过生成多样化的样本来扩展训练集，例如，生成模拟网络流量、异常流量样本，或者结合不同的攻击模式来增加数据的多样性。这样一来，模型便能够更好地适应各种不同的场景和潜在的攻击方式。

3. 模型选择

在进行数据增强处理后，可以选择不同的大模型开展不同类型数据的异常流量检测，如以下几种。

（1）GPT 模型在异常流量检测中，学习和生成正常流量模式这一方法有助于识别和区分异常事件。它可以通过对比预测的正常流量与实际流量之间的差异，快速检测出潜在的异常事件。此外，GPT 模型还能生成详细的文本描述，帮助安全分析师更好地理解和分析检测到的异常流量情况。

（2）MOSS 模型原本主要用于生物信息学中的序列比对，但在网络流量分析中，它的概念可以被延伸并应用于检测异常流量。在这种应用中，MOSS 模型强调序列的比较和对齐，从而能够分析网络流量模式的变化并检测异常。

（3）Transformer 模型通过自注意力机制来捕捉输入序列中的全局依赖关系，因此在处理序列数据时非常有效。在网络流量分析中，Transformer 模型可以分析流量序列的特征，从而检测异常行为。

（4）VAE 模型通过学习数据的潜在表示，能够捕捉数据的复杂特征和结构。在网络流量分析中，VAE 模型可以用于检测异常流量。通过学习正常流量的分布，VAE 模型能够检测偏离该分布的异常行为。

（5）CNN 模型（这里指的是大型卷积神经网络模型）指的是具有大量参数和复杂架构的 CNN。这些模型通常用于处理复杂的视觉任务，但在网络流量分析领域中也可能有潜在的应用价值。

11.4.3 评估与应用

1. k 折交叉验证

交叉验证是一种常用的模型评估方法，特别适用于大数据集的训练和验证过程，旨在评估网络异常流量检测模型的性能和泛化能力。在这种方法中，数据集被平均分成 k 个子集（即"折"）。然后，进行 k 次独立的训练和验证过程，每次选择 $k-1$ 个折作为训练集，剩下的 1 个折作为测试集。这个过程会重复 k 次，确保每个折都作为过测试集一次，而其余的折则作为训练集。

2. 模型评估

通过 k 次独立的训练和验证过程，可以获得 k 组性能指标，这些指标包括准确率、召回率、F1-score 及 AUC 值。它们可以用来综合评估模型的性能和鲁棒性，以反映模型的泛化能力。

准确率是衡量模型在所有预测样本中正确预测的比例，即模型正确分类的样本数量占总样本数量的比例。在网络异常流量检测中，准确率用于评估模型对所有网络流量样本（包括正常流量和异常流量）进行分类的准确性。然而，需要注意的是，当数据集类别不平衡时（如异常流量远少于正常流量），准确率可能会给出误导性的高值，因为模型可能更倾向于预测多数类（即正常流量）。

召回率（真正率）是衡量模型正确识别异常流量能力的指标。它计算的是模型正确识别的异常流量样本数占实际异常流量样本总数的比例。在网络异常流量检测中，较高的召回率意味着模型能够发现更多的实际异常流量，但这也可能伴随着误报率（即将正常流量误识别为异常流量）的增加。

F1-score 是准确率和召回率的调和均值，它综合考虑了两者在模型性能评估中的表现。在类别不平衡的情况下，F1-score 提供了一个更为全面的性能评价。在网络异常流量检测中，F1-score 用于评估模型在正常流量和异常流量识别上的综合表现，尤其是在类别不平衡时，它比单一的准确率或召回率更能反映模型的全面性能。

AUC 值是指接收操作特征曲线（ROC 曲线）下的面积。ROC 曲线通过绘制模型的真正率（召回率）与假正率（1- 特异度）的关系，展示了模型在不同分类阈值下的性能。AUC 值衡量了模型在所有可能的分类阈值下正确区分正常流量和异常流量的能力，其值的范围在 0 到 1 之间，越接近 1 表示模型的性能越好。在网络异常流量检测中，AUC 值用于衡量模型的整体区分能力，较高的 AUC 值表示模型在处理不同流量阈值时，能够更有效地区分异常流量和正常流量，从而适用于评估模型的全局性能。

3. 异常流量实时检测

异常流量实时检测是指在网络环境中，对网络流量进行实时分析和检测，以快速识别和响应异常流量活动的技术。在利用上述流程进行异常流量实时检测时，GPT 模型发挥着尤其独特的作用。GPT 模型不仅能够生成和描述异常行为，还能结合多模态数据进行深度分析，从而为网络安全监测和分析提供更加全面和有效的工具。

习 题

1. 大模型的技术逻辑和特点是什么？
2. 大模型有何种可有效赋能网络安全领域的优势？
3. 大模型应用于网络安全领域的场景有哪些？
4. 简述大模型应用于网络安全领域的现状。
5. 如何利用大模型来提高网络安全领域的工作效果？
6. 简述大模型在网络安全领域中应用的主要流程。
7. 简述大模型和传统机器学习模型对网络安全领域的影响和主要区别。
8. 大模型未来应用于网络安全领域的主要发展趋势是什么？
9. 请选择一个网络安全领域的需求场景，阐述如何应用大模型助力开展有关工作。

参考文献